水生态环境智能感知系列

水生态环境感知信息分析系统研究及应用

尚明生 闪 锟 周博天 吴 迪 著

科学出版社

北 京

内 容 简 介

本书围绕水生态环境感知信息分析系统的构建方法，阐述利用数据驱动方式构建的水生态环境模型，主要内容包括：水质时序变化推演模型、水体富营养化评价模型、水生态健康遥感反演模型和水华风险评价模型。并将其综合运用至以三峡水库为代表的长江上游超大型深水水库，以实现大数据和智能技术在水生态环境领域的应用示范。

本书可供高等院校环境科学与工程、生态学等相关专业的研究生参考，也可供高校教师、科研人员、环境管理人员、环境信息化技术人员参考。

图书在版编目(CIP)数据

水生态环境感知信息分析系统研究及应用 / 尚明生等著. —北京:科学出版社，2021.1
ISBN 978-7-03-065526-4

Ⅰ.①水… Ⅱ.①尚… Ⅲ.①水环境-生态环境-研究 Ⅳ.①X143

中国版本图书馆 CIP 数据核字 (2020) 第 103294 号

责任编辑：李小锐 / 责任校对：彭　映
责任印制：罗　科 / 封面设计：蓝创视界

科 学 出 版 社出版

北京东黄城根北街16号
邮政编码：100717
http://www.sciencep.com

成都锦瑞印刷有限责任公司印刷
科学出版社发行　各地新华书店经销

*

2021 年 1 月第 一 版　　开本：787×1092 1/16
2021 年 1 月第一次印刷　　印张：18
字数：427 000

定价：146.00 元
(如有印装质量问题，我社负责调换)

序

生态文明建设是关系中华民族永续发展的根本大计。党的十八大以来，习近平总书记就生态文明建设提出了一系列新理念、新思想、新战略，深刻回答了为什么建设生态文明、怎样建设生态文明等重大理论和实践问题。长江是中华民族母亲河，三峡库区是长江上游生态屏障的最后一道关口。筑牢长江上游重要生态屏障，是落实中央深入推动长江经济带发展战略的重要举措，是习近平生态文明思想在长江流域的生动实践。

生态环境监测是生态环境保护的基础，是生态文明建设的重要支撑。近年来，以"互联网+"为标志的大数据和智能化技术在生态环境监测领域的融合应用如雨后春笋般不断涌现，在大量减轻人工工作量、及时反馈生态环境状态、有效防范风险，支撑应急管理等方面，具有十分重要的实践意义和应用价值。但是，在实践过程中，特别是在我国大江大河与重要湖库的应用融合中，迄今依然存在一些技术难题，如何更全面实时掌握水生态环境状态变化、如何更深入挖掘海量水生态环境数据等，仍需更丰富的探索实践。

近年来，中国科学院重庆绿色智能技术研究院袁家虎研究员领导科研团队，以三峡水库为主要对象，以水生态环境感知系统的业务化运行为目标，从三峡库区水生态环境在线感知系统建设的总体设计、新型在线监测传感器研发与综合浮标系统构建、水生态环境综合感知与可视化平台集成运用等开展了一系列研究和应用开发工作。我认为，该工作的重要价值在于，创新开发了系列在线监测传感器，突破性地解决了水生态健康、毒理指标尚难以实时自动监测的难题，部分关键技术尚属国际首创。革新改进大数据分析方法与系统平台，有力推动了在线监测结果从简单描述、定级判别跨越到多要素复合分析、综合趋势预测，其核心算法与技术得到国际同行认可，属国际先进水平。相关工作打通了水生态环境在线监测、综合感知分析的全技术链条，探索形成了可业务化运用、可开放共享、可推广复制的水生态环境综合感知系统，为支撑三峡工程后续工作、服务地方生态环境管理等提供了重要而有力的技术保障。

该系列专著集中展现了中国科学院重庆绿色智能技术研究院(中国科学院大学重庆学院)相关团队近年来的研究成果，其学术价值体现在以下两个方面：一是虽独立成册，但均共同围绕一个主题，从不同角度逐层展开，一脉相承，环环相扣，体现了三峡水库水生态环境感知系统从基础到应用的完整学术逻辑和"全链条"实践；二是充分体现了学科交叉的特点，涵盖光学工程、仪器科学与技术、信息与通信工程、环境科学与工程、计算机科学与技术等学科门类，学科跨度大，将为不同专业人士的应用实践提供有益参考。

保障三峡库区水生态环境质量安全，确保"一江清水向东流"，对维护整个长江流域乃至全国生态环境安全具有十分重要的意义。我相信该系列专著能够为加快完善长江流域国家地表水环境监测网络，推动长江生态环境保护与修复，推进长江流域水环境质量持续改善，将积累具有重要价值的知识资料和实践经验。

中国科学院院士

2020 年 10 月

前　言

　　传统上，机理模型是研究江河湖库水环境系统最重要的手段，在水生态环境管理决策与科学研究中发挥着重要的作用。机理模型基于科学认识的因果规律，通过精确的数学方程刻画水环境系统的内在特征和复杂关系，实现水体内部动力学与水质动态过程的数值模拟。在实践中，机理模型需要先选定模型，然后根据各种监测方式获取的数据，来生成偏微分方程的边界和初始条件，经过参数率定后获得模型输出结果。这种基于确定性的机理过程建模方式，具有很好的适应性，在应用中取得了很好的效果。但是，此类模型往往需要针对场景设置大量参数，对模型构建者的理论知识要求较高；其次，模型需要对包含组分和边界条件进行完全刻画，倘若模型中忽略关键参数或率定不准确，将不适配于所解决的具体环境问题；此外，对于某些复杂场景，还可能存在机理暂时不清楚，或者难以用数学表达式精确表征等困难。

　　随着大数据时代的到来和大数据技术的迅猛发展，数据驱动的水生态环境建模逐渐得到重视。数据驱动的模型是指利用数据挖掘等计算机算法，自动地在海量数据中发现规律，从而得出有用结论的过程。一方面，传感器、物联网等技术的发展与广泛应用，以及卫星遥感影像甚至航空影像的相对易获取性，使得一直以数据稀缺为特征的水环境领域逐步进入数据丰富甚至数据冗余的时代；另一方面，大数据分析技术的不断成熟，特别是近几年数据挖掘和人工智能等技术的飞速发展，为生态环境大数据分析提供了新的有效手段。大数据为水环境智慧化决策提供了新的条件和机会。例如，对于机理模型中的复杂参数配置任务，可以通过大数据分析自动完成；通过大数据分析，还可能有助于认识更多的规律，从而对机理模型进行完善或者修正；而对于一些机理尚不清楚的复杂场景，也能通过数据分析获得有用的结论。

　　当然，单纯地强调任何一种孤立方法都是有缺陷的，数据驱动的方法通过不断地发现隐藏在数据背后的规律，与机理模型共同为环境管理者提供科学的决策判据。本书就是在这一背景下产生的。本书介绍多个数据驱动的水生态环境推演模型，在内容上更突出面对每一个水生态环境问题，如何寻找有效的模型工具，期望为未来水环境智慧化决策提供借鉴与参考。为便于模型的应用，我们还搭建了一套水生态环境感知信息分析系统，探索机理模型与数据模型的集成，为最终构建大数据时代的复杂水环境决策系统提供技术基础和应用参考。本书在编排上以"模型开发—系统研制—平台运行"为主线，详细介绍如何把水生态环境具体问题与信息化进行有机结合。

　　本书共 7 章。第 1 章为研究现状回顾。主要包括水生态环境评价方法、水生态模型研究进展及水生态环境感知系统三个方面,其中水生态环境评价方法围绕水环境质量状况评价、水体富营养化评价、水环境生态健康状态评价和水质综合毒性评价四个维度展开,水生态环境模型内容上重点突出机理模型和智能算法各自的特点与应用进展,最后从在线监测、遥感反演和信息化平台等方面给出水生态环境感知系统的初步概念。

第2~5章是本书核心部分,主要介绍数据驱动的水生态环境推演模型。第2章为水质时序变化推演模型,选取多粒度智能算法和长短期记忆网络,系统介绍模型在三峡水库水质指标预测中的应用;第3章为水体富营养化评价模型,鉴于在线监测数据存在的大量噪声、缺失数据问题,介绍粗糙集和半监督分类算法在三峡水库富营养化评价上的应用;第4章为水生态健康遥感反演模型,介绍结合密度峰值聚类实现水华风险等级划分;第5章为水华与藻毒素的风险管理模型,针对水华暴发过程及微囊藻毒素超标难以提前预警问题,介绍双向S粗糙集的水华前兆异常分析方法和贝叶斯网络微囊藻毒素等级判别模型。

第6章和第7章主要以三峡水库重要节点为例,从方案制定、技术设计和示范应用等方面介绍感知分析系统的构建。第6章从信息系统构建角度论述了三峡生态环境感知系统的技术要求与建设方案,包括信息资源、数据存储、数据分析与数据应用等方面;第7章围绕三峡库区典型支流富营养化与水华暴发这一背景,介绍利用大数据挖掘方法和天地一体化手段,按照"模型分析+监测预警"应用思路构建的三峡库区水生态环境感知系统及业务化示范应用。

本书由尚明生负责统稿,第1章、第2章、第5章由闪锟编写;第3章由吴迪编写;第4章由周博天编写;第6章和第7章由闪锟、周博天和吴迪编写。本书包括了团队研究生严胡勇、邓伟辉等的部分工作。本书研究工作得到王国胤教授、郭劲松教授、张雷研究员等的指导和帮助,在此一并致谢!本书出版由国家水体污染控制与治理科技重大专项(2014ZX07104-006)资助。

由于作者水平所限,书中难免存在疏漏之处,欢迎各位专家和读者给予批评指正。

目　　录

第1章 绪 论

1.1 水生态环境系统及模型

水生态系统范畴包括水体中发生的水文、水质与水生生物过程及这些过程之间的相互作用与影响(李小平,2013)。而水生态环境模型正是基于对生态环境机理过程的认识所发展出来的,通过数学方程的方式刻画出水体生物地球化学过程,特别是氮磷营养盐循环与水生生物丰度变化,而提升对水生态系统的认知,可为制订科学的水生态环境管控策略提供依据。

水生态环境系统模型的发展经历了由简单到复杂、由静态到动态的演变过程。早期的模型结构上仅将浮游植物生物量作为状态变量;随着水体富营养化问题越来越引起人们的关注,有害的蓝藻(blue-green algae)被从浮游植物中单独分离出来;而利用经典的Michaelis-Menten方程,可反映出不同优势物种对资源的适应与竞争机制,从这个角度模型可以进一步细分浮游植物,这也与浮游植物在水环境中都有特定的生理生态特征相符。目前,一些成熟的水生态系统模型,如PCLake模型和CAEDYM模型等都把水生植物作为状态变量,其生物量采用的是源于经济学的Cobb-Douglas函数估算(Menshutkin et al.,2014),这些处理的目的是考虑到水环境存在草型清水稳态与藻型浊水稳态(stable status)的切换过程。此外,水生态系统模型中还包括诸如浮游动物、底栖生物和鱼类等消费者,这些消费者在模型中经常被划分为单一功能群(IPH-ECO模型),因为一般认为这些功能群的物质和能量流向初级生产力的非常少;不过随着水生态系统模型模拟目标的多元化发展,对水生态系统中消费者进一步细分成为现代模型的发展趋势,如根据鱼类食性分组的ECOPATH模型、根据浮游动物和底栖动物形态分组的CAEDYM模型(图1.1)(闪锟,2014)。

水生态系统模型另一个重要发展方向是包含多维度的空间结构。从最早的关于估算总磷负荷的输入-输出零维模型(Vollenweider,1975),发展到针对深水湖泊分层开发的模拟水柱中溶解氧、营养盐和生物类群垂直分布的一维模型,如PROTECH模型和SALMO模型。但是,对于大型浅水湖泊,由于水体在垂直方向混合均匀不存在分层,因此模型计算中忽略了水体垂直方向的差异,而采样二维模型(x, z)则考虑到风力驱动下生物和非生物组分在水平面上的迁移,应用广泛的模型如CE-QUAL-W2就是建立在二维平面上的。完整的湖泊空间结构应该包含更为真实的水动力特征(如流速、温度、混合状态等),即构建基于湖泊热流体动力学(thermohydrodynamics)的三维模型,目前三维模型已经成为现代湖泊模型的基本结构,如ELCOM-CAEDYM、Delft-3D和EFDC都采用了类似的水动力模型结构。

水环境研究中最值得关注的问题便是富营养化问题，一些基于采样数据的模型被开发并用于富营养化管理中。至20世纪80年代，富营养化模型发展已取得长足进步，对于任何一个可获得数据集的水体即可找到合适的富营养化模型来模拟。但是这绝不意味着，针对特殊环境管理要求的模型不用被开发出来。近年来，不同学科领域间的耦合模型(如水动力模型与生态过程)被广泛用于模拟湖泊富营养化和藻类水华过程；以前没有被关注和使用的食物网模型也被逐渐应用；同时，基于在线监测数据构建的算法模型(人工神经网络模型、杂交演化算法模型等)也广泛用于生态突发事件尤其是水华的预测中(Coad et al.，2014)。

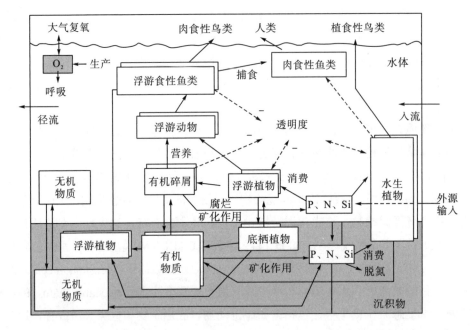

图1.1   传统的湖泊生态系统模型中生物组分和非生物组分概念图(Menshutkin et al.，2014)

1.2   水生态环境评价

在全面、准确识别水环境生态系统问题基础上，根据水环境管理的不同需求，水环境评价主要包括水环境质量状况评价、水体营养状态评价、水环境生态健康状态评价、水质综合毒性评价等方面。

1.2.1   水环境质量状况评价

水不但是人类社会赖以生存和发展过程中必不可少的自然资源，而且是生态环境的重要组成部分。水质指标预测作为水资源管理的重要方法和手段，能够为相关部门及时掌握水质变化发展趋势提供科学依据和决策支撑。目前，许多统计分析模型和人工智能方法已成功应用于河流水质指标预测，常用的统计分析模型有 ARIMA 模型和偏最小二乘回归模型等。然而统计分析模型的有效性高度依赖水质指标历史观测数据概率分布假设的合理性，并且统计分析模型对水质多因素预测难度大。以人工神经网络(ANN)、支持向量机(SVM)及其扩展衍生模型为代表的机器学习方法近年来在水质预测中得到了广泛的研究和应用，这类模型对高质量的水质时间序列数据具有较好的建模能力和预测精度。

我国现阶段运用比较成熟的水质评价方法主要是单因子评价法和污染指数法，但前者无法将水质量化，而后者无法直观判断水质类别。近年来，一些新的统计方法不断被尝试用于水质评价中。水污染指数(water pollution index，WPI)法构建过程如下。

1. 评价因子

评价因子选择 pH、浊度、电导率、溶解氧、高锰酸盐指数、总氮、氨氮、总磷等指标。

2. 计算方法

依据水质类别与 WPI 值对应表(表 1.1)，用内插方法计算得出某一断面每个参加水质评价项目的 WPI 值，取最高的 WPI 值作为该断面的 WPI 值。

表 1.1　水质类别与 WPI 值对应表

类别	Ⅰ类	Ⅱ类	Ⅲ类	Ⅳ类	Ⅴ类	劣Ⅴ类
范围	WPI=20	20<WPI≤40	40<WPI≤60	60<WPI≤80	80<WPI≤100	WPI>100

未超过 Ⅴ 类水限值的 WPI 值计算方法：

$$\mathrm{WPI}(i) = \mathrm{WPI_l}(i) + \frac{\mathrm{WPI_h}(i) - \mathrm{WPI_l}(i)}{C_\mathrm{h}(i) - C_\mathrm{l}(i)} \times \left(C(i) - C_\mathrm{l}(i)\right), \quad C_\mathrm{l}(i) < C(i) \le C_\mathrm{h}(i) \tag{1.1}$$

式中，$C(i)$ 为第 i 个水质项目的监测浓度值；$C_\mathrm{l}(i)$ 为第 i 个水质项目所在类别标准的下限浓度值；$C_\mathrm{h}(i)$ 为第 i 个水质项目所在类别标准的上限浓度值；$\mathrm{WPI_l}(i)$ 为第 i 个水质项目所在类别标准下限浓度值所对应的指数值；$\mathrm{WPI_h}(i)$ 为第 i 个水质项目所在类别标准上限浓度值所对应的指数值；$\mathrm{WPI}(i)$ 为第 i 个水质项目所对应的指数值。

此外，《地表水环境质量标准》(GB 3838—2002)中规定两个水质等级的标准值相同时，则按低分数值区间插值计算。

pH(属于无量纲值)：若 6≤pH≤9，则水质污染指数取 20；若 pH>9 或 pH<6，采用 100～140 内差：

$$\mathrm{WPI(pH)} = 100 + \frac{140 - 100}{5} \times (6 - \mathrm{pH}), \quad 0 < \mathrm{pH} < 6 \tag{1.2}$$

$$\mathrm{WPI(pH)} = 100 + \frac{140 - 100}{5} \times (\mathrm{pH} - 9), \quad 9 < \mathrm{pH} < 14 \tag{1.3}$$

溶解氧(DO)：若 DO≥7.5mg/L，则水质污染指数取 20；若 2.0mg/L<DO<7.5mg/L，计算公式为

$$WPI(DO) = WPI_l(DO) + \frac{WPI_h(DO) - WPI_l(DO)}{C_h(i) - C_l(i)} \times (DO_l - DO) \qquad (1.4)$$

若 DO≤2.0mg/L，计算公式为

$$WPI(DO) = 100 + \frac{2 - DO}{2} \times 40 \qquad (1.5)$$

断面 WPI 的确定

$$WPI = \max(WPI(i)) \qquad (1.6)$$

根据各断面各项污染物的 WPI 值，可对该断面的主要污染指标进行筛选。筛选原则和方法如下：①水质为Ⅲ类或优于Ⅲ类的断面不做主要污染指标筛选；②对于水质劣于Ⅲ类的断面，从超过Ⅲ类标准限值的指标中取 WPI 值最大的前三个指标作为该断面的主要污染指标。

3. 水环境质量分级

根据断面的 WPI 值，可对断面进行定性评价。WPI 值与水质定性评价分级的对应关系见表 1.2。

表 1.2　断面水环境质量定性评价

WPI 值	类别分级	定性评价
0＜WPI≤40	Ⅰ类或Ⅱ类	优
40＜WPI≤60	Ⅲ类	良好
60＜WPI≤80	Ⅳ类	轻度污染
80＜WPI≤100	Ⅴ类	中度污染
WPI＞100	劣Ⅴ类	重度污染

1.2.2　水体富营养化评价

目前，国内外有很多种水体富营养化评价方法，但是还没有统一的评价标准与方法。常见的评价方法主要有以下几种。

(1) 指数法：此方法将多项富营养化相关指标，包括叶绿素 a 浓度、总磷浓度以及透明度，转化为营养状态指数，便于对水体的富营养状态进行连续分级。此方法最早由著名学者 Carlson (1977) 建立，由于它是假定水中的悬浮物全部为浮游植物，也就是将水体的透明度考虑为只受浮游植物丰度的影响，而忽视了除浮游植物外的其他因子，因此会有一定程度的局限性。日本学者 Aizaki 等 (1981) 对其进行了修正与完善，采用叶绿素 a 浓度而非透明度作为最基础指标，较好地解决了这一问题。指数法目前仍是水体富营养化评价的一种重要方法。

(2) 单因子法：此方法主要通过对生物、化学与物理参数的分析来计算水体的富营养化级别。其中生物学参数主要有多样性指数、藻类增殖潜力以及叶绿素 a 浓度等；化学参数主要是与藻类增殖相关的 pH、化学需氧量、溶解氧、二氧化碳以及磷等；而物理参数主要为透明度、光照强度、水色、水温等(叶麟，2006)。

(3)数学分析法：此方法是将现代数理方法应用于湖泊环境评价的一种常用方法，主要有非线性与线性统计分析、灰色理论、模糊数学以及云模型等。Liu 等(2014)采用统计学方法定量评价滇池富营养响应，通过正交实验与线性回归来区分流域营养盐、入湖变量以及水位三种推动力对水质的贡献。Zhu 等(2010)将灰色关联分析成功应用于北京地区北海的水华评价。丁昊和王栋(2013)参照营养状态分级标准，通过云模型建立起各指标隶属于各分级的云模型，同时得出相应的确定度，由确定度来判定所属营养级别。

以最为普遍的综合营养状态指数(TLI)为例，介绍其评价计算过程。

1. 评价因子

评价因子选择叶绿素 a(Chla)、总磷(TP)、总氮(TN)、透明度(SD)和高锰酸盐指数(COD_{Mn})5 个浓度参数。

2. 计算方法

依据 Chla、TP、TN、SD、COD_{Mn} 5 个单项指标的浓度值，分别计算单项营养状态指数，计算方法如下：

$$TLI(Chla) = 10\left[2.46 + 1.091\ln(Chla)\right]$$
$$TLI(TN) = 10\left[3.96 + 3.951\ln(TN)\right]$$
$$TLI(TP) = 10\left[12.02 + 2.690\ln(TP)\right]$$
$$TLI(SD) = 10\left[4.84 - 6.70\ln(SD)\right]$$
$$TLI(COD_{Mn}) = 10\left[1.80 + 3.78\ln(COD_{Mn})\right]$$

综合营养状态指数由单项营养状态指数加权之和求得

$$TLI(\Sigma) = \sum_{j=1}^{m} W_j \cdot TLI(j) \tag{1.7}$$

式中，$TLI(j)$ 为第 j 种指标的单项营养状态指数；m 为指标个数，本书取 5；W_j 为第 j 种指标的单项营养状态指数的相关权重，取值为：$W_{Chla}=0.5996$；$W_{TN}=0.0718$；$W_{TP}=0.1370$；$W_{SD}=0.0075$；$W_{COD_{Mn}}=0.1840$。其中透明度单位为 m，叶绿素 a 单位为 μg/L，总磷、总氮和化学需氧量单位为 mg/L。

3. 水体营养状态分级

基于水体综合营养状态指数，结合水体对使用功能的支持程度，将三峡库区水体营养状态按功能高低依次划分为六级(表 1.3)。

表 1.3　水体营养状态分级

TLI	营养级别	营养状态
TLI≤30	Ⅰ级	贫营养
30<TLI(Σ)≤50	Ⅱ级	中营养
50<TLI(Σ)≤60	Ⅲ级	轻度富营养
60<TLI(Σ)≤70	Ⅳ级	中度富营养
70<TLI(Σ)≤80	Ⅴ级	重度富营养
TLI(Σ)>80	劣Ⅴ级	异富营养

1.2.3　水环境生态健康状态评价

随着人口增长及社会经济的发展，人类大量消耗水资源，并排放污染物进入水体，使水生态系统自然功能和经济功能降低或丧失，水生态健康受到严重威胁。科学有效地评价、恢复和维持水生态健康已成为近年来流域管理的重要目标。在水生态健康评价方法方面，国内外学者主要采用水物理化指标及部分生物指标，多以多指标评价法对水生态健康状况进行评价。下面介绍基于熵值法的水生态健康评价(张雷等，2017)。

1. 评价因子

评价指标确定后需要对其进行分级以形成评价指标体系，生态系统健康评价分级标准的确定通常采用历史资料法、参照对比法、借鉴标准与科研成果、专家咨询、公众参与等方法。通过借鉴国家标准与相关科研成果，参照对比相似案例与进行专家咨询，结合三峡库区水环境生态系统的特点，本书采用水温、透明度(SD)、水位、流速、pH、TP、TN、氨氮(NH_3-N)、Chla、藻细胞密度、藻毒素 11 个指标反映三峡库区水质理化状况和生态状况，构建了三峡库区水环境生态系统健康评价指标体系(表 1.4)。

表 1.4　三峡库区水环境生态系统健康评价指标体系

评价项目	指标	单位	意义
物理指标	水温	℃	水温是影响水生生物分布及水体新陈代谢的一个主导因素，在较大水深的湖库中，污染物对水生生态系统的影响取决于水温状况
	透明度	m	指水样的澄清程度，洁净的水是透明的，水中存在悬浮物和胶体时，透明度便会降低
	水位	m	以黄海为基准的海拔标高。不同水位与三峡水库运行调度有关
	流速	m/s	流速是流体的流动速度。不同的水流流速会影响藻类生长繁殖
化学指标	pH	—	pH 是表示溶液酸性或碱性程度的数值，pH 与藻类生长关系密切，改变 pH 会影响藻类生长繁殖速度，进而影响种类演替
	TN	mg/L	水中的总氮含量是衡量水质的重要指标之一，有助于评价水体被污染和自净状况
	TP	mg/L	总磷是水样经消解后将各种形态的磷转变成正磷酸盐后测定的结果，可评价水体被污染和自净状况
	NH_3-N	mg/L	氨氮以游离氨或铵盐的形式存在于水体中，测定水中各种形态的氮化合物，有助于评价水体被污染和自净状况

评价项目	指标	单位	意义
生物指标	藻细胞密度	10^5 万个 cells/L	浮游植物是测量水质的指示生物，一片水域水质如何，与浮游植物的丰富程度和群落组成有着密不可分的关系，浮游植物的减少或过度繁殖，则预示着那片水域的水质正趋向恶化
	Chla	mg/m³	通过测定浮游植物叶绿素，可掌握水体的初级生产力情况。同时，Chla 含量还是富营养化的指标之一
	藻毒素	μg/mL	监测藻毒素能为水环境生态安全的评估、预测、预警和防控措施优化提供可靠准确的依据

2. 计算方法

1) 综合健康指数的计算公式

$$\text{CHI} = \sum_{i=1}^{m} w_i \times b_i \tag{1.8}$$

式中，m 为评价指标的个数；w_i 为指标 i 的权值；b_i 为指标 i 的归一化值；CHI 为综合健康指数。

2) 计算各指标的归一化值

指标归一化时，取序列中各指标的相对最佳值为 1，其余值则以其与最佳值的比值或比值的倒数作为归一化后的值。若各指标中的最大值为相对最佳值，则其余值与最大值的比值作为其归一化后的值；若各指标中的最小值为相对最佳值，则其余值与最小值的比值的倒数作为其归一化后的值。

3) 确定指标权重

对于 n 个样本 m 个评价指标的初始矩阵，利用熵值法计算各指标的权重，其本质就是利用该指标信息的效用值来计算的，效用值越高，其对评价的重要性就越大。其计算步骤如下。

(1) 构建 n 个样本 m 个评价指标的判断矩阵 $\boldsymbol{R} = \left(x_{ji}\right)_{n \times m}$ $(i = 1, 2, \cdots, m; j = 1, 2, \cdots, n)$。

(2) 将判断矩阵归一化处理，得到归一化判断矩阵 $\boldsymbol{B}$，$\boldsymbol{B}$ 中元素的表达式为

$$\boldsymbol{B} = \left(b_{ji}\right)_{n \times m} \quad (i = 1, 2, \cdots, m; j = 1, 2, \cdots, n)$$

评价指标通常分为越大越优和越小越优两类，各类指标相对于优隶属度的计算公式如下。

越大越优型指标：

$$b_{ji} = \frac{x_{ji} - x_{\min}}{x_{\max} - x_{\min}} \tag{1.9}$$

越小越优型指标：

$$b_{ji} = \frac{x_{\max} - x_{ji}}{x_{\max} - x_{\min}} \tag{1.10}$$

式中，$x_{\max}$、$x_{\min}$ 分别为同指标下不同样本中的最满意值和最不满意值。

(3)根据熵的定义，n 个样本 m 个评价指标，可确定评价指标的熵为

$$H_i = -\frac{1}{\ln n}\left(\sum_{j=1}^{n} f_{ji} \ln f_{ji}\right) \quad (i=1,2,\cdots,m; j=1,2,\cdots,n)$$

$$f_{ji} = \frac{b_{ji}}{\sum\limits_{j=1}^{n} b_{ji}}$$

为使 $\ln f_{ji}$ 有意义，当 $f_{ji}=0$ 时，根据水质评价的实际意义，可以理解 $\ln f_{ji}$ 为一较大的数值，与 f_{ji} 相乘趋于 0，故可认为 $f_{ji}\ln f_{ji}$ 也等于 0。但当 $f_{ji}=1$，$f_{ji}\ln f_{ji}$ 也等于 0，这显然与熵所反映的信息无序化程度相悖，不切合实际，故需对 f_{ji} 进行修正，将其定义为

$$f_{ji} = \frac{1+b_{ji}}{\sum\limits_{j=1}^{n}\left(1+b_{ji}\right)} \tag{1.11}$$

(4)计算评价指标的熵权 W。

$$W = \left(\omega_i\right)_{1\times m}$$

$$\omega_i = \left(1-H_i\right)\Big/\left(m-\sum_{i=1}^{m} H_i\right)$$

并且满足：

$$\sum_{i=1}^{m} \omega_i = 1$$

3. 水环境生态健康状态分级

在河流健康评价中评价标准的确定极为重要，同一条河流若采用不同的标准进行评价，评价结果可能不同。由于河流健康涉及的范畴比较广泛，既受自然条件的限制，又受流域人类活动和经济发展的制约，河流健康只是在河流的自然功能和社会功能之间寻找平衡，努力做到两者的共存共荣，只是相对意义上的健康，不同背景下的河流健康标准实际上是一种社会选择。因此，河流健康只是一个相对概念，评价时需要以一定的基准状态作为参照点，与其对比进行健康状况评价。现有方法多以无干扰或干扰程度很小的状态作为河流健康的评价基准，但仍存在争议，因为河流健康评价标准具有明显的时代和地域特征，也具有动态性特征，主要取决于人们对河流功能的定位。在不同的人类认识水平、经济发展阶段、社会历史文化氛围、人类生态价值取向、气候变化、地质构造变迁及生态演替阶段，河流健康的标准是不同的。同时，研究者不同的学科背景和评价视角，对指标的选取以及重要程度的认识也是不同的，因此，河流健康评价标准需通过专家评判以及与现有标准规范相结合的方法来确定。河流健康评价指标的标准和权重应当因"河"而异，因"时"而异，结合河流的自然特性、生态环境以及所处的社会经济环境来确定。此外，河流健康评价标准的制定需要进行敏感性分析，以国际和国家标准、发展规划值、典型河流的现状特征值为基础，通过专家咨询研究具体指标的临界点，最后确定河流健康的评价标准。

河流健康评价标准是河流状况评估的衡量标准、参考依据以及生态基准,其有效确定是科学把握河流状况的前提。评价标准直接影响评价结果的合理性。目前,对于河流生态系统的健康评价尚无统一标准。综合来看,河流健康评价标准具有相对性特征,不同区域、不同规模、不同类型的河流,以及人们对河流不同的主观要求,都会有不同的评价标准。

评价标准一般可以通过以下方法确定:历史资料法、实地考察、多区域河流对比分析(或称参照对比法)、借鉴国家标准与相关研究成果、公众参与、专家评判。以上方法各有优劣,适用于不同类型的指标对象。

基于国内外研究成果及专家咨询评判,在该范围内确定河流健康评价等级划分标准,将 CHI 值划分为 5 个区间和 5 个健康等级,详见表 1.5。

表 1.5　河流生态系统健康状态分级表

健康指数	0~0.2	0.2~0.4	0.4~0.6	0.6~0.8	0.8~1.0
健康状态	病态	一般病态	亚健康	健康	很健康
级别	V	IV	III	II	I

1.2.4　水质综合毒性评价

国际标准化组织在 1998 年颁布发光细菌检测方法的标准,分为冻干以及新制的细菌两种检测状态;而在 1999 年发光细菌应用于毒性检测的标准中,规定了冻干粉的应用方法,即利用冻干粉细菌复苏之后,直接用于检测。我国在 1995 年 3 月由国家环境保护局、国家技术监督局联合颁布了发光细菌法水质急性毒性检测的标准——《水质　急性毒性的测定　发光细菌法》(GB/T 15441—1995)。水质毒性检测结果采用发光抑制率表示,水质综合毒性评价可以采用中科院南京土壤研究所推荐的百分数等级标准来判断水环境中有毒物质的污染水平(表 1.6)。

表 1.6　发光细菌法测定水质毒性的分级标准

发光抑制率	毒性等级	毒性级别
$L<30$	I	低毒
$30 \leqslant L<50$	II	中毒
$50 \leqslant L<70$	III	重毒
$70 \leqslant L<100$	IV	高毒
$L=100$	V	剧毒

1.3　水生态环境模型研究进展

1.3.1　静态模型

最经典的富营养化模型是基于总磷和叶绿素 a 关系的经验模型和基于总磷负荷和总

磷浓度的输入-输出模型(Sakamoto，1966)(表 1.7)。Chapra 在 1975 年首次将这些静态模型通过质量守恒方法用于湖泊模型中，之后又有许多修订的模型，其参数来源于多个湖泊数据的回归估算(Harper，2012)。在这些模型中单输入湖泊基本特征(水深和停留时间)及营养负荷，可以计算出营养盐和叶绿素(或透明度)的浓度；这类模型虽然简单，但是在评价不同湖泊富营养化类型以及外源营养盐控制上依然具有重要价值。

表 1.7　世界各湖泊叶绿素 a 与总磷相关关系(刘鸿亮，1987)

研究人员	数据	方程
Sakamoto，1966	31 个日本湖泊	$\lg(Chla)=-1.134+1.583\lg(P)$
Lund，1970	英国湖泊	$\lg(Chla)=0.48+0.87\lg(P)$
Brydoes，1971	Erie 湖	$(Chla)=-2.1+0.25(P)$
Mceard，1972	Minnetonka 湖	$(Chla)=4.2+0.58(P)$
Edmondson，1972	华盛顿湖	$(Chla)=-4.22+0.6(P)$
Mecoll，1972	7 个新西兰湖	$(Chla)=-1.68+0.26(P)$
Dillon and Rigler，1974	华盛顿湖、Ontario 湖及其他世界范围的湖	$\lg(Chla)=-1.14+1.45\lg(P)$
美国环境保护署，1974	美国湖泊	$\lg(Chla)=-0.764+1.18\lg(P)$
Mills and Shaffner，1975	纽约 Finger 湖群	$(Chla)=-2.9+0.574(P)$
Nusch，1975	8 个西德水库	$(Chla)=-1.52+0.16(P)$
Nicholls，1976	荷兰湖泊	$(Chla)=-1.17+0.62(P)$
Jones and Bachmann，1976	143 个世界湖泊	$\lg(Chla)=-1.09+1.46\lg(P)$
Jones and Bachmann，1976	4 个老挝湖泊	$\lg(Chla)=3.24+1.41\lg(P)$
Jackson，1976	Quinte 湾各点	$(Chla)=-0.04+0.35(P)$
Schindler，1976	世界 IBP 研究规划	$(Chla)=-3.87+0.46(P)$

还有一些简单回归分析建立了环境因子，如 TN、TP、Chla、SD、水深等与生物类群生物量之间的预测模型，如用理化因子来评估鱼类生物量和生产力、底栖生物量、水草盖度、浮游动物生物量、浮游植物生物量和细菌生物量和生产力。近些年，全球气候变化对生态环境的潜在影响成为研究热点，物种多样性作为响应变量的经验模型越发引起生态学家的关注(Alkemade et al.，2009)。

这些经验模型的最大优点是结构简单和便于使用，湖泊管理者可以根据模型制订各种水质管理标准。此外，通过不同营养状态下湖泊数据的收集，经验模型可以很容易考虑到生物类群沿营养盐梯度的变化，这是在动态模型中不容易实现的。但是，经验模型也有其固有缺点，首先，如果对经验模型残差分布进行检验，残差分布有可能会违反正态性、均匀性的假设，尤其是针对单一湖泊往往会偏离总体拟合的规律；其次，经验模型不能探讨生态系统各个组分的直接关联性，当外部条件变化时，生态系统过程的改变不能得到解释。

1.3.2　动力学模型

1. CAEDYM

计算的水生生态系统动力学模型(computational aquatic ecosystem dynamics model，CAEDYM)是一个综合考虑水质、生物和地球化学循环的模型，它可与水动力模块进行耦合，驱动的水动力模块包括一维水动力模型（dynamic reservoir simulation model，DYRESM）和三维水动力模型(estuary and lake computer model，ELCOM)。DYRESM-CAEDYM 被广泛用于对长时间序列的模拟，但是如果考虑短时间内水体水平面上的空间差异性，ELCOM-CAEDYM 则比较适合。最新版的 CAEDYM(V3.3)基于传统的"N-P-Z"(营养盐-藻类-浮游动物)过程，水质模型状态变量包含 C、N、P、Si 和生态系统其他生物类群(表 1.8)，因而被广泛用于研究营养盐循环、藻类水华和藻类群落演替以及通过情景模拟找出适合蓝藻的外部环境条件(Wallace and Hamilton，2000)。

表 1.8　常见湖泊生态动力学模型组分和主要特征

模型名称	CAE	CEQ	D3D	PCL	SHR	IPH	PRO	SAL
空间维度	1/3 维	2 维	3 维	2 维	1 维	3 维	1 维	1 维
数学方程	偏微分	偏微分	偏微分	常微分	偏微分	偏微分	常微分	偏微分
代码	67	54	79	71	30	58	93	90
分层	+	+	+	−	+	+	−	+
底泥	+	+	+	+	−	±	−	+
湖滨带	+	−	−	+	−	−	−	−
浮游植物	7	3+	3~6	3	2	3	10	2~10
浮游动物	5	3+	1~3	1	1	1	1	1
底栖动物	6	3+	1	1	1	1	0	0
鱼类	3	0	0	3	0	3	0	0
水生植物	1	3+	0	1	0	1	0	0
鸟	0	0	0	0~1	0	0~1	0	0
水动力	+	+	+	±	+	±	±	+
温度	+	+	+	+	+	+	±	+
溶氧	+	+	+	+	+	+	+	+
CO_2/DIC	+	+	+	−	−	+	−	−
DOC/POC	+	+	+	+	+	+	−	+
微生物	+	+	+	±	±	+	−	−
P-loading	+	+	+	+	+	+	±	+
N-loading	+	+	+	+	+	+	±	+
内源性 P	+	+	+	+	+	+	−	+
内源性 N	+	+	+	+	+	+	−	+
内源性 Si	+	+	+	±	−	±	−	+
底泥再悬浮	+	+	+	+	+	+	−	+
岩化作用	+	±	+	±	−	−	−	−

续表

模型名称	CAE	CEQ	D3D	PCL	SHR	IPH	PRO	SAL
渔业	±	−	−	+	−	−	−	±
疏浚	−	−	−	+	−	−	−	−
收割	−	−	−	+	−	−	−	−
适用富营养化	+	+	+	+	+	+	+	+
适用气候变化	+	+	±	+	−	+	+	+
渔业管理	±	+	−	±	−	±	−	±
应用水质管理	+	+	+	+	−	−	+	+
是否免费获取	±	+	±	+	−	±	−	±
代码开源	±	+	±	±	±	+	+	+
执行语言	FOR	FOR	FOR	C++	C++	FOR	FOR	C

注："+"表示具备功能，"−"表示不具备功能；"±"表示不确定或需自行开发。

CAEDYM 被广泛用于蓝藻水华暴发湖泊的模拟，尤其是微囊藻水华。Robson 和 Hamilton(2004)应用 ELCOM-CAEDYM 模拟西澳大利亚州斯旺(Swan)河口蓝藻水华事件，发现水温和盐度是影响铜绿微囊藻生长最主要的环境因子。Chung 等(2014)利用 ELCOM-CAEDYM 对韩国大青(Daecheong)水库蓝藻水华空间分布进行模拟，并考虑微囊藻自身的伪空胞调节方程，结果表明能够显著提高模型的预测能力，而且水体物理过程如入流混合对微囊藻生物量的空间分布起了重要作用。近些年，国内一些研究团队针对蓝藻水华频繁暴发的湖泊采用 CAEDYM 作为生态模型核心来分析，谢兴勇等(2011)基于 2005 年太湖数据，利用 DYREM-CAEDYM 构建太湖水生态动力学模型，模型中考虑隐藻、硅藻、绿藻和蓝藻四种浮游生物功能群，成功模拟出四种藻类的演替过程，并且探讨了底泥中内源性磷释放对水体藻类生物量的影响；王长友等(2013)利用 ELCOM-CAEDYM 对太湖蓝藻水华形成的不同阶段进行了模拟，结果显示模型对春季蓝藻复苏和生长上浮阶段有好的模拟效果，但对蓝藻越冬过程模拟的能力还不强。

2. CE-QUAL-W2

CE-QUAL-W2 是二维平均水动力和水质模型，由美国陆军工程兵团开发，可以用来模拟垂直分层和生态系统关键组分的纵向变化。最新版 V3.7 可以用来模拟水体中营养盐、颗粒悬浮物、有机物的变化，同时可以模拟划分多种门类藻类、浮游动物和底栖动物的生物量动态(Cole and Wells，2011)。CE-QUAL-W2 包含多种垂直扰动模块，可以用来模拟一些工程措施对水体自然属性的影响，该模型在美国本土使用得非常广泛，在河流和水库研究中常用来模拟水体和底泥营养盐动态变化(Bowen and Hieronymus，2003)。

3. SALMO

Benndorf 和 Recknagel(1982)开发了湖泊水质模型(simulation of an analytical lake model，SALMO），用于模拟湖泊和水库的浮游生物网研究。SALMO 相比于其他模型，输入参数更具普遍性，避免了对一些点位依赖性较强的参数校正工作。最新版本的 SALMO-HR 是一个垂直一维水动力-生态模型，包含生态学子模型（SALMO-1D）和水动力模型（k-ε-model LAKE）。通过 SALMO 可以模拟水温分层和水柱中营养盐、藻类、浮游动物、DOC、颗粒悬浮物的变化。SALMO 已经被成功用于许多湖泊和水库研究中，其最重要的用途是通过情景分析来分析不同生态修复措施对生态系统的影响，从而指导湖泊和水库富营养化管理（Walter et al.，2001）。如郭静等（2012）利用 SALMO 在太湖梅梁湾进行了为期一周年的水质模拟，模型成功模拟出 3 种不同门类浮游植物的季节性演替规律。Chen 等（2014）采用太湖梅梁湾 2005～2010 年的数据，利用浮点编码的遗传算法对 SAMLO 参数进行优化，模拟出 3 种不同门类浮游植物以及浮游动物生物量的动态变化，对不同情景模拟的结果显示太湖底泥营养盐释放是控制蓝藻生物量最主要的因子。

4. Delft3D-ECO

Delft3D 是非常强大的三维水动力-水质模型系统，包含水流、水动力、波浪、泥沙输移、水质和生态六个模块。水流计算模块（FLOW）是其核心模块，用 Delft 计算格式支持曲面网格划分；而泥沙输移模块（SED）能够很好地模拟浅水湖泊沉积物的再悬浮过程；生态模块（ECO）与水质模块（WAQ）经常耦合使用，模型中考虑了三种营养盐（N、P、Si）的地球化学循环，水华模块（BLOOM）用于计算藻类生长动力学，藻类生物类群上考虑了硅藻、绿藻、鞭毛藻和蓝藻，同时蓝藻细分为微囊藻、束丝藻和浮丝藻。Delft3D-ECO 模块不仅能够成功模拟荷兰当地淡水湖泊中有害藻类的繁殖（Los and Wijsman，2007），同时也成功应用于海洋赤潮藻类的模拟。国内在生态学方向应用 Delft3D 的案例相对较少。Li 等（2015）应用 Delft3D 中的水华模块模拟了太湖梅梁湾三个门类藻类为期两周年的动态变化。

5. PROTECH

PROTECH（phytoplankton responses to environmental change）模型由 Reynolds 和 Irish（1997）首先提出，可以用来模拟湖泊和水库中不同藻类（可以模拟近十种）对外部环境变化的动态响应。模型中的环境变量包括温度、深度、光照强度、日照时长、营养盐等。模型基本方程是由浮游植物生长、死亡和捕食构成的质量守恒方程。浮游植物生长基于浮游植物最大生长率计算，其值通过光、温度和营养盐与不同形态藻类生长速率建立的基本关系方程获取。PROTECH 已经被广泛用于湖泊和水库中藻类生长的模拟（Elliott et al.，2010），尤其是利用其预测在富营养化水体不完全混合和光限制条件下浮游植物的优势种（Elliott et al.，2002）。PROTECH 完全以藻类为核心来构建模型，其优点是能够反映出不同种类藻类对资源的竞争和环境适应性，对于水华管理其有很大的优势性。但是其缺少水动力模块驱动，无法考虑水体物理属性对结果带来的影响，也没有考虑到生态系统其他组分（如浮游动物）的生物量变化，这在一定程度上限制了它在大型水体中的应用。

6. PCLake

PCLake 在 20 世纪 90 年代初由荷兰公众健康和环境国家研究所(RIVM)开发,后来为荷兰生态研究所和荷兰环境评估机构(PBL)共同所有,用于淡水生态学研究。PCLake 适用于浅水不分层湖泊,考虑了浅水湖泊中底泥层和水柱间的生物地球化学过程,包括生物组分和非生物组分。其中生物组分囊括了生态系统各个生物类群,包括三个门类浮游植物、浮游动物、水草、底栖动物和不同食性的鱼类;非生物组分则考虑了 C、N、P、Si 和有机碎屑。同时 PCLake 在空间结构上包括了湖滨湿地区域,可以用于评估生态恢复措施对水体中营养盐和食物网动态特征的影响(Janse and van Liere,1995)。此外,PCLake 也经常用来评估营养盐控制标准对湖泊稳态转换的影响,即模拟出从水生植物主导的清水稳态转换到浮游植物统治的浊水稳态的营养盐阈值(Janse et al.,2008)。

7. IPH-ECO(IPH-TRIM3D-PCLake)

Fragoso 等 (2009) 耦合 PCLake 和三维水动力模型,开发了适用于亚热带淡水生态系统的 IPH-ECO 模型。水动力模型基于纳维-斯托克斯方程(Navier-Stokes equations)来描述三维空间内水体的转移和混合,并采用有效的半隐式 Eulerian-Lagrangian 有限差分方法提高了计算结果的稳定性和精确性。生态模型中水柱和底泥化学和生物过程完全基于 PCLake 模型,并且考虑到亚热带水体特点引入杂食性鱼作为状态变量。但 IPH-ECO 并非完全继承 PCLake,它考虑了水平面上每个网格上的空间异质性,并且在垂直面上考虑了一些状态变量(如水温、水密度、营养盐、浮游植物和浮游动物)的分层。IPH-ECO 可以免费获取,拥有友好的用户界面,最新版 2.0 增加了湖泊风吹程距下再悬浮和湖泊蒸发计算函数,并加入了非结构混合网格生成。

1.3.3 食物网模型

对食物网的研究构成了现代生态学研究的基石。食物网研究主要有两种研究思路。一个是生态系统生态学角度,认为食物网是由能量流动路径组成的,初级生产者通过光合作用固定能量,再通过呼吸作用散失出去,这一研究思路最初由 Lindeman(1942)提出。Hannon(1973)在经济学理论中的投入产出分析(input-output analysis),用于生态学中进行能量流分析。随后兴起的生态网络分析(ecological network analysis,ENA)也属于对这一方法体系的继承。另一个是群落生态学角度,强调物种间的相互关系,这种关系最初被简单定义为有或无,即为食物网的拓扑结构。这种研究思路最先由 May(1972)提出,后来由 Pimm 等 (1991)完善,重点讨论了生物多样性与系统稳定性的关系,大量研究涉及对不同水体食物网拓扑结构的比较研究。最近十年,这两种研究思路开始逐步走向统一,生态学家开始意识到纯粹的食物网拓扑结构不足以帮助人们认识生态系统,需要赋予相互关系的强度值,通过分析相互关系强度能够揭示生态系统功能的重要特征,因此许多描述生态系统的指标计算需要对食物网定量。

　　但是仅仅通过野外调查和实验室研究工作，很难全面地定量生态系统中物种间能量流动的大小。为了克服数据不足，各种各样的计算方法被开发出来估算没有被测定的那部分流量。模型方法关键在于建立一个系统的、标准的方法来定量食物网。Ecopath 模型提供了一个系统的方法来处理解决平衡的问题，并且数据输入和质量平衡均在一个标准的友好的界面下。

1.3.4　机器学习

1. 人工神经网络

　　人工神经网络(artificial neural networks，ANN)是一种应用类似于大脑神经突触连接的结构进行信息处理的数学模型(傅荟璇和赵红，2010)。神经网络通过大量的神经元连接进行计算，其能根据外界信息改变自身结构，非常适于探索输入和输出之间复杂的非线性关系。神经网络由大量的节点和节点之间的相互连接构成，每个节点代表一种特定的输出函数，称为激励函数。每两个节点间的连接都代表一种对于通过该连接信号的加权值，称为权重，网络输出则依据网络连接方式、权重值激励函数的不同而不同。

　　人工神经网络根据运行过程中的信息流向，可以分为前馈式和反馈式两种基本类型。前馈式网络的输出仅由当前输入和权矩阵决定，与网络先前的输出状态无关，因此是一种静态的映射网络[图 1.2(a)]。而反馈式网络的输出信号可以通过反馈回到每一个神经元的输入端，是一种随时间动态演化的网络[图 1.2(b)]。区别于前面两种有监督学习网络，无监督学习网络不对输出结果进行强制性检验，而仅对输入变量进行分布模式特征分析，从而找出适于输出变量潜在的类别规则[图 1.2(c)]。

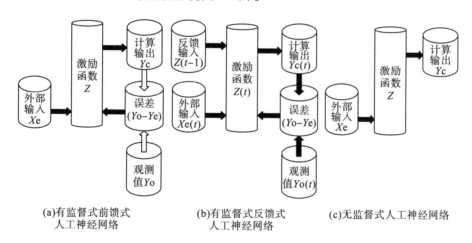

(a)有监督式前馈式　　　　　(b)有监督式反馈式　　　　　(c)无监督式人工神经网络
人工神经网络　　　　　　　人工神经网络

图 1.2　三种基本人工神经网络类型

使用最为广泛的前馈式人工神经网络是反向传播(backpropagation，BP)神经网络。BP学习算法能够实现前馈式神经网络权值调节，一般的多层前馈式网络也指的是BP神经网络。人工神经网络广泛应用于工程领域，而直到20世纪90年代Colasanti(1991)发现人工神经网络与生态系统间的相似性，神经网络模型才作为一种生态模型工具被慢慢应用于生态环境研究。人工神经网络主要用于两种类型的生态数据分析，一种是利用截面数据(cross-section data)预测生态系统中不同状态的变化，如Lek等(1996)通过BP网络建立溪流中物理指标与褐鳟产卵密度的预测模型，Scardi(1996)利用神经网络对Harding初级生产力经验模型进行重新拟合；另一种是利用连续时间序列数据预测连续性生态系统行为，如Recknagel等(1997)利用12年连续的环境变量作为输入变量，构建了神经网络模型，分别对四个湖泊中藻类的生物量进行预测。从这些文献可以看出，前馈式人工神经网络相对于多元线性回归模型在预测结果准确度上有一定优势，但是人工神经网络不能提供一个具体的数学公式来表达输入和输出间的相互关系，许多学者尝试通过灵敏度分析和情景分析来甄别对预测结果影响最大的输入变量(Recknagel and Wilson，2000)。反馈式人工神经网络非常适合时间序列数据的分析，因为通过反馈能够为前一状态的系统提供额外的训练信息。Jeong等(2006)利用反馈式神经网络模型对韩国的洛东(Nakdong)河中微囊藻水华实现了提前四天预测。自组织特征映射网络(self-organizing feature map，SOM)是应用最为广泛的无监督学习网络，能够实现复杂的非线性数据排序、聚类和作图。

2. 杂交进化算法

进化算法(evolutionary algorithms，EA)是根据遗传变异、自然选择和适者生存的规律建立的适应性算法，用来解决问题、构建模型和挖掘数据。遗传算法和进化算法的理论框架由Holland于1975年建立，并被广泛运用于模式识别、预测、知识挖掘、最优控制及并行处理等。Goldberg(1994)对遗传算法与进化算法的产生以及发展状况进行了论述，并对其应用提出了许多有效的建议。进化算法在解决复杂的经济和工程问题中取得了良好效果，这促使人们将进化算法应用于解决更加复杂的生态问题。进化算法能够利用生态数据构建预测模型，作为人工神经网络的监督。但典型的人工神经网络缺乏精确的模型表达式(算法)，进化算法则能综合各种模型表达式作为多元函数或规则集。因此，进化算法也是数据挖掘的有效工具。杂交进化算法(hybrid evolutionary algorithms，HEA)是一种灵活的计算工具，可利用时序数据构建多元函数和规则集进行计算。HEA参数优化以及规则发现的具体过程见图1.3，它利用遗传程序设计(genetic programming，GP)构建及优化规则集结构，使用遗传操作对规则集进行参数优化。遗传操作是遗传算法的延伸(Banzhaf et al.，1998)。不同结构和大小的计算机程序构成了遗传算法的基因种群。在典型的遗传操作程序中，计算机程序可以用解析树表示，其中每个分支节点代表函数集中的一个元素(算子、逻辑运算符、至少包含一个引用数据/因变量的初等函数)，叶节点代表终端集合(变量、常数、不包含引用数据/因变量的函数)中的元素。通过遗传操作，例如交叉和变异进行重组构建下一代程序集合，然后用"fitness cases"对这些程序进行评估，选择适应性更好的程序，重复此过程构建直到满足期望的终止条件。HEA 模型已被成功应用于鱼类、河流中无脊椎动物群落以及浮游植物的时间序列预测。HEA 最为普遍的应用是对藻类实现水华提前数天的预测，甚至被证明可以在短时间内预测微囊藻毒素的含量(Chan et al.，2004)。

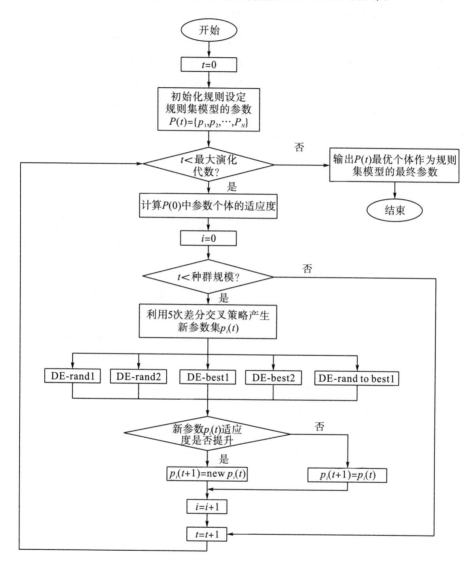

图 1.3　HEA 规则的流程图(Cao et al.，2006)

1.4　水生态环境感知系统研究现状

1.4.1　监测预警系统

国外，水生态环境监测系统是 20 世纪 70 年代发展起来的，美国、英国、法国、日本、荷兰、德国先后建立了此类系统，如法国巴黎塞纳河水质自动监测网、澳大利亚布里斯班河水质自动监测系统、日本大阪城市水质自动监测系统等。多瑙河事故应急预警系统(the Danube accident emergency warning system，DAEWS)是多瑙河沿岸各国共同实施的一个项目。它能提供多瑙河水质的即时信息，一旦上游发生河水污染事件，通过卫星通信系统将事故警报传到下游国家的"多瑙河水质信息服务中心"，为下游国家的有关部门采取相应保护措施赢得宝贵时间。该系统自 1997 年 4 月投入使用以来，1997 年和 1998 年分别成功预报了 2 次和 3 次水污染事件，特别是 1998 年 5 月 26 日匈牙利一家化工厂发生有毒物质泄漏侵入事件，导致泄漏点下游水质受到严重污染。当水体污染被即时监测出来后，匈牙利及多瑙河下游其他国家采取了一系列措施，避免了更为严重的事故发生。20 世纪 70 年代中期，美国在全国范围内建立了由上千个水质自动监测站组成的连续自动监测网，覆盖国内各大水域，可随时对水温、pH、电导率、溶解氧、生化需氧量、化学需氧量、总碳等指标进行连续监测和预报，全天候监控各水域、水系的水质状况和污染程度。

与国外发达国家相比，我国在水生态环境监测方面还存在一定差距。上海环境监测中心于 1981 年开始部分引进美、英、日的水质自动监测仪器，自行设计了黄浦江水质连续自动监测系统。该系统具备多端点数据采集、无线通信、计算机网络连接、可 24 小时连续监测等特点，可生成黄浦江水质污染的日报表、月报表等，为整治黄浦江提供了科学的定量数据。但是，由于整个系统缺乏配套性和完整性，运行过程中问题不断，目前仍处于完善和扩容阶段。北京水文总站水质监测中心于 1994 年从英国 Phox 公司成套引进了 3 个水质自动监测子站、1 个移动站和 1 个中心站，几经完善和不断更新分析仪器，目前运行效果较好，但是系统维护量很大。

此外，国内其他地区也正在建立环境自动监测网络，并逐步向广域自动监测网发展。但是，目前一些基于 GSM、GPRS 的在线监测系统，其网络规划、部署、配置、管理、维护一般需要管理员干预来完成。相比之下，无线传感器网络的出现为随机性的研究数据获取提供了便利。传感器节点通过自组织的方式构成无线传感器网络，能够实时监测、感知和采集网络分布区域内监视对象的各种信息，并加以处理，完成对环境的数据采集和监测任务。

1.4.2　模型方面

较为常见的水文-水动力-水质模型便是能模拟流域之间复杂响应关系的一类模型，其主要通过结合流域非点源模型和水动力水质模型的方式得到。比较常见的流域非点源模型包括 HSPF、AGNPS、SWAT 等。将 GIS 和流域非点源模型进行集成已成为非点源模型的发展趋势，以 SWAT 模型为其典型代表。过去几十年里，具备强大可视化功能的 SWAT 模型应用非常广泛，如流域径流模拟、土壤侵蚀模拟、非点源氮磷负荷模拟、蒸腾蒸发模拟。水动力水质模型研究较为成熟的有 CE-QUAL-W2、MIKE21、WASP 以及 EFDC 模型。其中，以 EFDC 模型为代表。水动力水质模型被用于多个方面，如污染物输移、粒子追踪、氮磷营养盐浓度、藻类生长模拟等。虽然流域非点源模型和水动力水质模型在各自领域得到了快速发展与成功应用，但将两者联合用于模拟流域径流和污染负荷对湖泊水质的响应研究相对较少。随着信息技术飞速发展，国内外将流域水文模型和湖泊水动力模型联合用于模拟湖泊流域水循环过程的研究开始逐渐出现，如 Pietroniro 等(2006)利用流域WATFLOOD 模型联合湖泊水动力 ONE-D 模型模拟了加拿大 PAD 湖泊流域的水循环过程。Xu 等(2007)将 HSPF 模型的径流量输出作为 CE-QUAL-W2 的输入，对美国 Occoquan流域和其内部水库之间的水量平衡进行了模拟。White 等(2010)将 SWAT 与 CE-QUAL-W2结合来模拟美国 Waco 湖泊流域的水平衡过程以及湖泊水质变化。Liu 等(2014)将 SWAT与 CE-QUAL-W2 结合构建了流域水库模拟系统，用来模拟水库水动力和水质过程。

　　世界发达国家在水生态环境模型规范化、软件化和商业化方面已取得丰硕的研究成果。从水动力模型、水质模型、水动力水质综合模型扩展到流域综合管理模型系统，形成了一批世界著名的商业软件，如 MIKE、EFDC、DELFT3D 等。这些软件均由高科技咨询公司进行研发，同时提供咨询技术服务，如美国的 TetraTech 公司和 HydroQual 公司、英国的 Wallingford 公司、丹麦 DHI 公司、荷兰 WL|Delft Hydraulics 公司等，在流域水污染治理与水生态环境管理过程中发挥了巨大作用。美国环保局(USEPA)专门成立了模型专家顾问办公室和环境模型监督管理委员会(CREM)，并使用、支持或资助了 147 种模型的网上模型库。欧洲环境署(EEA)提出了开发网上模型库的建议。

　　目前，总的来说在流域非点源模型和湖泊水动力水质模型的开发方面，国外(如美国、丹麦、加拿大)占有绝对的主导地位。与国外相比，我国主要是利用国外开发的模型进行案例分析。

1.4.3　遥感监测方面

　　遥感监测技术具有宏观、动态、成本低等显著特点，其在水生态环境监测中的应用，有着常规监测不可替代的优点。它既可以满足大范围水质监测的需要，也可以动态跟踪污染事件的发展。富营养化和有毒藻类的暴发是很多湖泊面临的问题，而遥感方法尤其适合监测与湖泊富营养化有关的水质指标。国外从 20 世纪 70 年代开始就利用多光谱传感系统(multispectral sensing system，MSS)的 4 个波段进行湖泊水质遥感研究。目前人们已经应用卫星遥感数据研究水体组分如透明度、Chla、溶解性有机物、悬浮物、温度等的分布和变化。分布在我国的一系列大型浅水湖泊发生了不同程度的水体富营养化，藻类大量繁殖，水华灾害频发，水华的研究已成为当前二类水体研究的热点之一。在水华提取方面，指数模型众多，有单波段值域法、比值植被指数(RVI)、归一化植被指数(NDVI)、增强植被指数(EVI)、浮游藻类指数(FAI)、蓝藻水华指数(CAI)，还有真假彩色目视判别法、监督分类法、水质参数反演法等。水华提取模型，绝大部分的研究是通过实测叶绿素 a 或藻蓝素浓度进行建模估算，来实现湖泊水华的发生及其分布特征的监测。模型的复杂性、适用性及估算的精度是影响模型应用范围的重要因素。

随着遥感技术的不断更新发展，遥感监测以其速度快、范围广、成本低的优势，在湖泊藻类水华监测中迅速占领一席之地。如建模者基于以往的影响构建先验颜色模型，利用改良的 Canshift 算法检测水华区域，根据区域的面积变化监测水华的灾情趋势，构建水华的预警模型；基于高光谱遥感影像，结合遥感数据假彩色合成法与指数法，构建运用 MODIS 影像的藻华水体在太湖的遥感提取模型；基于 CCD 数据，建立决策树模型提取水华信息；通过构建近红外和可见光波段的比值实现蓝藻水华在太湖的信息提取，在准确度上超越了原有的目视判读提取水华方法，应用范围更广。

1.4.4 信息化平台

目前，国外发达国家将传感技术、物联网、云计算、移动互联网、大数据、人工智能、知识管理、分布式存储、信息可视化、卫星遥感、GPS 定位等技术应用于水环境监测服务中，建设了集数据获取、传输、存储、管理、处理、分析、应用、表征、发布全过程于一体的水环境监测信息管理服务平台，实现了全新、便捷、高效的水环境监测管理服务模式。如美国环境保护局利用以上技术，配合地面监测站点的监测补充，实现了对北美五大湖（Great Lakes）的监测（图 1.4），监测时间为 3 月底至 9/10 月底，监测内容为水、水生动植物、沉淀物，监测信息存储于五大湖环境数据库（可参见 http://waterwatch.usgs.gov/）。

图 1.4　美国环境保护局北美五大湖监测情况

欧洲环境署早在 1985 年就建立了欧洲共享环境信息系统（SEIS），其研究对象包括欧洲各国的水资源、水污染、生物多样性等相关生态环境情况。

参 考 文 献

丁昊, 王栋, 2013. 基于云模型的水体富营养化程度评价方法[J]. 环境科学学报, 33(1):251-257.

傅荟璇, 赵红, 2010. MATLAB 神经网络应用设计[M]. 北京:机械工业出版社.

郭静, 陈求稳, 李伟峰, 2012. 湖泊水质模型 SALMO 在太湖梅梁湾的应用[J]. 环境科学学报, 32(12): 3119-3127.

李小平, 2013. 湖泊学[M]. 北京:科学出版社.

刘鸿亮, 1987. 湖泊富营养化调查规范[M]. 北京：中国环境科学出版社.

闪锟, 2014. 应用生态模型阐释蓝藻水华暴发特征和水华防控的生态学原理[D]. 武汉:中国科学院水生生物研究所.

王长友, 于洋, 孙运坤, 等, 2013. 基于 ELCOM-CAEDYM 模型的太湖蓝藻水华早期预测探讨[J]. 中国环境科学, 33(3):491-502.

谢兴勇, 祖维, 钱新, 2011. 太湖磷循环的生态动力学模拟研究[J]. 中国环境科学, 31(5):858-862.

叶麟, 2006. 三峡水库香溪河库湾富营养化及春季水华研究[D]. 武汉:中国科学院水生生物研究所.

张雷, 时瑶, 张佳磊, 等, 2017. 大宁河水生态系统健康评价[J]. 环境科学研究, 30(7):1041-1049.

Alkemade R, Oorschot M V, Miles L, et al., 2009.GLOBIO3: a framework to investigate options for reducing global terrestrial biodiversity loss[J]. Ecosystems, 12(3):374-390.

Aizaki M, Otsuki A, Fukushima T, et al.,1981. Application of Carlson's trophic state index to Japanese lakes and relationships between the index and other parameters[J]. Proceedings-International Association of Theoretical and Applied Limnology, 16(1):19-22.

Banzhaf W, Nordin P, Keller R E, et al.,1998. Genetic Programming: an Introduction[M]. San Francisco:Morgan Kaufmann.

Benndorf J, Recknagel F, 1982. Problems of application of the ecological model SALMO to lakes and reservoirs having various trophic states[J]. Ecological Modelling, 17(2):129-145.

Bowen J D, Hieronymus J W, 2003. A CE-QUAL-W2 model of Neuse Estuary for total maximum daily load development[J]. Journal of Water Resources Planning and Management, 129(4):283-294.

Cao H, Recknagel F, Kim B, et al.,2006. Hybrid Evolutionary Algorithm for Rule Set Discovery in Time-Series Data to Forecast and Explain Algal Population Dynamics in Two Lakes Different in Morphometry and Eutrophication[M]. Berlin:Springer-Verlag.

Carlson R E, 1977. A trophic state index for lakes[J]. Limnology & Oceanography, 22(2):361-369.

Chan F, Pace M L, Howarth R W, et al., 2004. Bloom formation in heterocystic nitrogen-fixing cyanobacteria: The dependence on colony size and zooplankton grazing[J]. Limnology & Oceanography, 49(6): 2171 -2178.

Chan W S, Recknagel F, Cao H, et al.,2007. Elucidation and short-term forecasting of microcystin concentrations in Lake Suwa (Japan) by means of artificial neural networks and evolutionary algorithms[J]. Water Research, 41(10):2247-2255.

Chen Q, Zhang C, Recknagel F, et al.,2014. Adaptation and multiple parameter optimization of the simulation model SALMO as prerequisite for scenario analysis on a shallow eutrophic Lake[J]. Ecological Modelling, 273(1):109-116.

Chung S W, Imberger J, Hipsey M R, et al.,2014. The influence of physical and physiological processes on the spatial heterogeneity of a Microcystis bloom in a stratified reservoir[J]. Ecological Modelling, 289:133-149.

Coad P, Cathers B, Ball J E, et al.,2014. Proactive management of estuarine algal blooms using an automated monitoring buoy coupled with an artificial neural network[J]. Environmental Modelling & Software, 61:393-409.

Colasanti R L, 1991. Discussions of the possible use of neural network algorithms in ecological modeling[J]. Binary:Computing in

Microbiology, 3 (1):13-15.

Cole T M, Wells S A, 2011. CE-QUAL-W2: A Two-Dimensional, Laterally Averaged, Hydrodynamic and Water Quality Model (Version 3.6) [M]. Washington DC: U.S. Army Corps of Engineers.

Elliott J A, Irish A E, Reynolds C S, 2002. Predicting the spatial dominance of phytoplankton in a light limited and incompletely mixed eutrophic water column using the PROTECH model[J]. Freshwater Biology, 47 (3):433-440.

Elliott J A, Irish A E, Reynolds C S, 2010. Modelling phytoplankton dynamics in fresh waters: affirmation of the PROTECH approach to simulation[J]. Freshwater Reviews, 3 (1):75-96.

Fragoso Jr C R, van Nes E H, Janse J H, et al.,2009. IPH-TRIM3D-PCLake: a three-dimensional complex dynamic model for subtropical aquatic ecosystems[J]. Environmental Modelling & Software, 24 (11):1347-1348.

Goldberg D E, 1994. Genetic and evolutionary algorithms come of age[J], Communications of the ACM, 37 (3): 113-119.

Hannon B, 1973. The structure of ecosystems[J]. Journal of the Oretical Biology, 41 (3):535-546.

Harper D, 2012. Eutrophication of Freshwaters: Principles, Problems and Restoration[M]. Berlin:Springer Science & Business Media.

Janse J H, De Senerpont Domis L N, Scheffer M, et al.,2008. Critical phosphorus loading of different types of shallow lakes and the consequences for management estimated with the ecosystem model PCLake[J]. Limnologica - Ecology and Management of Inland Waters, 38 (3):203-219.

Janse J H, van Liere L, 1995. PCLake: A modelling tool for the evaluation of lake restoration scenarios[J]. Water Science and Technology, 31 (8):371-374.

Jeong K S, Recknagel F, Joo G J, 2006. Prediction and Elucidation of Population Dynamics of the Blue-Green Algae Microcystis Aeruginosa and the Diatom Stephanodiscus Hantzschii in the Nakdong River-Reservoir System (South Korea) by a Recurrent Artificial Neural Network[M]//Ecological Informatics[M]. Berlin:Springer-Verlag, 255-273.

Klein L R, 1953. Studies in the Structure of the American Economy, by Wassily Leontief[J]. Journal of Political Economy, 19 (1):15-31.

Lek S, Delacoste M, Baran P, et al.,1996. Application of neural networks to modelling nonlinear relationships in ecology[J]. Ecological Modelling, 90 (1):39-52.

Li Z, Chen Q, Xu Q, 2015. Modeling algae dynamics in Meiliang Bay of Taihu Lake and parameter sensitivity analysis[J]. Journal of Hydro-environment Research, 9 (2):216-225.

Lindeman R L, 1942. The trophic-dynamic aspect of ecology[J]. Ecology, 23 (4):399-417.

Liu Y, Wang Y, Sheng H, et al.,2014. Quantitative evaluation of lake eutrophication responses under alternative water diversion scenarios: a water quality modeling based statistical analysis approach[J]. Science of the Total Environment, 468 (7):219-227.

Los F J, Wijsman J W M, 2007. Application of a validated primary production model (BLOOM) as a screening tool for marine, coastal and transitional waters[J]. Journal of Marine Systems, 64 (1):201-215.

May R M, 1972. Will a large complex system be stable?[J]. Nature, 238 (5364):413-414.

Menshutkin V V, Rukhovets L A, Filatov N N, 2014. Ecosystem modeling of freshwater lakes (review):2. Models of freshwater lake's ecosystem[J]. Water Resources, 41 (1):32-45.

Mooij W M, Trolle D, Jeppesen E, et al.,2010. Challenges and opportunities for integrating lake ecosystem modelling approaches[J]. Aquatic Ecology, 44 (3):633-667.

Pimm S L, Lawton J H, Cohen J E, 1991. Food web patterns and their consequences[J]. Nature, 350 (6320):669-674.

Recknagel F, Wilson H, 2000. Elucidation and prediction of aquatic ecosystems by artificial neural networks. Artificial Neural Networks in Ecology and Evolution[M]. Berlin:Springer-Verlag.

Recknagel F, French M, Harkonen P, et al.,1997. Artificial neural network approach for modelling and prediction of algal blooms[J]. Ecological Modelling, 96(1):11-28.

Recknagel F, Ostrovsky I, Cao H, et al.,2014. Hybrid evolutionary computation quantifies environmental thresholds for recurrent outbreaks of population density[J]. Ecological Informatics, 24:85-89.

Reynolds C S, Irish A E, 1997. Modelling phytoplankton dynamics in lakes and reservoirs: the problem of in-situ growth rates[J]. Hydrobiologia, 349(1-3):5-17.

Robson B J, Hamilton D P, 2004. Three-dimensional modelling of a *Microcystis* bloom event in the Swan River estuary, Western Australia[J]. Ecological Modelling, 174(1-2):203-222.

Sakamoto M, 1966. Primary production by phytoplankton community in some Japanese lakes and its dependence on lake depth[J]. Arch. Hydrobiol, 62:1-28.

Scardi M, 1996. Artificial neural networks as empirical models for estimating phytoplankton production[J]. Marine Ecology Progress Series, 139(1):289-299.

Vollenweider R A, 1975. Input-output models[J]. Schweizerische Zeitschrift für Hydrologie, 37(1):53-84.

Wallace B B, Hamilton D P, 2000. Simulation of water-bloom formation in the cyanobacterium *Microcystis aeruginosa*[J]. Journal of Plankton Research, 22(6):1127-1138.

Walter M, Recknagel F, Carpenter C, et al.,2001. Predicting eutrophication effects in the Burrinjuck Reservoir (Australia) by means of the deterministic model SALMO and the recurrent neural network model ANNA[J]. Ecological Modelling, 146(1):97-113.

Xu Z, Godrej A N, Grizzard T J, 2007. The hydrological calibration and validation of a complexly-linked watershed-reservoir model for the Occoquan watershed, Virginia[J]. Journal of Hydrology, 345(3-4): 167-183.

Zhu S, Liu Z, Wang X, et al.,2010. Application of gray correlation analysis in eutrophication evaluative of water bloom[C]. 8th World Congress on Intelligent Control and Automation, IEEE: 1496-1501.

第 2 章 水质时序变化推演模型

时间序列数据挖掘(time series data mining,TSDM)起源于 20 世纪 90 年代,其目标是从"形状"序列数据中挖掘出潜在的、具有时间特性的、有价值的知识和信息,或者发现有规律的变化趋势、模式、突变和异常点等,用于指导和改善人们日常的生产生活。自 Agrawal 等(1993)提出时间序列相似性搜索技术后,国内外很多科研机构和研究团队陆续加入 TSDM 研究领域,比较著名的包括 IBM 公司 Almaden 研究中心的 Agrawal 研究团队、加州大学河滨分校的 Keogh 研究团队、卡内基梅隆大学的 Faloutsos 研究团队等。从研究对象和应用背景分析,时间序列相关的研究任务和主题可分为时间序列降维表示、相似性度量和索引 3 个基本实施部件以及时间序列预测、异常检测、分类、聚类、相似性查找、主题发现和分割 7 个常见的挖掘任务。

大部分时间序列数据挖掘任务都存在两个基本实施步骤:时间序列表示和相似性度量。由于时间序列固有的高维特性,如何设计高效的、能够保持原始序列基本"形状"特征的低维时间序列表示方法将至关重要,并且在具体的降维表示模式下,合适的、直观的相似性度量方法也将直接影响挖掘任务的效率(邓伟辉,2017)。

2.1 水质时间序列的多粒度智能分析

2.1.1 模型背景

结合水质预测中的时间序列近似周期性,研究提出一种基于高斯云变换和模糊时间序列(Gaussian cloud transformation-fuzzy time series,GCT-FTS)的多粒度水质预测模型。该模型采用启发式高斯云变换算法将数值型的定量历史观测数据粒化成多个高斯云(定性概念),得到模糊时间序列的论域分区,该论域分区方法解决了相邻两个分区间边界区域的亦此亦彼性问题。在构建模糊逻辑关系的过程中融合了时间序列的近似周期性,利用时间序列数据本身的内在特征,去除噪声模糊逻辑关系,提高了模型的预测精度和健壮性(Deng et al.,2015)。

模型预测效果测试上,数据指标采用大型水库水生态环境特征辨识与表征方法提出的水质指标,选取溶解氧和高锰酸盐指数时序变化为测试数据集,将 GCT-FTS 多粒度水质预测模型与类似模型进行比较,利用多种模型评价参数对模型预测效果进行测试。

通过对模型在感知系统集成,利用示范区域的在线监测数据,验证模型的实际运行效果。

2.1.2　模型方法

1. 高斯云变换

人类在思考和分析问题时往往需要根据实际需求在不同的粒度层次上对原始问题进行抽象和推理,并且可以自然地在多个粒度层次之间实现概念切换。为了模拟人类思考问题的自适应过程,实现变粒度的概念切换,李德毅院士提出了高斯云变换概念(李德毅和杜鹢,2007),并给出了两个变换算法:启发式高斯云变换和自适应高斯云变换。高斯云变换是在高斯变换的基础上,利用相邻两个高斯分布的交叠程度,计算高斯云的熵和超熵,得到每个高斯云(概念)的含混度,实现从高斯变换中"概念硬划分"到高斯云变换中"概念软划分"的转化,从而体现相邻概念之间固有的"亦此亦彼性"。

以下主要对启发式高斯云变换进行介绍。启发式高斯云变换的基本思想是:利用先验知识(或者利用交叉验证等机器学习方法)给定高斯云数量 M,运用高斯变换算法将原始定量数据转变为 M 个高斯分布,并获得相应的期望、标准差和混合系数,其中高斯分布的期望就是高斯云的期望;然后根据相邻两个高斯分布的交叠程度,计算高斯云的熵、超熵和含混度。具体算法描述如下。

输入:高斯云数量 M,定量时间序列 $X\{x_i \mid i=1,2,\cdots,N\}$,迭代终止阈值 ε。

输出:M 个高斯云的期望、熵、超熵和含混度。

步骤 1:统计定量时间序列 $X\{x_i \mid i=1,2,\cdots,N\}$ 的频度分布。

$$h(y_j) = p(x_i), \quad i=1,2,\cdots,N; \quad j=1,2,\cdots,N' \tag{2.1}$$

其中,y 为观测值的论域空间。

步骤 2:初始化 M 个高斯分布的期望、标准差和混合系数。第 k $(k=1,2,\cdots,M)$ 个高斯分布的期望 u_k、标准差 σ_k 和混合系数 a_k 分别设定为

$$u_k = \frac{k\max(X)}{M+1}$$
$$\sigma_k = \max(X)$$
$$a_k = \frac{1}{M}$$

步骤 3:计算目标优化函数 $J(\theta)$。

$$J(\theta) = \sum_{i=1}^{N'}\left\{h(y_i) \times \ln\sum_{k=1}^{M}\left[a_k g\left(y_i; u_k, \sigma_k^2\right)\right]\right\} \tag{2.2}$$

$$g\left(y_i; u_k, \sigma_k^2\right) = \frac{1}{\sqrt{2\pi}\sigma_k} e^{-\frac{(y_i-u_k)^2}{2\sigma_k^2}} \tag{2.3}$$

步骤 4:根据极大似然估计和期望最大化算法迭代优化求解,第 k $(k=1,2,\cdots,M)$ 个高

斯分布的具体参数更新为

$$u_k = \frac{\sum_{i=1}^{N} L_k(x_i) x_i}{\sum_{i=1}^{N} L_k(x_i)} \tag{2.4}$$

$$\sigma_k^2 = \frac{\sum_{i=1}^{N} L_k(x_i)(x_i - u_k)^{\mathrm{T}}(x_i - u_k)}{\sum_{i=1}^{N} L_k(x_i)} \tag{2.5}$$

$$a_k = \frac{1}{N} \sum_{i=1}^{N} L_k(x_i) \tag{2.6}$$

$$L_k(x_i) = \frac{a_k g(x_i; u_k, \sigma_k^2)}{\sum_{n=1}^{M} \left[a_n g(x_i; u_n, \sigma_n^2) \right]} \tag{2.7}$$

步骤 5：重新计算目标优化函数的估计值 $J(\tilde{\theta})$，并判断新目标优化函数与原始目标优化函数之间的差异。具体如下：

$$J(\tilde{\theta}) = \sum_{i=1}^{N'} \left\{ h(y_i) \times \ln \sum_{k=1}^{M} \left[a_k g(y_i; u_k, \sigma_k^2) \right] \right\} \tag{2.8}$$

如果 $J(\theta) - J(\tilde{\theta}) < \varepsilon$，则算法跳至步骤 6；否则，算法跳至步骤 3。

步骤 6：对第 k ($k = 1, 2, \cdots, M$) 个高斯云，计算其对应高斯分布标准差的缩放比 α_k，具体如下：

$$u_{k-1} + 3\alpha_1 \sigma_{k-1} = u_k - 3\alpha_1 \sigma_k \tag{2.9}$$

$$u_k + 3\alpha_2 \sigma_k = u_{k+1} - 3\alpha_2 \sigma_{k+1} \tag{2.10}$$

$$\alpha_k = \min(\alpha_1, \alpha_2) \tag{2.11}$$

其中，α_1 是第 k 个高斯分布与其左侧相邻高斯分布之间弱外围区不交叠的缩放比；α_2 是第 k 个高斯分布与其右侧相邻高斯分布之间弱外围区不交叠的缩放比。

步骤 7：对第 k ($k = 1, 2, \cdots, M$) 个高斯云，计算其最终参数：

$$\mathrm{Ex}_k = u_k \tag{2.12}$$

$$\mathrm{En}_k = (1 + \alpha_k) \times \sigma_k / 2 \tag{2.13}$$

$$\mathrm{He}_k = (1 - \alpha_k) \times \sigma_k / 6 \tag{2.14}$$

$$\mathrm{CD}_k = (1 - \alpha_k) / (1 + \alpha_k) \tag{2.15}$$

经过步骤 1 至步骤 7，最终可得到 M 个高斯云 $C(\mathrm{Ex}_k, \mathrm{En}_k, \mathrm{He}_k)$ 及其相应的概念含混度 CD_k，$k = 1, 2, \cdots, M$。其中概念含混度 CD_k 表征了高斯云分布偏离高斯分布的程度。

2. 多粒度水质预测模型

基于高斯云变换、模糊时间序列和时间序列近似周期的多粒度水质预测模型 GCT-FTS 可分为 4 个阶段（图 2.1）：①基于启发式高斯云变换算法，将原始时间序列的数值型定量历史观测数据粒化抽象成若干个高斯云(定性概念),进而得到模糊时间序列的论域分区;②计算待预测水质指标时间序列的近似周期长度 L,根据 L 构造训练集,减少"噪声数据"对预测的影响;③执行模糊时间序列预测模型,包括根据阶段 1 得到的高斯云定义模糊集合、模糊化历史时间序列、建立模糊逻辑关系(fuzzy logical relationship,FLR)和模糊逻辑关系(组)(fuzzy logical relationship groups,FLRG)并去模糊化;④采用自适应期望模型修正预测值。

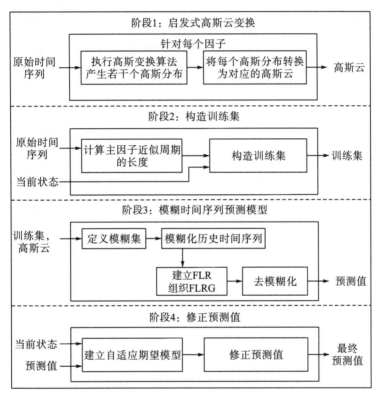

图 2.1　GCT-FTS 模型框架图

1)论域分区

高斯云变换算法的粒化结果依赖于预先设定的高斯云数量 M 和迭代终止阈值 ε,迭代次数(即收敛速度)依赖于 M 个高斯分布的期望、标准差和混合系数的初始化。本章采用交叉验证的方法确定高斯云数量 M,迭代终止阈值设为常数,例如 $\varepsilon=0.0001$。另外本书启发式地选择相距最远的 M 个高斯分布来初始化算法参数,具体如下。

(1)计算时间序列所有观测值的均值,并选择距离该均值最近的点作为第一个高斯分布的"中心点"。

(2)计算所有观测值到当前已经确定的高斯分布"中心点"集合的距离,选择最大距离对应点作为下一个高斯分布的"中心点",并将该样本并入"中心点"集合。

(3)重复步骤(2)(M-1)次,得到 M 个"中心点"。

(4)将每个观测值指派到离它最近的"中心点"所对应的高斯分布。

(5)计算每个高斯分布的期望和标准差,并将其作为本章中启发式高斯云变换算法的相应初始化参数。

(6)统计每个高斯分布的数据量 N_k,且设置混合系数 $a_k = N_k/N$。

图 2.2 展示了上述步骤中的"中心点"选择过程,该时间序列包含 100 个观测值,所有观测值的平均值为 8.55,图中的编号表示该编号对应的观测值(被标记为红色的点)被选为"中心点"的顺序。最终,不同的水质指标时间序列将被粒化成不同数量的高斯云,例如,对于第 i 个水质指标(或者称因子),历史观测数值时间序列被抽象成 m_i 个高斯云 $C_{ij}(\mathrm{E}x_{ij}, \mathrm{E}n_{ij}, \mathrm{H}e_{ij})$ $(1 \leqslant i \leqslant p, 1 \leqslant j \leqslant m_i)$,$p$ 是用于预测的水质指标数量(包括主因子和所有次因子)。

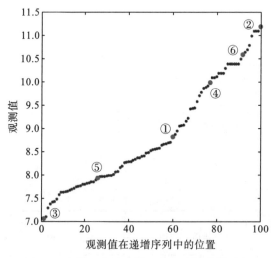

图 2.2 高斯云变换中的"中心点"选择过程

2)近似周期性

时间序列通常具有一定的周期性,尤其是记录自然环境变化过程的时间序列。如对于溶解氧水质时间序列,以年为周期的溶解氧浓度曲线的波峰出现在冬季,波谷出现在夏季;以日为周期的溶解氧浓度曲线的最大值通常出现在晚上,最小值出现在白天。因此,本小节主要基于时间序列的近似周期构建训练集。对于需要预测的水质指标(主因子),假设收集的水质指标历史时间序列包含 N 个粗粒度时间单元(如年)的数据,每个粗粒度时间单元包含 M 个细粒度的时间单元(如周),且假设第 i 个粗粒度时间单元内的时间序列曲线波谷(或者波峰)出现在 T_i 个细粒度时间单元上,则我们可以构造波谷(或者波峰)发生序列向量 V_w:

$$V_w = \{T_1, T_2, \cdots, T_i, \cdots, T_N\} (1 \leqslant T_i \leqslant M; 1 \leqslant i \leqslant N)$$

计算该时间序列的近似周期长度 $L=[\text{STD}/2]\times 2$，其中 STD 是向量 V_w 的标准差。假设下一个需要预测的细粒度时间单元为第 t 个时间单元，则第 $(t-1)$ 个时间单元的观测值被称为"当前状态"，并且每个粗粒度时间单元内区间 $[t-1-L/2, t-1+L/2]$ 上的观测值将被用于构建训练集。

以重庆朱沱站点采集的部分溶解氧数据为例（图 2.3），其时间序列数据采集频率为每周一次，初始训练集包含 2004～2012 年共 9 年的周溶解氧浓度数据，时间序列数据曲线每年的波谷分别出现在第 18 周、28 周、34 周、41 周、31 周、18 周、34 周、19 周和 20 周，则波谷发生序列向量 $V_w=\{18,28,34,41,31,18,34,19,20\}$，如图 2.3 所示，被标记为红色的数据点为每年的最小观测值（即波谷）。该溶解氧浓度时间序列的近似周期长度 $L=8$，标准差 STD=8.55。假定我们现在需要预测第 5 周的溶解氧浓度，则第 4 周的数据被称为"当前状态"，且初始数据集落在区间 $[1, 9]$ 内（第 1～9 周）的历史观测值将被用于构建训练集。

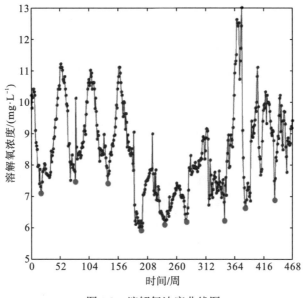

图 2.3　溶解氧浓度曲线图

3) 模糊时间序列预测模型

典型的模糊时间序列预测模型有 4 个步骤：①将论域划分为模糊区间；②定义模糊集和模糊化历史时间序列；③构建模糊逻辑关系（组）（FLRG）；④去模糊化并计算预测值。

定量的历史观测时间序列已由高斯云变换算法粒化为若干个高斯云，因此，接下来的模糊时间序列预测模型可以直接忽略步骤①。

步骤②定义模糊集和模糊化历史时间序列。

对于第 i 个因子，根据得到的 m_i 个高斯云 $C_{ij}(\text{Ex}_{ij},\text{En}_{ij},\text{He}_{ij})$ 定义 m 个模糊集：

$$A_{i,1} = 1/C_{i,1} + 0.5/C_{i,2} + 0/C_{i,3} + 0/C_{i,4} + \cdots + 0/C_{i,m_i-1} + 0/C_{i,m_i}$$

$$A_{i,2} = 0.5/C_{i,1} + 1/C_{i,2} + 0.5/C_{i,3} + 0/C_{i,4} + \cdots + 0/C_{i,m_i-1} + 0/C_{i,m_i}$$

$$A_{i,3} = 0/C_{i,1} + 0.5/C_{i,2} + 1/C_{i,3} + 0.5/C_{i,4} + \cdots + 0/C_{i,m_i-1} + 0/C_{i,m_i}$$

$$\vdots$$

$$A_{i,m_i} = 0/C_{i,1} + 0/C_{i,2} + 0/C_{i,3} + 0/C_{i,4} + \cdots + 0.5/C_{i,m_i-1} + 1/C_{i,m_i}$$

式中，如果 $i = 1$，则 $A_{1,1}, A_{1,2}, \cdots, A_{1,m1}$ 称为主因子上定义的模糊集；否则 $A_{i,1}, A_{i,2}, \cdots,$ $A_{i,m1}$（$2 \leqslant i \leqslant p$）称为第 i 个次因子上定义的模糊集。然后根据"最大确定度"原则将历史数值序列模糊化，得到模糊时间序列。例如，对于第 i 个因子，假设时间序列某一时刻的观测值为 $x_{i,t}$，计算 $x_{i,t}$ 对每个高斯云 $C_{i,j}$（$Ex_{i,j}$, $En_{i,j}$, $He_{i,j}$）的确定度 $u_{i,j}$（$1 \leqslant j \leqslant m_i$），不失一般性，假设 $C_{i,\max}$ 为最大确定度 $u_{i,\max}$ 所对应的高斯云，则将样本观测值 $x_{i,t}$ 模糊化为模糊集 $A_{i,\max}$。

步骤③构建模糊逻辑关系（组）（FLRG）。

根据模式 $(F_1(t-1), F_2(t-1), \cdots, F_p(t-1)) \to F_1(t)$ 构建一阶多因子 FLR，其中 $F_1(\cdot)$, $F_2(\cdot)$, $\cdots$, $F_p(\cdot)$ 分别为论域上的模糊时间序列。在本章，$F_1(\cdot)$ 是待预测的水质指标模糊时间序列（主因子）；$F_2(\cdot)$, $F_3(\cdot)$, $\cdots$, $F_p(\cdot)$ 分别是辅助预测的水质指标模糊时间序列（次因子）。另外，$F_1(t-1), F_2(t-1), \cdots, F_p(t-1)$ 称为"当前状态"，$F_1(t)$ 称为"下一状态"。例如，假设所有因子（包括主因子和次因子）在 $t-1$ 时刻的模糊集分别为 $A_{1,i1}$, $A_{2,i2}, \cdots, A_{p,ip}$，主因子在 t 时刻的模糊集为 $A_{1,k}$，则可构建一个一阶多因子模糊逻辑关系 $A_{1,i1}, A_{2,i2}, \cdots, A_{p,ip} \to A_{1,k}$。

然后将所有 FLR 组织成若干个 FLRG。具体地，将具有相同"当前状态"的 FLR 组织到同一个 FLRG。例如，假设存在 r 个"当前状态"为 $A_{1,i1}, A_{2,i2}, \cdots, A_{p,ip}$ 的 FLR：

$$A_{1,i1}, A_{2,i2}, \cdots, A_{p,ip} \to A_{1,k1}$$

$$A_{1,i1}, A_{2,i2}, \cdots, A_{p,ip} \to A_{1,k2}$$

$$\vdots \qquad \qquad \vdots$$

$$A_{1,i1}, A_{2,i2}, \cdots, A_{p,ip} \to A_{1,kr}$$

则将这 r 个 FLR 组织为

$$A_{1,i1}, A_{2,i2}, \cdots, A_{p,ip} \to A_{1,k1}, A_{1,k2}, \cdots, A_{1,kr}$$

步骤④去模糊化并计算预测值。

假设 $t-1$ 时刻的"当前状态"为 $A_{1,i1}, A_{2,i2}, \cdots, A_{p,ip}$，则可根据以下规则去模糊化并计算预测值。

如果"当前状态"$A_{1,i1}, A_{2,i2}, \cdots, A_{p,ip}$ 所对应的 FLRG 中只有一个 FLR，即

$$A_{1,i1}, A_{2,i2}, \cdots, A_{p,ip} \to A_{1,k1}$$

则 t 时刻的去模糊化预测值 $P(t)$ 可由下式计算：

$$P(t) = \frac{1}{2}\left[Ex_{1,k1} + S(t-1)\right] \tag{2.16}$$

式中，$Ex_{1,k1}$ 是模糊集 $A_{1,k1}$ 对应高斯云 $C_{1,k1}$ 的期望，$S(t-1)$ 是主因子在 $t-1$ 时刻的历史观测值。

如果"当前状态"$A_{1,i1}, A_{2,i2}, \cdots, A_{p,ip}$ 所对应的 FLRG 中存在 r 个 FLR，即

$$A_{1,i1}, A_{2,i2}, \cdots, A_{p,ip} \rightarrow A_{1,k1}, A_{1,k2}, \cdots, A_{1,kr}$$

则 t 时刻的去模糊化预测值 $P(t)$ 可由下式计算：

$$P(t) = \frac{1}{2}\left(\frac{n1 \times Ex_{1,k1} + n2 \times Ex_{1,k2} + \cdots + nr \times Ex_{1,kr}}{n1 + n2 + \cdots + nr} + S(t-1) \right) \tag{2.17}$$

其中，ni 是"下一状态"为 $A_{1,ki}$ 的 FLR 在 FLRG 中的频数，$1 \leqslant i \leqslant r$。

如果 FLRG 中不存在"当前状态"为 $A_{1,i1}, A_{2,i2}, \cdots, A_{p,ip}$ 的 FLR，即

$$A_{1,i1}, A_{2,i2}, \cdots, A_{p,ip} \rightarrow \#$$

式中符号"#"表示未知模糊集，则 t 时刻的去模糊化预测值 $P(t)$ 可由下式计算：

$$P(t) = \frac{1}{2}\left[Ex_{1,i1} + S(t-1) \right] \tag{2.18}$$

4) 自适应期望模型

为了进一步优化模型的预测精度，本书采用自适应期望模型 (adaptive expectation model，AEM) 修正预测值，计算公式如下：

$$FP(t) = S(t-1) + h \times [P(t) - S(t-1)] \tag{2.19}$$

式中，$FP(t)$ 是最终的预测值；h 是权重系数；$P(t)$ 是得到的去模糊化预测值；$S(t-1)$ 是第 $t-1$ 时刻的观测值。

由建模步骤可知，GCT-FTS 模型有以下特点。

(1) 基于高斯云变换的水质时间序列论域"软划分"方法可以高效地解决相邻两个分区边界区域的亦此亦彼性问题。

(2) 利用主因子水质时间序列的近似周期性构建训练集，可以减少"噪声模糊逻辑关系"对预测结果的影响，提高模型的预测精度和健壮性。

(3) 基于语言值 (模糊集) 的模糊时间序列水质预测模型可以处理数据的不精确性、随机性等不确定性问题。

(4) 利用自适应期望模型修正最终的预测结果，可以控制预测值的波动范围，保证预测模型的稳定性。

2.1.3　模型结果

1. 指标选取

根据前述大型水库水生态环境特征的辨识与表征方法研究，筛选所得 10 项水质指标，作为水质变化推演模型的预测指标，分别为水温、浊度、电导率、透明度、pH、溶解氧、

高锰酸盐指数、氨氮、总磷、总氮；其中选取具有代表性的溶解氧和高锰酸盐指数开展时间序列预测实验，测试 GCT-FTS 模型的实际应用效果。

2. 实验数据集

在 GCT-FTS 模型的预测效果测试实验中，选用重庆朱沱(Station 1)、四川宜宾凉姜沟(Station 2)和四川攀枝花龙洞(Station 3)3 个监测站点溶解氧和高锰酸盐指数 10 年的监测数据作为验证数据集(表 2.1)。其中，重庆朱沱监测站在四川宜宾凉姜沟监测站下游约250 km 处，四川攀枝花龙洞监测站处于所有监测站点的上游段，距四川宜宾凉姜沟监测站约 700 km；2004～2012 年溶解氧和高锰酸盐指数的周监测数据作为训练集，2013 年的监测数据作为测试集。

表 2.1　溶解氧和高锰酸盐指数时间序列数据集的统计特征列表

监测指标	监测站点	偏度	标准差	平均值	最大值	最小值
DO	Station1	0.4540	1.3594	8.4761	13.0	5.88
	Station2	0.8450	1.3187	8.8865	14.4	5.07
	Station3	0.9100	0.7479	8.7898	13.9	6.94
COD$_{Mn}$	Station1	2.0988	0.8880	2.0048	7.6	0.7
	Station2	1.9703	1.0207	2.2733	9.8	0.5
	Station3	1.3755	1.1779	1.6023	6.9	0

3. 实验设置

由于溶解氧和高锰酸盐指数对河流的水质情况有重要的指示作用，异常的溶解氧或者高锰酸盐指数浓度表示该水体的生态系统是不平衡的，极易引起各种生态环境问题，通常情况下，溶解氧是一个生态系统有机污染程度的重要指示指标。本章选择这两个水质指标作为预测对象，针对每个指标设计一个单独的验证实验，分别称为溶解氧预测实验和高锰酸盐指数预测实验。为了充分利用同一河流中具有上下游关系的不同监测站点之间监测数据的关联性，在每个监测站点的水质指标预测实验中，本章同时将 3 个站点的监测数据作为 GCT-FTS 模型的输入数据。例如，在溶解氧预测实验中，GCT-FTS 模型的输入由Station 1、Station 2 和 Station 3 的前若干个时刻的溶解氧时间序列构成。

为了比较本章提出的 GCT-FTS 模型的预测精度，选择一些经典的(ARMA、RBF-NN、NAR 和 SVM)和新型的(ANN-GT 和 OSM)水质时间序列预测模型。对于 Station t (t =1,2,3)的预测实验，ARMA、NAR 和 OSM 预测模型输入部分仅由 Station t 相同监测指标前若干个时刻的时间序列构成；RBF-NN 和 SVM 模型的输入部分和 GCT-FTS 模型相同；在ANN-GT 模型中，Station t 的所有水质监测指标以及所有监测站点相同预测指标的前若干个时刻的时间序列均被用于 Gamma 测试的关键因子选择。实验结果的评价基于四种统计评价指标：均方误差(mean square error，MSE)、平均绝对百分比误差(mean absolute percentage error，MAPE)、Nash-Sutcliffe 有效系数(coefficient of efficiency，CE)和皮尔逊相关系数(R)。MSE 是模型预测平均误差的评价指标；MAPE 在统计学上衡量了预测模型构造时间序列观测值的精确性；CE 代表一个模型的拟合能力；R 常用于表示模型预测值和实际值之间的线性相关性。MSE 和 MAPE 的值越小、CE 和 R 的值越大，表示模型的预测精度越高。四种统计评价指标的计算表达式如下：

$$\text{MSE} = \frac{1}{n}\sum_{i=1}^{n}\left(y_{m,i} - y_{p,i}\right)^2 \tag{2.20}$$

$$\text{MAPE} = \frac{1}{n}\sum_{i=1}^{n}\left|\frac{y_{m,i} - y_{p,i}}{y_{m,i}}\right| \tag{2.21}$$

$$\text{CE} = 1 - \frac{\sum_{i=1}^{n}\left(y_{m,i} - y_{p,i}\right)^2}{\sum_{i=1}^{n}\left(y_{m,i} - \overline{y_m}\right)^2} \tag{2.22}$$

$$R = \frac{\sum_{i=1}^{n}\left(y_{m,i} - \overline{y_m}\right)\left(y_{p,i} - \overline{y_p}\right)}{\sqrt{\sum_{i=1}^{n}\left(y_{m,i} - \overline{y_m}\right)^2 \sum_{i=1}^{n}\left(y_{p,i} - \overline{y_p}\right)^2}} \tag{2.23}$$

4. 溶解氧预测

溶解氧预测验证实验的数据集包含 3 个监测站点的溶解氧监测数据，其时间序列曲线图如图 2.4 所示。在实验中，GCT-FTS 水质时间序列预测模型的预测对象分别是 3 个监测站点的溶解氧时间序列。多因子 GCT-FTS 模型可被形式化为

$$\text{DO-}N = f_{\text{GCT-FTS}}(\text{DO-1, DO-2, DO-3}) \tag{2.24}$$

其中，DO-N 是 Station N(N=1,2,3)的溶解氧时间序列；$f_{\text{GCT-FTS}}$ 是构造的 GCT-FTS 预测器。

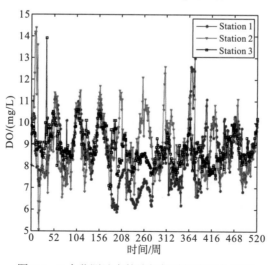

图 2.4　3 个监测站点的溶解氧时间序列曲线图

通常情况，下游水质污染情况严重受上游某地区污染物排放量的影响，因此下游监测站点的监测数据在某种程度上能够反映上游监测站点的水质质量。为了充分利用不同监测站点之间监测数据的关联性，本章在 3 个站点的数据集上分别构建了 3-因子 GCT-FTS 模型、2-因子 GCT-FTS 模型和单因子 GCT-FTS 模型。实验结果参见表 2.2、表 2.3 和表 2.4，表中的结果表明：①输入部分由 DO-1 和 DO-2 构成的 2-因子 GCT-FTS 模型在 Station 1 的溶解氧预测中获得了最高的预测精度，即 Station 2 的溶解氧时间序列对预测 Station 1 的溶解氧具有正向促进作用，且相对重要性程度高于 Station 3 的溶解氧时间序列。② Station 2 溶解氧预测精度最高的模型是由 DO-2 和 DO-3 构成输入部分的 2-因子 GCT-FTS 模型，也就是说，Station 2 和 Station 3 溶解氧时间序列的关联性强于 Station 1。 ③由 DO-3、DO-1 和 DO-2 共同构成输入部分的 3-因子 GCT-FTS 模型获得了最好的预测性能，这意味着 Station 1 和 Station 2 的溶解氧时间序列均对预测 Station 3 的溶解氧具有重要的促进作用。另外，3 个站点溶解氧预测的平均 MSE、平均 MAPE、平均 CE 和平均 R 分别是 0.1349、3.1663、0.8188 和 0.9090。这些实验结果表明 GCT-FTS 预测模型能够较好地适应溶解氧水质指标的一步向前预测，获得了较高的预测精度。

值得注意的是：所有多因子 GCT-FTS 模型的每个因子时间序列被粒化为不同数量的高斯云，即每个因子的粒度不一样，所有因子的不同粒层构成一个多粒度预测层次结构，最终 GCT-FTS 模型在这个多粒度空间中实现高精度的水质预测。

表 2.2　GCT-FTS 模型在 Station 1 的溶解氧预测结果

输入参数	高斯云数量	MSE	MAPE/%	CE	R
DO-1	$m_1=12$	0.1339	3.1888	0.8479	0.9213
DO-1, DO-2	$m_1=11, m_2=16$	0.1317	3.1740	0.8504	0.9230
DO-1,DO-3	$m_1=12, m_3=8$	0.1397	3.2774	0.8414	0.9189
DO-1,DO-2, DO-3	$m_1=18, m_2=16, m_3=8$	0.1339	3.2435	0.8473	0.9245

表 2.3　GCT-FTS 模型在 Station 2 的溶解氧预测结果

输入参数	高斯云数量	MSE	MAPE/%	CE	R
DO-2	$m_2=6$	0.2332	4.3700	0.7547	0.8801
DO-2, DO-1	$m_2=19, m_1=12$	0.2221	4.2443	0.7663	0.8882
DO-2,DO-3	$m_2=6, m_3=6$	0.2105	4.1792	0.7785	0.8917
DO-2,DO-1, DO-3	$m_2=6, m_1=8, m_3=19$	0.2135	4.2635	0.7753	0.8873

表 2.4　GCT-FTS 模型在 Station 3 的溶解氧预测结果

输入参数	高斯云数量	MSE	MAPE/%	CE	R
DO-3	$m_3=15$	0.0513	1.9584	0.8372	0.9168
DO-3, DO-1	$m_3=10, m_1=5$	0.0505	1.9514	0.8396	0.9166
DO-3,DO-2	$m_3=21, m_2=8$	0.0513	2.0649	0.8370	0.9168
DO-3,DO-1, DO-2	$m_3=7, m_1=12, m_2=16$	0.0474	1.9546	0.8495	0.9223

为了比较 GCT-FTS 模型的溶解氧预测精度,本章将 GCT-FTS 模型在 3 个站点的评价结果与 ARMA、RBF-NN、NAR、SVM、ANN-GT 和 OSM 水质时间序列预测模型评价结果进行比较,比较结果如图 2.5 所示。从图 2.5(a)可以看出,在 Station 1 的溶解氧预测中,GCT-FTS 模型的 MSE 和 MAPE 明显低于其他预测模型,且 CE 和 R 高于其他预测模型。所选 6 种对比预测模型的平均 MSE、平均 MAPE、平均 CE 和平均 R 分别是 0.1573、3.4024%、0.8211 和 0.9079。相较于对比预测模型,GCT-FTS 模型的 4 种评价指标分别提升/降低了 16.27%、6.82%、3.59%和 1.67%。从图 2.5 (b)可以看出,不同模型在 Station 2 的溶解氧浓度预测精度上具有较大差别,但 GCT-FTS 模型仍然获得了 4 种评价指标的最好性能,即 GCT-FTS 模型具有最小的 MSE、MAPE 和最大的 CE、R。另外,6 种对比预测模型的平均 MSE、平均 MAPE、平均 CE 和平均 R 分别是 0.2414、4.3577、0.7461 和 0.8694,相较于

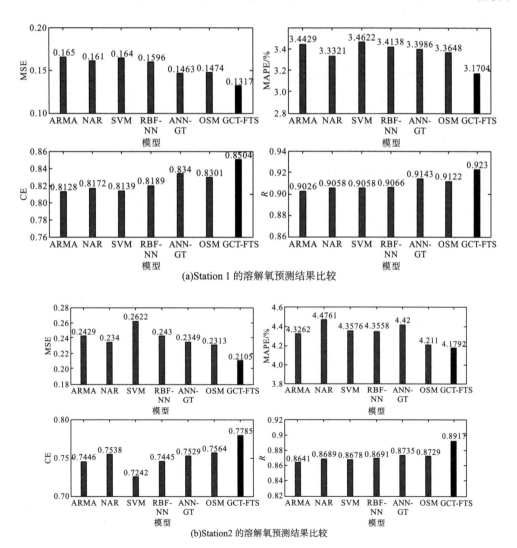

(a)Station 1 的溶解氧预测结果比较

(b)Station2 的溶解氧预测结果比较

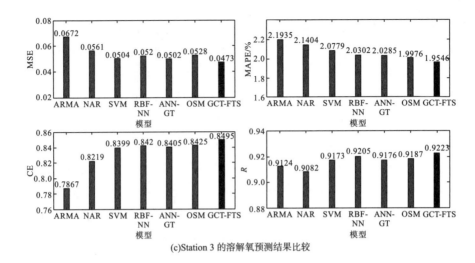

(c)Station 3 的溶解氧预测结果比较

图 2.5　水质指标溶解氧预测结果比较

此，GCT-FTS 模型的 MSE 和 MAPE 分别降低了 12.80% 和 4.10%，CE 和 R 分别提高了 4.34% 和 2.57%。从图 2.5（c）可以看出，所有预测模型在 Station 3 的溶解氧预测中均获得了较高的预测精度，6 种对比预测模型的平均 MSE、平均 MAPE、平均 CE 和平均 R 分别是 0.0548、2.0780、0.8289 和 0.9157，相较于此，GCT-FTS 模型的 4 种评价指标分别改善了 13.69%、5.94%、2.49% 和 0.72%。图 2.5 中的 3 个比较结果表明，与 6 种对比预测模型相比，GCT-FTS 模型的 4 种评价指标分别平均改善了 14.46%、6.54%、3.35% 和 1.02%，即 GCT-FTS 模型是一个有效的、高精度的溶解氧时间序列预测模型。

5. 高锰酸盐指数预测

该部分的数据集包含 3 个监测站点的高锰酸盐指数监测数据，其时间序列曲线图如图 2.6 所示，且在实验中 GCT-FTS 预测模型的预测对象分别是 3 个监测站点的高锰酸盐指数时间序列。实验中的 GCT-FTS 模型可被形式化为

$$\text{COD}_{\text{Mn}}\text{-}N = f_{\text{GCT-FTS}}\left(\text{COD}_{\text{Mn}}\text{-}1, \text{COD}_{\text{Mn}}\text{-}2, \text{COD}_{\text{Mn}}\text{-}3\right) \tag{2.25}$$

式中，$\text{COD}_{\text{Mn}}\text{-}N$ 是 Station $N(N=1,2,3)$ 的高锰酸盐指数时间序列；$f_{\text{GCT-FTS}}$ 是构造的 GCT-FTS 预测器。

实验中，本书在 3 个监测站点的监测数据集上分别构建 3-因子 GCT-FTS 预测模型、2-因子 GCT-FTS 预测模型和单因子 GCT-FTS 预测模型，实验结果见表 2.5、表 2.6 和表 2.7。由 $\text{COD}_{\text{Mn}}\text{-}1$、$\text{COD}_{\text{Mn}}\text{-}2$ 和 $\text{COD}_{\text{Mn}}\text{-}3$ 共同构成输入部分的 3-因子 GCT-FTS 预测模型在 Station 1 和 Station 3 的高锰酸盐指数预测中获得了最好的预测性能，即 3 个站点的监测数据均对预测 Station 1 和 Station 3 的高锰酸盐指数具有重要影响。输入部分为 $\text{COD}_{\text{Mn}}\text{-}2$ 和 $\text{COD}_{\text{Mn}}\text{-}3$ 的 2-因子 GCT-FTS 预测模型获得了最高的预测精度，也就是说，Station 3 的高锰酸盐指数时间序列对预测 Station 2 的高锰酸盐指数更重要。3 个站点高锰酸盐指数预测的平均 MSE、平

均 MAPE、平均 CE 和平均 R 分别是 0.1160、13.5156、0.7448 和 0.8701。这些结果说明，GCT-FTS 预测模型能够高效地执行高锰酸盐指数预测任务。另外，与溶解氧预测实验一样，所有多因子 GCT-FTS 预测模型均是在多粒度层次结构中实现的高精度预测。

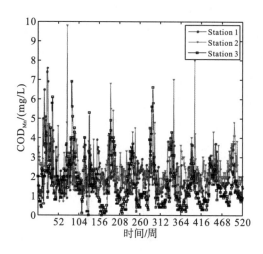

图 2.6　3 个监测站点的高锰酸盐指数时间序列曲线图

表 2.5　GCT-FTS 模型在 Station 1 的高锰酸盐指数预测结果

输入参数	高斯云数量	MSE	MAPE/%	CE	R
COD_{Mn}-1	m_1=17	0.1339	14.3343	0.7431	0.8629
COD_{Mn}-1, COD_{Mn}-2	m_1=25, m_2=6	0.0996	13.6980	0.8090	0.9003
COD_{Mn}-1, COD_{Mn}-3	m_1=20, m_3=23	0.1144	13.2556	0.7806	0.8850
COD_{Mn}-1, COD_{Mn}-2, COD_{Mn}-3	m_1=22, m_2=6, m_3=23	0.0938	12.6279	0.8200	0.9059

表 2.6　GCT-FTS 模型在 Station 2 的高锰酸盐指数预测结果

输入参数	高斯云数量	MSE	MAPE/%	CE	R
COD_{Mn}-2	m_2=5	0.1853	11.4677	0.7092	0.8442
COD_{Mn}-2, COD_{Mn}-1	m_2=5, m_1=6	0.1899	11.4282	0.7020	0.8408
COD_{Mn}-2, COD_{Mn}-3	m_2=5, m_3=16	0.1726	10.6766	0.7292	0.8631
COD_{Mn}-2, COD_{Mn}-1, COD_{Mn}-3	m_2=5, m_1=9, m_3=10	0.1729	10.7295	0.7286	0.8595

表 2.7　GCT-FTS 模型在 Station 3 的高锰酸盐指数预测结果

输入参数	高斯云数量	MSE	MAPE/%	CE	R
COD_{Mn}-3	m_1=13	0.0692	16.9065	0.6888	0.8488
COD_{Mn}-3, COD_{Mn}-1	m_1=25, m_2=1	0.0545	15.4549	0.7548	0.8883
COD_{Mn}-3, COD_{Mn}-2	m_1=9, m_3=10	0.0638	16.1203	0.7133	0.8600
COD_{Mn}-1, COD_{Mn}-1, COD_{Mn}-2	m_2=10, m_1=8, m_3=5	0.0537	15.4875	0.7584	0.8821

　　更进一步地，本书比较了 GCT-FTS 预测模型和 ARMA、RBF-NN、NAR、SVM、ANN-GT 和 OSM 6 种水质时间序列预测模型在所有站点的高锰酸盐指数预测精度，实验结果见图 2.7。图 2.7(a) 为 GCT-FTS 模型与其他 6 种预测模型在 Station 1 的高锰酸盐指数预测的比较结果，显然，GCT-FTS 预测模型具有最小的 MSE、MAPE 以及最大的 CE、R。6 种比较模型的平均 MSE、平均 MAPE、平均 CE 和平均 R 分别为 0.1423、15.3293、0.7271 和 0.8641，GCT-FTS 预测模型的 4 种统计评价指标相较于这 6 种模型的平均值分别改善了 34.08%、17.62%、12.78% 和 4.84%。根据图 2.7 (b)，可以计算 6 种比较模型在 Station 2 高锰酸盐指数预测的平均 MSE、平均 MAPE、平均 CE 和平均 R，分别为 0.2118、12.1098、0.6676 和 0.8490。通过应用 GCT-FTS 预测模型，MSE、MAPE 分别下降 18.51%、11.84%，CE、R 分别提高 9.23%、1.66%。从图 2.7(c) 可以看出，GCT-FTS 预测模型在 Station 3 的高锰酸盐指数预测精度优于其他 6 种模型。6 种对比预测模型的平均 MSE、平均 MAPE、平均 CE 和平均 R 分别为 0.0717、17.0474、0.6775 和 0.8371，相较于此，GCT-FTS 预测模型的 4 种统计评价指标分别改进了 25.10%、9.15%、11.94% 和 5.38%。

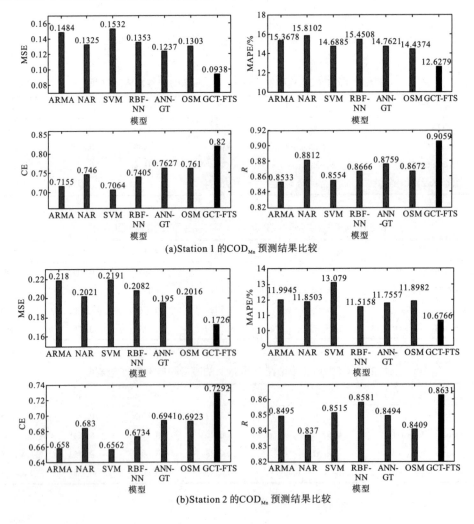

(a)Station 1 的 COD_{Mn} 预测结果比较

(b)Station 2 的 COD_{Mn} 预测结果比较

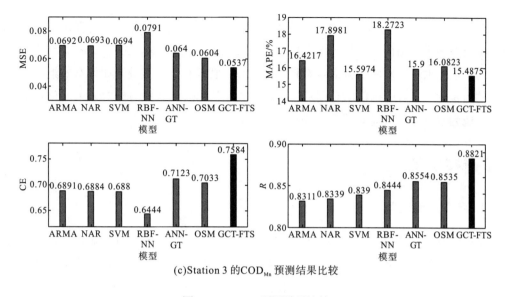

(c)Station 3 的COD$_{Mn}$预测结果比较

图 2.7　COD$_{Mn}$预测结果比较

另外，GCT-FTS 预测模型在所有 3 个监测站点高锰酸盐指数预测的 4 种统计评价指标分别平均改进了 25.94%、12.88%、11.29%和 3.98%。综上所述，GCT-FTS 模型能够很好地预测高锰酸盐指数水质指标。

2.2　基于长短期记忆神经网络的水质变化预测

2.2.1　模型背景

人工神经网络模型特有的非线性适应性信息处理能力，使之在诸如湖北神农溪(李峰等，2015)、天津海河(赵文喜等，2017)、浙江珊溪水库(王坤等，2018)等多个水体的叶绿素浓度预测中得到应用。相较于传统的水质模型，神经网络模型计算过程简便快速，且在少样本情况下也可达到较高的预测精度，使得包括 BP 神经网络(backpropagation neural network，BPNN)(王德喜等，2013)、径向基(radial basis function，RBF)神经网络(仝玉华等，2011)、小波神经网络(wavelet neural network，WNN)(桑文璐等，2018)和深度置信网络(deep belief network，DBN)(姚俊杨等，2015)等模型在水华预测方面得到应用。但是，上述方法将所有输入看成是相互独立的，没有充分考虑到单批次输入中时间序列数据前后之间的依赖关系。而真实情景下水华生消动态是一个生物量逐渐变化的过程，前期所呈现出的发展趋势与时间序列状态对于后期的演化有重要影响。

长短期记忆神经网络(long short-term memory neural network，LSTM)作为一种时间递归神经网络，在保留了传统反馈神经网络(recurrent neural network，RNN)对连续时间序列的处理能力的同时，有效地解决了长时依赖问题。近年来，国内外一些研究开始尝试将LSTM 循环神经网络用于水华预测(Shin et al.，2019；于家斌等，2018)。随着物联网传感技术的发展，水环境监测的方向逐渐转向自动化、智能化和网络化。如何有效组织和处理采集的海量数据，从中抽取出有用的信息和知识，利用人工智能方法对未来变化趋势做出预测，成为水环境管理迫切需要解决的现实问题。

2.2.2　模型方法

1. 研究区域选取

本书选择三峡库区四条支流：澎溪河、草堂河、大宁河、香溪河开展研究。三峡蓄水成库后，库区部分支流受长江干流回水顶托影响，形成回水缓流区，水体流态由典型的河流演变成类湖泊形态，加之受城市污染物排放和面源污染影响，极易促使特定优势藻类大量增殖，威胁三峡库区的水质安全，成为社会各界关注的焦点。基于此，本研究团队在 4条支流回水区内分别安置集数据采集、传输、控制于一体的水生生态监测浮标，实现对水文、气象、水环境、水生态参数的在线连续监测。本书采用 2017～2018 年三峡库区 4 条典型支流内叶绿素 a 高频时间序列数据，综合利用小波分解、LSTM、RNN 等一系列方法，提出一套短期水华预警建模方法，为三峡库区支流的水华防控提供借鉴与依据。

2. 数据处理

1) 数据筛选

本书选取叶绿素 a 为表征藻类生物量的指标，通过多参数水质分析仪(型号 AP7000，Aquaread)以 10min/次的频率获取，考虑到计算成本与管理需求，将叶绿素 a 原始值进行时平均后作为模型输入。从中选取一个完整水文年的监测数据(2017 年 9 月 1 日至 2018年 8 月 31 日，共 35040 条)，保证该时间内在线监测设备运行平稳，缺失值和异常值在整个数据集占较低比例(<1%)。

2) 小波变换预处理

在线监测过程会受到各种不确定因素的干扰，数据常呈现出非平稳趋势(non-stationary)，输入模型后直接影响模型的预测精度。因此，本书采用小波变换(wavelet transform，WT)方法来对原始采集数据进行预处理，主要包括小波分解与小波重构两个过程。小波分解可获得多个层次的分解结果，其中每层的结果都是上次分解的低频信号，或是初始信号再分解成低频和高频两部分，在经过 n 层分解后源信号被分解为一个低频信号(A_n)以及若干高频信号($D_1, D_2, \cdots, D_n$)。一般时序数据的噪声集中在高频信号部分，可设置阈值对高频系数进行一定处理，然后与低频系数进行小波重构，还原成降噪数据(图 2.8)。考虑到实际获取的叶绿素 a 在线数据变化幅度较大、变动频率较高,且水华预测模型对高频低幅变动数据并不敏感。因此,本书将叶绿素 a 时序数据经小波分解得到的高频信息滤除,仅保留低频数据以反映叶绿素 a 浓度的整体变化趋势。

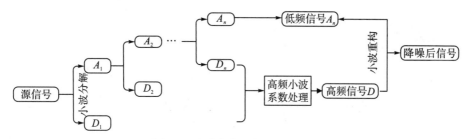

图 2.8　小波变换分解与重构过程

3)数据标准化

对叶绿素 a 时序数据按照下式进行极差标准化处理,使样本数据处于 [0, 1] 内。

$$\hat{X} = \frac{X - X_{\min}}{X_{\max} - X_{\min}} \tag{2.26}$$

式中,X 和 $\hat{X}$ 分别为标准化处理前后的数据;$X_{\max}$ 和 $X_{\min}$ 分别为样本中的最大值和最小值。

3. 模型构建

本书采用的 LSTM 技术路线如图 2.9 所示。数据经前处理后,采用 3 个步骤来探究 LSTM 对研究区叶绿素 a 浓度变化的预测效果。首先,将不同河流采集的前 3/4 数据划分为测试集,而剩余 1/4 的数据作为模型的测试集,构建每条支流的水华预测模型。为进一步验证 LSTM 模型在水华预测上的泛化能力,在更大区域范围尺度和样本数据扩大的情况下对模型作进一步验证,选择 4 条河流中的 1 条河流样本数据作为测试集,其余 3 条河流的样本数据作为训练集,对每条河流叶绿素 a 浓度的预测进行交叉验证;最后,为衡量在相对更长时间尺度下模型对叶绿素 a 浓度变化的预测效果,分别对未来 1~24h 内不同时间尺度的河流叶绿素含量进行预测。

1)LSTM

LSTM 最早由 Hochreiter 和 Schmidhuber (1997)提出,为了解决在传统的 RNN 中不能捕捉到输入序列中的长时间依赖关系,而产生梯度消失和梯度爆炸的问题。LSTM 的核心在于有一个用来储存信息状态的记忆单元(memory cell,MC),并通过 3 个门控单元(输入门、输出门和遗忘门)的结构来调节进出记忆单元的信息流(图 2.10)。记忆单元可保留时序中的隐藏信息,以便 LSTM 利用较长时间序列的信息;3 个门控单元则通过 sigmoid 函数的激活与否来改变记忆单元中的信息状态,其中遗忘门(forget gate,FG)

用来决定从记忆单元状态中丢弃哪些信息，输入门（input gate，IG）用于确定向记忆单元状态中添加哪些新信息，输出门（output gate，OG）用于控制输出当前单元状态的信息。

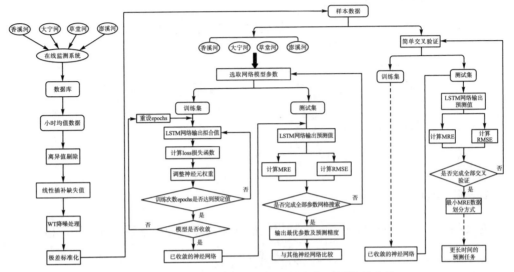

图 2.9   基于 WT-LSTM 神经网络的水华预测模型流程

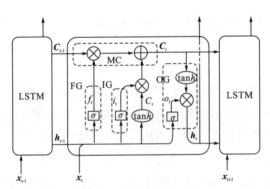

图 2.10   LSTM 结构

LSTM 处理信息的过程可以用公式表示为

$$f_t = \sigma\left(W_f \cdot \left[h_{t-1}, \boldsymbol{x}_t\right] + b_f\right) \tag{2.27}$$

$$i_t = \sigma\left(W_i \cdot \left[h_{t-1}, \boldsymbol{x}_t\right] + b_i\right) \tag{2.28}$$

$$C_t = f_t * C_{t-1} + i_t * \tanh\left(W_C \cdot \left[h_{t-1}, x_t\right] + b_C\right) \tag{2.29}$$

$$o_t = \sigma\left(W_o \cdot \left[h_{t-1}, \boldsymbol{x}_t\right] + b_o\right) \tag{2.30}$$

$$h_t = o_t * \tanh\left(C_t\right) \tag{2.31}$$

$$\sigma(x) = \frac{1}{1 + \mathrm{e}^{-x}} \tag{2.32}$$

$$\tanh(x) = \frac{\mathrm{e}^x - \mathrm{e}^{-x}}{\mathrm{e}^x + \mathrm{e}^{-x}} \tag{2.33}$$

式中，f_t、i_t、σ_t 分别表示遗忘门、输入门和输出门的激活函数；C_{t-1} 和 C_t 分别表示记忆单元中前一时刻和现在时刻的状态向量；h_{t-1} 和 h_t 分别表示 LSTM 隐藏层前一时刻和现在时刻的输出向量；x_t 表示当前的输入向量；W 和 b 分别表示各单元结构的权重矩阵和偏差向量；"*"表示矩阵逐元素点乘。

2）模型参数选取

LSTM 构建过程中，需要考虑的参数包括神经网络层数、每层神经元节点数及回溯时间步长数。在网络结构设计中，通过预先多次的比较实验，并考虑到模型的复杂度与计算效率，确定相关参数取值集合的范围：神经网络层数取值{1，2，3}；每层神经元节点个数取值{40，80，120，160}；时间步长数选择{6，12，24}。执行未来每小时叶绿素 a 浓度的预测，采用 5 倍交叉验证的随机网格搜索方法，搜寻模型最优的参数组合。

3）模型评价

采用指标均方根误差（RMSE）和平均相对误差（MRE）评价模型的性能。计算所得的 RMSE 值和 MRE 值越小，则模型的预测精度越高，具体公式如下：

$$\text{RMSE} = \sqrt{\frac{1}{n}\sum_{t=1}^{n}\left(y_t - y_t^*\right)^2} \tag{2.34}$$

$$\text{MAE} = \frac{1}{n}\sum_{t=1}^{n}\left|\frac{y_t - y_t^*}{y_t^*}\right| \times 100\% \tag{2.35}$$

式中，n 为样本数；y_t^* 和 y_t 分别为观测值和预测值。

2.2.3 模型结果

1. 模型对不同支流叶绿素 a 浓度预测

基于 LSTM 模型，对三峡库区 4 条支流澎溪河、草堂河、大宁河和香溪河的叶绿素 a 浓度进行预测。表 2.8 为利用随机网格搜索获取的最优参数组合，就香溪河而言，LSTM 模型对水华预测最好的参数组合为：2 层神经网络、每层 120 个神经元、时间步长数 24h。同时，4 条支流预测模型所选择的参数并不一致，体现在参数取值上香溪河和草堂河相较大宁河和澎溪河更大，也进一步表明前两者所构建的 LSTM 模型相对更加复杂。

表 2.8 LSTM 最优参数选取

参数	候选值	最优值			
		香溪河	大宁河	草堂河	澎溪河
网络层/层	(1, 2, 3)	2	2	3	2
每层神经元数/个	(40, 80, 120, 160)	120	40	160	80
时间步长数/h	(6, 12, 24)	24	6	12	6

　　如图 2.11 是 4 条支流叶绿素 a 浓度变化的神经网络预测值和实际监测值曲线。为直观地比较预测的准确性与有效性，对预测值与实测值做了线性回归。在 4 个监测样点中预测值与实测值非常吻合，线性回归曲线与 1∶1 线高度重合(斜率接近于 1，截距约为 0)，相关系数也接近 1。这表明本书所提出的 WT-LSTM 模型在预测藻类水华中具有很好的效果，同时也证明了该模型具备较强的泛化能力。

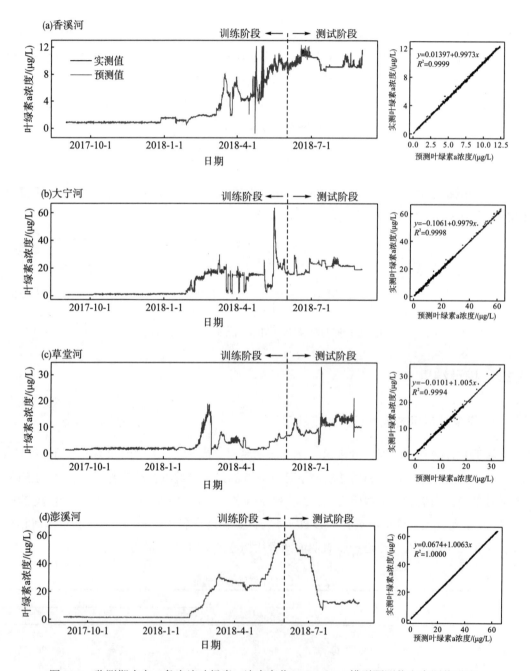

图 2.11　监测期内在 4 条支流叶绿素 a 浓度变化 WT-LSTM 模型预测值和实测值对比

2. 不同时间步长下模型预测效果

选取水华最为严重的澎溪河为模型测试点位。如图 2.12 所示，在 1~6h 内的短期预测上，模型预测目标为每小时以节点递增的叶绿素 a 浓度；在长的时间尺度上，采用 7~12h 和 13~24h 两个区段内叶绿素 a 浓度的极大值与均值，以评价模型在不同时间步长下对叶绿素 a 浓度的预测效果。这是考虑到特定时间区间内叶绿素 a 浓度的极大值表征水华的严重程度，而其均值则反映出时序变化的整体趋势，具体预测结果见表 2.9。

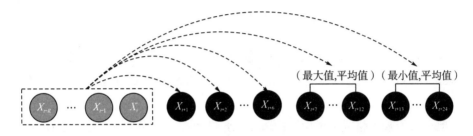

图 2.12   不同时间尺度下的预测形式

短时间尺度下在水华发生期间(以 6 月 9~16 日为例)模型预测值与实测值的对比如图 2.13 所示。由表 2.9 可以看出，模型的预测精度随着预测时间尺度的变化而变化，表现为预测时间越短，模型的预测精度越高；在 7~12h 和 13~24h 两个区段预测上，模型对叶绿素 a 浓度极大值的预测效果要显著好于对均值的预测效果，可归因为 LSTM 在训练过程中更容易学习到时间序列前后状态的波动情况，从而有利于预测表示波动幅度大小的极值而非表示整体状态的均值。

表 2.9   WT-LSTM 模型在不同时间尺度下对澎溪河叶绿素 a 浓度的预测效果

预测时间尺度/h	RMSE/(μg/L)	MRE/%
1	0.211	2.24
2	0.324	4.62
3	0.512	5.68
4	0.815	5.81
5	1.041	8.24
6	1.334	8.19
7~12(极大值)	1.450	8.22
7~12(均值)	2.857	9.01
13~24(极大值)	1.729	11.62
13~24(均值)	4.378	12.60

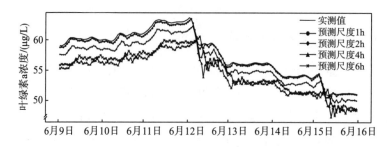

图 2.13　短时尺度(1~6h)下叶绿素 a 浓度模型预测值和实测值对比

3. 模型比较分析

为了系统衡量本书提出的 LSTM 模型框架的预测效果，本书选取深度置信网络(deep belief nets，DBN) 同步进行藻类水华预测。此外，在相同参数设置前提下，比较了小波变换处理对两种模型预测效果的影响。分别使用 4 条支流的监测数据作为模型的训练集和测试集，但在模型输入格式上，由于构造输入张量而存在略微差异。由表 2.10 可以看出，即使使用不同的支流数据，WT-LSTM 模型对叶绿素 a 浓度的预测效果优于其他模型，且在香溪河的预测精度最高，其 RMSE 和 MRE 分别为 0.049μg/L 和 0.43%；相比之下，在草堂河的 RMSE 和 MRE 值最大，分别为 0.221μg/L 和 1.12%。模型间比较进一步揭示，无论样本数据是否进行 WT 降噪处理，LSTM 模型的预测精度好于 DBN 模型。在未对样本数据进行 WT 降噪时，相较于 DBN 模型，LSTM 模型对 4 条支流叶绿素 a 浓度预测的平均 MRE 下降了 3.06%；而经过 WT 降噪处理后，LSTM 模型对叶绿素 a 浓度的预测精度显著升高，相比 DBN 模型的平均 MRE 下降了 59.24%。这表明在对自动监测数据进行建模处理与预测时，LSTM 相比传统的人工神经网络(以 DBN 为例)可以凭借其在时间序列信息处理方面的强大功能得到更好的预测效果。

对小波分解数据预处理的预测结果进行比较，WT-DBN 模型对叶绿素 a 浓度预测的平均 RMSE 和平均 MRE 相比 DBN 模型分别降低了 0.580μg/L 和 56.27%；而 WT-LSTM 模型相比 LSTM 模型的预测精度显著提高，平均 RMSE 和平均 MRE 分别降低了 0.651μg/L 和 81.61%。总之，对于诸如人工神经网络这种数据驱动的模型方法而言，输入数据的稳态将很大程度上影响预测效果，而利用小波分解等方法对数据进行预处理，将提高模型的预测精度。

表 2.10　DBN 和 LSTM 模型对 4 条支流叶绿素 a 浓度的预测效果

模型	RMSE/(μg/L)					MRE/%				
	香溪河	大宁河	草堂河	澎溪河	平均值	香溪河	大宁河	草堂河	澎溪河	平均值
DBN	0.297	0.636	1.64	0.893	0.867	2.12	2.18	6.85	3.19	3.59
LSTM	0.399	0.580	1.52	0.663	0.791	2.79	2.01	6.43	2.69	3.48
WT-DBN	0.146	0.127	0.593	0.280	0.287	1.18	0.29	3.68	1.12	1.57
WT-LSTM	0.049	0.131	0.221	0.159	0.140	0.43	0.48	1.12	0.51	0.64

参 考 文 献

邓伟辉, 2017. 时间序列的多粒度智能分析方法研究[D]. 重庆: 中国科学院重庆绿色智能技术研究院.

李德毅, 杜鹢, 2007. 不确定性人工智能[M]. 北京: 国防工业出版社.

李峰, 纪道斌, 刘德富, 等, 2015. 基于 BPNN 的三峡水库神农溪叶绿素 a 浓度预测[J]. 环境科学与技术, (S2): 23-27.

邱光胜, 胡圣, 叶丹, 等, 2011. 三峡库区支流富营养化及水华现状研究[J]. 长江流域资源与环境, 20(3): 311-316.

桑文璐, 纪道斌, 朱士江, 等, 2018. 基于 WNN 和 SVM 模型的香溪河 Chl-a 浓度预测[J]. 环境科学与技术, 41(S2): 95-99.

仝玉华, 周洪亮, 黄浙丰, 等, 2011. 一种自优化 RBF 神经网络的叶绿素 a 浓度时序预测模型[J]. 生态学报, 31(22): 6788-6795.

王德喜, 王晓凯, 王小艺, 2013. 基于灰色-神经网络的城市湖库水华预测研究[J]. 测试技术学报, 27(4):349-353.

王珅, 万哲慧, 冯孙林, 等, 2018. 基于 BP 神经网络模型在珊溪水库水华预测中的应用[J]. 四川环境, 37(1): 39-43.

姚俊杨, 许继平, 王小艺, 等, 2015. 基于深度学习的湖库藻类水华预测研究[J]. 计算机与应用化学, 32(10): 1265-1268.

于家斌, 尚方方, 王小艺, 等, 2018. 基于遗传算法改进的一阶滞后滤波和长短期记忆网络的蓝藻水华预测方法[J]. 计算机应用, 38(7): 2119-2123.

赵文喜, 周滨, 刘红磊, 等, 2017. 基于 BP 神经网络的海河干流叶绿素浓度短时预测研究[J]. 水利水电技术, 48(11): 134-140.

Agrawal R, Faloutsos C, Swami A, 1993. Efficient similarity search in sequence databases[C]. International conference on foundations of data organization and algorithms. Berlin: Springer-Verlag, 69-84.

Deng W, Wang G, Zhang X, 2015. A novel hybrid water quality time series prediction method based on cloud model and fuzzy forecasting[J]. Chemometrics and Intelligent Laboratory Systems, 149: 39-49.

Hochreiter S, Schmidhuber J, 1997. Long short-term memory[J]. Neural Computation, 9(8): 1735-1780.

Shin J, Kim S M, Son Y B, et al.,2019. Early prediction of Margalefidinium polykrikoides bloom using a LSTM neural network model in the South Sea of Korea[J]. Journal of Coastal Research, 90(sp1): 236-242.

第3章 水体富营养化评价模型

富营养化是一种氮、磷等营养盐含量过多所引起的水质污染现象，受到世界各国政府和学者的高度关注(Heisler et al.，2008)。近年来，随着工业化程度的提高、城市化进程的不断加快以及人口的快速增加，过量的工业废水、城市生活污水以及农业废水排放进入自然水体引起营养盐富集，导致富营养化发生频繁，对人类生产生活已造成严重危害(李俊龙等，2016；秦伯强等，2013)。

为有效防止富营养化的发生，保障水体的正常功能，对富营养化程度进行科学评价是一个重要前提。它是水环境科学管理的基本手段，可为富营养化的防治提供决策依据(金相灿和屠清瑛，1990)。富营养化评价，就是通过与水体营养状态有关的一系列指标及指标间的相互关系，按照一定的评价因子、质量标准和评价方法，对水体的营养状态作出准确判断(金相灿和屠清瑛，1990)。针对富营养化评价，已有大量国内外学者分别从环境科学和信息科学角度提出了众多评价方法与模型。在环境科学方面，已提出的评价方法有卡尔森营养状态指数法(TSI)(金相灿和屠清瑛，1990)、修正的卡尔森营养状态指数(TSIM)(金相灿和屠清瑛，1990)、富营养化指数法(TRIX)(Vollenweider et al.，2015)、综合营养状态指数(Xu et al.，2012)、浮游植物营养指数(Phillips et al.，2013)、物种多样性指数(Spatharis and Tsirtsis，2013)、集成方法(Wu et al.，2013)和富营养指数(Fertig et al.，2014)等；在信息科学方面，已提出的评价模型有神经网络模型(Singh et al.，2012)、遗传算法模型(Song et al.，2012)、模糊集模型(Giusti et al.，2011)、支持向量机模型(Huo et al.，2014)和粗糙集模型(Yan et al.，2016a)等。但是，上述评价方法与模型都有其各自的适用范围和特点，还未对大数据时代下水环境监测指标数据体量大、变化快以及数据存在不完备等特殊情况开展有针对性的研究。

三峡工程是全世界最大的水利枢纽工程。三峡工程建成后，在航运、发电及防洪方面发挥了巨大的作用。但是，三峡蓄水成库后，形成回水缓流区，水体流态由典型的河流演变成类湖泊形态，加之受城市污染物排放和面源污染的影响，极易发生富营养化(Yang et al.，2010；操满等，2015；黄祺等，2015)。富营养化已成为三峡水库典型的水环境问题之一，引起了国内外的广泛关注(蔡庆华和孙志禹，2012)。为保护三峡库区生态环境，国务院在1996年组建了跨地区、跨部门、跨学科的"长江三峡工程生态与环境监测系统"。为贯彻落实《三峡工程后续工作总体规划》和国家环境保护相关法律法规要求，为满足综合协调管理和充分发挥三峡工程综合效益的需要，为满足快速应对生态环境突发事件的信息需要，为满足信息资源共享、提升各方协作效率和整体管理能力的需要，为满足规划实施监督监管和实施效果评价的信息需要，以及为满足三峡工程持续、科学管理的需要，"长江三峡工程生态与环境监测系统"经过多年建设,其在线监测能力得到了极大的提升,三峡库区的水环境监测也正在从传统的人工抽样监测为主逐渐转变为在线监测为主,因而也逐步进入了大数据时代。但是,针对三峡库区的富营养化评价,主要还是应用上述评价方法与模型,同样面临着如何应对大数据时代下水环境监测指标数据体量大、变化快、代价高以及不完备等特殊情况。

3.1 基于扩展粗糙集的富营养化评价模型

3.1.1 模型背景

三峡库区回水区富营养化形成机理复杂,影响因素众多。使用常规定量统计与数值模拟等方法,分析回水区富营养化时空关系时,往往会存在诸如需要先验知识等局限性(Yan et al.,2016b,2017a,2017b)。此外,如何有效地从海量监测数据中挖掘出有用的富营养化相关知识也是目前水质研究工作者面临的一大难题(Wu et al.,2017)。特别是利用在线监测数据进行富营养化评价时常常面临两个问题:①国标五指标法规定的透明度,无法利用在线监测直接获取,导致无法实时获取目标水体富营养化状态变化,因而需要用尽可能小的代价获取有用的知识。②在线监测数据规模较大,如叶绿素等指标频次达到 10min/次,这对富营养化评价模型的运算速度提出了较高要求,也就是需要提高大型知识库中的规则匹配速度。

针对富营养化评价,尽管已有大量国内外学者分别从生态学和信息学的角度提出了众多评价方法与模型(Fertig et al.,2014;Singh et al.,2012;Song et al.,2012;Xu et al.,2012;Yan et al.,2016b;金相灿和屠清瑛,1990),并且从评价精度上看,效果还不错。但是都存在一些问题,如通常需要完备的数据集、过分重视评价精度而忽视了评价效率。大数据时代所面临的是数据的迅猛增长,并且这些数据中还存在着大量噪声数据(Wu et al.,2019b)、缺失数据(He et al.,2019;Wu et al.,2019a,2019c),这将会直接导致评价效率的降低。因此,如何在大数据时代构建一个高效的、基于不完备数据的富营养化评价模型是大数据时代下水环境保护所亟须解决的问题。

3.1.2 模型方法

针对第一个问题,考虑到经典粗糙集理论是建立在等价关系基础上,而等价关系的特点就是相似性。当人们在区分两个相似对象时,通常不是依靠相似性来区分,而是根据差异性来区分。因此,通过在不完备目标信息系统中定义差异关系对经典粗糙集理论进行理论扩展,更进一步,将变精度思想引入其中,建立基于不完备目标信息系统差异关系的变精度属性约简算法，用以解决不完备的、带有噪声的大型数据库中的知识发现。

针对第二个问题，有研究表明：过多的规则知识会导致推理速度变慢（田春艳等，2005）。影响推理效率的因素主要有规则前件数量、规则库中的规则数量和规则间的逻辑复杂程度三个方面。如果规则前件数量太多，会大幅度提高推理系统的解释机制工作时间，从而使推理效率变低；规则库中的规则数量庞大会直接增加匹配规则数量，进而增加推理系统的冲突消解时间，影响推理效率；规则间的逻辑复杂程度与规则数量成反比，规则逻辑关系越简单，规则数量就越多。例如 M of N 规则采用 if M of $\{x_1, x_2, \cdots, x_n\}$ then y 形式，这种表示实际是 C_n^M 条规则集合，且一般的推理系统不支持 M of N 这样的规则表达形式，因此实际应用中，还要把一条 M of N 规则解释为 C_n^M 条规则。综上所述，规则库推理效率的高低需要从规则前件数量、规则总数量以及规则间的逻辑关系复杂度三个方面来判断。

为了提高知识规则的匹配速度，就规则前件数量与规则总数量这两个方面，可以通过置信度、支持度与覆盖度过滤掉一些冗余规则、不可靠规则，从而提高匹配速度；规则逻辑关系复杂度方面，考虑将 Petri 网（Reisig，1985）的并行处理能力引入粗糙集理论中进行扩展，而如何进行融合是接下来需要研究的内容。研究的技术路线如图 3.1 所示。

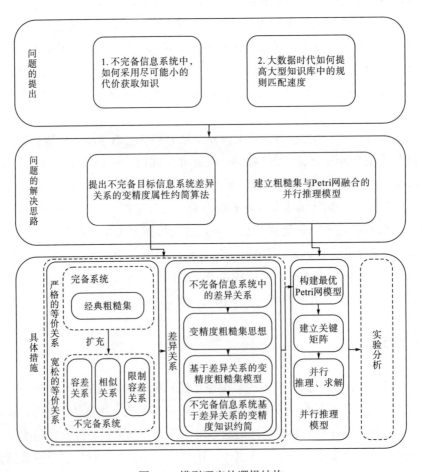

图 3.1   模型研究的逻辑结构

1. 不完备目标信息系统中的差异关系

信息系统中属性值都是客观存在的，但是实际中由于知识获取的条件限制，使得某些属性值无法正常获取，导致信息系统不完备（Yang et al.，2009）。这里的不完备信息系统是指条件属性中有少量未知值，而决策属性中不包含未知值的信息系统（Greco et al.，2006）。

不完备目标信息系统由一个五元组 $\text{ICIS} = \langle U,C,D,V,f \rangle$ 组成，其中，U 表示论域，它是一个非空有限对象集合；C 表示条件属性，它是一个非空有限属性集合，同时 $\forall c \in C : U \to \{V_c \cup *\}$，其中*表示条件属性中的未知值，而 V_c 表示条件属性中的已知值；D 为决策属性集合，$C \cap D = \varnothing$，$\forall d \in D : U \to V_d$，其中 V_d 是决策属性 D 的值域；f 是信息函数，$\forall x \in U$，$f(c,x)$ 表示对象 x 在属性 c 上的取值。

在一个不完备目标信息系统 $\text{ICIS} = \langle U,C,D,V,f \rangle$ 中，$C \cap D = \varnothing$，$\forall c \in C$，那么不完备目标信息系统中的差异关系可以有以下定义。

定义 3.1： $R_c^{*D} = \left\{ (x,y) \in U \times U \mid f(x,c_\chi) \neq f(y,c_\chi) \wedge f(x,c_\chi) \neq * \wedge f(y,c_\chi) \neq *, \right\} \exists c_\chi \in c$

其中，*表示未知属性值；c 是不完备目标信息系统 ICIS 中的任意条件属性子集。如果两个对象 x 和 y 在任意一个属性上取值不同，那么可以认为这两个对象处于同一个差异类，则对象 x 属于对象 y 的差异类中或对象 y 属于对象 x 的差异类中，论域中对象 x 属于属性子集 c 的差异类，记作 $[x]_{R_c^{*D}}$：

$$[x]_{R_c^{*D}} = \left\{ y \in U \mid (x,y) \in R_c^{*D} \right\}$$

通过差异关系 $[x]_{R_c^{*D}}$ 将论域 U 划分为多个子集，记作 U / R_c^{*D}。

定义 3.2： 在一个不完备目标信息系统 $\text{ICIS} = \langle U,C,D,V,f \rangle$ 中，$\forall X \subseteq U$，$\forall c \in C$，R_c^{*D} 是基于属性子集 c 的差异关系，那么 X 基于差异关系 R_c^{*D} 的上近似、下近似关系分别为

$$\overline{R}_c^{*D}(X) = \left\{ x \in U \mid [x]_{R_c^{*D}} \cap X \neq \varnothing \right\}$$

$$\underline{R}_c^{*D}(X) = \left\{ x \in U \mid [x]_{R_c^{*D}} \subseteq X \right\}$$

如果 $\overline{R}_c^{*D}(X) = \underline{R}_c^{*D}(X)$，那么集合 X 是基于差异关系 R_c^{*D} 的精确集或可定义集，而 $\overline{R}_c^{*D}(X) \neq \underline{R}_c^{*D}(X)$ 时，那么集合 X 是基于差异关系 R_c^{*D} 的粗糙集或不可定义集。

在差异关系 R_c^{*D} 基础上，集合 X 的负域为

$$\text{NEG}_c^{*D}(X) = U - \overline{R}_c^{*D}(X)$$

正域为

$$\text{POS}_c^{*D}(X) = \underline{R}_c^{*D}(X)$$

则边界域为

$$\text{BN}_c^{*D}(X) = \overline{R}_c^{*D}(X) - \underline{R}_c^{*D}(X)$$

易知，$\bar{R}_c^{*D}(X) = \text{POS}_c^{*D}(X) \bigcup \text{BN}_c^{*D}(X)$。

在一个不完备目标信息系统 $\text{ICIS} = \langle U, C, D, V, f \rangle$ 中，如果条件属性 C 有 n 个，即 $C = \{c_{\chi 1}, c_{\chi 2}, \cdots, c_{\chi n}\}$，目标属性有一个，即 $D = \{d\}$。由目标属性可以将论域 U 划分成不同的等价类，那么对象 x 的等价类为 $[x]_{R_d} = \{y \mid f(y, d) = f(x, d)\}$，而对象 x 的差异类为 $[x]_{R_d^D} = \{y \mid f(y, d) \neq f(x, d)\}$。

定义 3.3：不完备目标信息系统 $\text{ICIS} = \langle U, C, D, V, f \rangle$ 中，对任意的属性子集 c，R_c^{*D} 是属性子集 c 的差异关系，有任意的子集 X_1，$X_2 \subseteq U$，如果 $\bar{R}_c^{*D}(X_1) = \bar{R}_c^{*D}(X_2)$，那么集合 X_1 与集合 X_2 在差异关系上是上粗相等的，即 $X_1 \simeq_{R_c^{*D}} X_2$；如果 $\underline{R}_c^{*D}(X_1) = \underline{R}_c^{*D}(X_2)$，那么集合 X_1 与集合 X_2 在差异关系上是下粗相等的，即 $X_1 \overset{*}{\simeq}_{R_c^{*D}} X_2$；如果 $\bar{R}_c^{*D}(X_1) = \bar{R}_c^{*D}(X_2)$，且 $\underline{R}_c^{*D}(X_1) = \underline{R}_c^{*D}(X_2)$，那么集合 X_1 与集合 X_2 在差异关系上是粗相等的，即 $X_1 \approx_{R_c^{*D}} X_2$。

2. 基于差异关系的不完备目标信息系统中的变精度约简

本节在不完备目标信息系统中差异关系的约简基础上，考虑了噪声数据与误差对不完备目标信息系统的影响，提出了基于差异关系的不完备目标信息系统中的变精度粗糙集知识约简算法。

首先给出基于差异关系的不完备目标信息系统约简相关概念。

定义 3.4：在不完备目标信息系统 $\text{ICIS} = \langle U, C, D, V, f \rangle$ 中，对任意的属性子集 c，R_c^{*D} 是属性子集 c 的差异关系，$\exists c_{\chi} \subset c$，那么

$\forall [x]_{R_d^D}$，有 $\bar{R}_c^{*D}([x]_{R_d^D}) = \bar{R}_C^{*D}([x]_{R_d^D})$，且 $\bar{R}_{c_{\chi}}^{*D}([x]_{R_d^D}) \neq \bar{R}_C^{*D}([x]_{R_d^D})$，则称属性子集 c 为不完备目标信息系统中的相对上近似约简。

$\forall [x]_{R_d^D}$，有 $\underline{R}_c^{*D}([x]_{R_d^D}) = \underline{R}_C^{*D}([x]_{R_d^D})$，且 $\underline{R}_{c_{\chi}}^{*D}([x]_{R_d^D}) \neq \underline{R}_C^{*D}([x]_{R_d^D})$，则称属性子集 c 为不完备目标信息系统中的相对下近似约简。

$\forall [x]_{R_d^D}$，有 $\bar{R}_c^{*D}([x]_{R_d^D}) = \bar{R}_C^{*D}([x]_{R_d^D})$，$\underline{R}_c^{*D}([x]_{R_d^D}) = \underline{R}_C^{*D}([x]_{R_d^D})$，且 $\bar{R}_{c_{\chi}}^{*D}([x]_{R_d^D}) \neq \bar{R}_C^{*D}([x]_{R_d^D})$，$\underline{R}_{c_{\chi}}^{*D}([x]_{R_d^D}) \neq \underline{R}_C^{*D}([x]_{R_d^D})$，则称属性子集 c 为不完备目标信息系统中的相对近似约简。

在实际应用中，噪声数据是无法避免的。经典集理论的局限性在于它处理的分类是精确的，它要求分类必须是完全包含或者不包含的关系，而不允许在某种程度上的包含或隶属关系。因此，满足经典粗糙集严格的上、下近似条件非常困难。为了解决这个问题，需要有两个前提假设：首先是允许误差与噪声数据的存在，其次是这些数据的存在不会影响数据处理结果。本章将变精度粗糙集理论引入不完备目标信息系统中的差异关系粗糙集上，定义了差异关系上的不完备目标信息系统变精度粗糙集模型，提出了基于差异关系的不完备目标信息系统变精度粗糙集知识约简算法，同时，对参数特性进行了分析，并给出了依赖度与参数范围关系描述。

定义 3.5：在不完备目标信息系统 $\text{ICIS} = \langle U, C, D, V, f \rangle$ 中，$C \cap D = \varnothing$，D 为决策属性。$\forall c \in C$，R_c^{*D} 是属性子集 c 在论域 U 上的差异关系，而 $[x]_{R_c^{*D}}$ 是包含 x 的差异类。

$X_i \in U / [x]_{R_c^{*D}}$ $\left(i = 1, 2, \cdots, \left|U / [x]_{R_c^{*D}}\right|\right)$，$Y_j \in U / [x]_{R_d^{*D}}$ $\left(j = 1, 2, \cdots, \left|U / [x]_{R_d^{*D}}\right|\right)$。对于 $\beta \in (0.5, 1]$ 上的基于差异关系 R_c^{*D} 的 β 下近似与 β 上近似分别记作 $\underline{R_c^{\beta*D}}(x)$ 和 $\overline{R_c^{\beta*D}}(x)$：

$$\underline{R_c^{\beta*D}}(x) = \left\{ x \in U \mid F\left(X_i / R_c^{*D}(x)\right) \geqslant \beta \right\}$$

$$\overline{R_c^{\beta*D}}(x) = \left\{ x \in U \mid F\left(X_i / R_c^{*D}(x)\right) > 1 - \beta \right\}$$

$\underline{R_c^{\beta*D}}$ 与 $\overline{R_c^{\beta*D}}$ 分别称为不完备信息系统中基于差异关系的 β 下、上近似算子。其中，

$$F\left(X_i / Y_j\right) = \frac{\left|X_i \cap Y_j\right|}{\left|X_i\right|}。$$

定义 3.6：在不完备目标信息系统 $\text{ICIS} = \langle U, C, D, V, f \rangle$ 中，$\beta \in (0.5, 1]$，$\forall c \in C$，R_c^{*D} 是属性子集 c 在论域 U 上的差异关系，而 $[x]_{R_c^{*D}}$ 是包含 x 的差异类。$X_i \in U / [x]_{R_c^{*D}}$ $\left(i = 1, 2, \cdots, \left|U / [x]_{R_c^{*D}}\right|\right)$，$Y_j \in U / [x]_{R_d^{*D}}$ $\left(j = 1, 2, \cdots, \left|U / [x]_{R_d^{*D}}\right|\right)$。决策属性 D 相对于条件属性 $c \in C$ 的 β 正区域、β 负区域以及 β 边界区域分别表示为

$$\text{POS}_c^{*\beta}(D) = \bigcup_{Y_j \in U / [x]_{R_d^{*D}}} \underline{R_c^{\beta*D}}(x)$$

$$\text{NEG}_c^{*\beta}(D) = U - \bigcup_{Y_j \in U / [x]_{R_d^{*D}}} \overline{R_c^{\beta*D}}(x)$$

$$\text{BN}_c^{*\beta}(D) = \bigcup_{Y_j \in U / [x]_{R_d^{*D}}} \overline{R_c^{\beta*D}}(x) - \bigcup_{Y_j \in U / [x]_{R_d^{*D}}} \underline{R_c^{\beta*D}}(x)$$

定义 3.7：在不完备目标信息系统 $\text{ICIS} = \langle U, C, D, V, f \rangle$ 中，$\beta \in (0.5, 1]$，$\forall c \in C$。决策属性 D 相对于条件属性 $c \in C$ 的 β 依赖度可定义为

$$\gamma_c^{*\beta}(D) = \left|\text{POS}_c^{*\beta}(D)\right| / |U|$$

定义 3.8：在不完备目标信息系统 $\text{ICIS} = \langle U, C, D, V, f \rangle$ 中，$X_i \in U / [x]_{R_c^{*D}}\left(i = 1, 2, \cdots, \left|U / [x]_{R_c^{*D}}\right|\right)$，$Y_j \in U / [x]_{R_d^{*D}}$ $\left(j = 1, 2, \cdots, \left|U / [x]_{R_d^{*D}}\right|\right)$，那么集合 X_i 相对于 Y_j 的包含度可以定义为

$$F\left(X_i / Y_j\right) = \begin{cases} 0 & |X_i| = 0 \\ \dfrac{\left|X_i \cap Y_j\right|}{\left|X_i\right|} & |X_i| > 0 \end{cases}$$

定义 3.9：在不完备目标信息系统 $\text{ICIS} = \langle U, C, D, V, f \rangle$ 中，$X_i \in U / [x]_{R_c^{*D}}\left(i = 1, 2, \cdots, \left|U / [x]_{R_c^{*D}}\right|\right)$，$Y_i \in U / [x]_{R_c^{*D}}$ $\left(j = 1, 2, \cdots, \left|U / [x]_{R_d^{*D}}\right|\right)$，那么集合 X_i 相对于 $U / [x]_{R_d^{*D}}$ 的参数分界点可以定义为

$$\kappa_i = \max\left(F\left(X_i / Y_j\right)\right), \quad \left(j = 1, 2, \cdots, \left|U / [x]_{R_d^{*D}}\right|\right)$$

　　基于差异关系的不完备目标信息系统中的变精度粗糙集知识约简算法步骤如下。

　　步骤1：根据定义3.1与定义3.2，计算不完备目标信息系统中差异关系上的等价划分。

　　步骤2：给定β的初值，结合定义3.5、定义3.6与定义3.7，分别计算决策属性D相对条件属性集$c \in C$的β正区域、β边界域、β负区域与β依赖度。

　　步骤3：令$\mathrm{Re}d = c$，从条件属性中寻找约简，$\mathrm{Re}d$代表约间属性集合。

　　步骤4：从条件属性集合$c \in C$中，依次去掉一个以及多个属性，并计算相应的β依赖度，同时判断是否与决策属性D相对条件属性集$c \in C$的β依赖度相同。若β依赖度不同，转到步骤6处理；若β依赖度相同，转到步骤5处理。

　　步骤5：β依赖度相同说明去掉的属性为冗余属性，令$\mathrm{Re}d = \mathrm{Re}d - \{c\}$。

　　步骤6：β依赖度不同说明去掉的属性为关键属性，循环结束，输出约简结果$\mathrm{Re}d$。

3. 不完备信息系统中的并行推理模型

　　根据上述基于差异关系的不完备目标信息系统中变精度粗糙集知识约简算法，以一个实例来进行具体分析。表3.1为一个不完备目标决策信息系统，其中$U = \{x_1, x_2, \cdots, x_{12}\}$为论域，$C = \{c_1, c_2, c_3, c_4\}$为条件属性集合，$D = \{d\}$为决策属性，*为缺失值。

表3.1　不完备信息系统实例

U	c_1	c_2	c_3	c_4	D
x_1	*	*	*	1	2
x_2	3	1	2	3	1
x_3	*	*	2	*	1
x_4	0	2	3	2	2
x_5	1	*	2	*	2
x_6	*	1	2	3	2
x_7	3	*	*	3	2
x_8	0	2	3	2	1
x_9	*	0	0	*	1
x_{10}	1	2	3	2	1
x_{11}	0	1	2	3	2
x_{12}	1	*	2	*	1

　　在条件属性集C上，结合目标决策属性$D = \{d\}$可知，此不完备信息系统中的差异关系可划分为

$$X_1 = \left[x_1\right]_{R_c^{*D}} = \left\{x_2, x_4, x_6, x_7, x_8, x_{10}, x_{11}\right\}$$

$$X_2 = \left[x_2\right]_{R_c^{*D}} = \left\{x_1, x_4, x_5, x_8, x_9, x_{10}, x_{11}, x_{12}\right\}$$

$$X_3 = \left[x_3\right]_{R_c^{*D}} = \left\{x_4, x_8, x_9, x_{10}\right\}$$

$$X_4 = \left[x_4\right]_{R_c^{*D}} = \left\{x_1, x_2, x_3, x_5, x_6, x_7, x_9, x_{10}, x_{11}, x_{12}\right\}$$

$$X_5 = \left[x_5\right]_{R_c^{*D}} = \left\{x_2, x_4, x_7, x_8, x_9, x_{10}, x_{11}\right\}$$

$$X_6 = \left[x_6\right]_{R_c^{*D}} = \left\{x_1, x_4, x_8, x_9, x_{10}\right\}$$

$$X_7 = \left[x_7\right]_{R_c^{*D}} = \left\{x_1, x_4, x_5, x_8, x_{10}, x_{11}, x_{12}\right\}$$

$$X_8 = \left[x_8\right]_{R_c^{*D}} = \left\{x_1, x_2, x_3, x_5, x_6, x_7, x_9, x_{10}, x_{11}, x_{12}\right\}$$

$$X_9 = \left[x_9\right]_{R_c^{*D}} = \left\{x_2, x_3, x_4, x_5, x_6, x_8, x_{10}, x_{11}, x_{12}\right\}$$

$$X_{10} = \left[x_{10}\right]_{R_c^{*D}} = \left\{x_1, x_2, x_3, x_4, x_5, x_6, x_7, x_8, x_9, x_{11}, x_{12}\right\}$$

$$X_{11} = \left[x_{11}\right]_{R_c^{*D}} = \left\{x_1, x_2, x_4, x_5, x_7, x_8, x_9, x_{10}, x_{12}\right\}$$

$$X_{12} = \left[x_{12}\right]_{R_c^{*D}} = \left\{x_2, x_4, x_7, x_8, x_9, x_{10}, x_{11}\right\}$$

$$U / \left[x\right]_{R_d^{*D}} = \left\{Y_1, Y_2\right\} = \left\{\left\{x_2, x_3, x_8, x_9, x_{10}, x_{12}\right\}, \left\{x_1, x_4, x_5, x_6, x_7, x_{11}\right\}\right\}$$

同时，可以得到各集合 X 相对于两个决策属性的包含度：

$$F\left(X_1 / Y_1\right) = \frac{3}{7}, \quad F\left(X_1 / Y_2\right) = \frac{4}{7}$$

$$F\left(X_2 / Y_1\right) = \frac{1}{2}, \quad F\left(X_2 / Y_2\right) = \frac{1}{2}$$

$$F\left(X_3 / Y_1\right) = \frac{3}{4}, \quad F\left(X_3 / Y_2\right) = \frac{1}{4}$$

$$F\left(X_4 / Y_1\right) = \frac{1}{2}, \quad F\left(X_4 / Y_2\right) = \frac{1}{2}$$

$$F\left(X_5 / Y_1\right) = \frac{4}{7}, \quad F\left(X_5 / Y_2\right) = \frac{3}{7}$$

$$F\left(X_6 / Y_1\right) = \frac{3}{5}, \quad F\left(X_6 / Y_2\right) = \frac{2}{5}$$

$$F\left(X_7 / Y_1\right) = \frac{3}{7}, \quad F\left(X_7 / Y_2\right) = \frac{4}{7}$$

$$F\left(X_8 / Y_1\right) = \frac{1}{2}, \quad F\left(X_8 / Y_2\right) = \frac{1}{2}$$

$$F\left(X_9 / Y_1\right) = \frac{5}{9}, \quad F\left(X_9 / Y_2\right) = \frac{4}{9}$$

$$F\left(X_{10} / Y_1\right) = \frac{5}{11}, \quad F\left(X_{10} / Y_2\right) = \frac{6}{11}$$

$$F\left(X_{11} / Y_1\right) = \frac{5}{9}, \quad F\left(X_{11} / Y_2\right) = \frac{4}{9}$$

$$F\left(X_{12} / Y_1\right) = \frac{4}{7}, \quad F\left(X_{12} / Y_2\right) = \frac{3}{7}$$

因此，可以得出：

X_1 相对于 $U/[x]_{R_d^{*D}}$ 的分界点为 0.571，当 $\beta \in (0.5, 0.571]$ 时，$Y_j\,(j=1,2)$ 相对于 X_1 的 β 下近似 $\underline{R_c^{\beta\,*D}}(X_1) = \{x_4, x_6, x_7, x_{11}\}$。

X_2 相对于 $U/[x]_{R_d^{*D}}$ 的分界点为 0.5，当 $\beta = 0.5$ 时，$Y_j\,(j=1,2)$ 相对于 X_2 的 β 下近似 $\underline{R_c^{\beta\,*D}}(X_2) = \{\{x_8, x_9, x_{10}, x_{12}\} \vee \{x_1, x_4, x_5, x_{11}\}\}$。

X_3 相对于 $U/[x]_{R_d^{*D}}$ 的分界点为 0.75，当 $\beta \in (0.5, 0.75]$ 时，$Y_j\,(j=1,2)$ 相对于 X_3 的 β 下近似 $\underline{R_c^{\beta\,*D}}(X_3) = \{x_8, x_9, x_{10}\}$。

X_4 相对于 $U/[x]_{R_d^{*D}}$ 的分界点为 0.5，当 $\beta = 0.5$ 时，$Y_j\,(j=1,2)$ 相对于 X_4 的 β 下近似 $\underline{R_c^{\beta\,*D}}(X_4) = \{\{x_2, x_3, x_9, x_{10}, x_{12}\} \vee \{x_1, x_5, x_6, x_7, x_{11}\}\}$。

X_5 相对于 $U/[x]_{R_d^{*D}}$ 的分界点为 0.571，当 $\beta \in (0.5, 0.571]$ 时，$Y_j\,(j=1,2)$ 相对于 X_5 的 β 下近似 $\underline{R_c^{\beta\,*D}}(X_5) = \{x_2, x_8, x_9, x_{10}\}$。

X_6 相对于 $U/[x]_{R_d^{*D}}$ 的分界点为 0.6，当 $\beta \in (0.5, 0.6]$ 时，$Y_j\,(j=1,2)$ 相对于 X_6 的 β 下近似 $\underline{R_c^{\beta\,*D}}(X_6) = \{x_8, x_9, x_{10}\}$。

X_7 相对于 $U/[x]_{R_d^{*D}}$ 的分界点为 0.571，当 $\beta \in (0.5, 0.571]$ 时，$Y_j\,(j=1,2)$ 相对于 X_7 的 β 下近似 $\underline{R_c^{\beta\,*D}}(X_7) = \{x_1, x_4, x_5, x_{11}\}$。

X_8 相对于 $U/[x]_{R_d^{*D}}$ 的分界点为 0.5，当 $\beta = 0.5$ 时，$Y_j\,(j=1,2)$ 相对于 X_4 的 β 下近似 $\underline{R_c^{\beta\,*D}}(X_8) = \{\{x_2, x_3, x_9, x_{10}, x_{12}\} \vee \{x_1, x_5, x_6, x_7, x_{11}\}\}$。

X_9 相对于 $U/[x]_{R_d^{*D}}$ 的分界点为 0.556，当 $\beta \in (0.5, 0.556]$ 时，$Y_j\,(j=1,2)$ 相对于 X_9 的 β 下近似 $\underline{R_c^{\beta\,*D}}(X_9) = \{x_2, x_3, x_8, x_{10}, x_{12}\}$。

X_{10} 相对于 $U/[x]_{R_d^{*D}}$ 的分界点为 0.545，当 $\beta \in (0.5, 0.545]$ 时，$Y_j\,(j=1,2)$ 相对于 X_{10} 的 β 下近似 $\underline{R_c^{\beta\,*D}}(X_{10}) = \{x_1, x_4, x_5, x_6, x_7, x_{11}\}$。

X_{11} 相对于 $U/[x]_{R_d^{*D}}$ 的分界点为 0.556，当 $\beta \in (0.5, 0.556]$ 时，$Y_j\,(j=1,2)$ 相对于 X_{11} 的 β 下近似 $\underline{R_c^{\beta\,*D}}(X_{11}) = \{x_2, x_8, x_9, x_{10}, x_{12}\}$。

X_{12} 相对于 $U/[x]_{R_d^{*D}}$ 的分界点为 0.571，当 $\beta \in (0.5, 0.571]$ 时，$Y_j\,(j=1,2)$ 相对于 X_{12} 的 β 下近似 $\underline{R_c^{\beta\,*D}}(X_{12}) = \{x_2, x_8, x_9, x_{10}\}$。

易知：

当 $\beta \in (0.5, 0.545]$ 时，$\text{POS}_c^{*\beta}(D) = \bigcup\limits_{Y_j \in U/[x]_{R_d^{*D}}} \underline{R_c^{\beta\,*D}}(x) = \{x_1, x_4, x_5, x_6, x_7, x_{11}\}$，那么 $\gamma_c^{*\beta}(D) =$

$\dfrac{\left|\text{POS}_c^{*\beta}(D)\right|}{|U|} = \dfrac{1}{2}$；同理，可得 $\beta \in (0.5, 0.556]$ 时，$\gamma_c^{*\beta}(D) = \dfrac{\left|\text{POS}_c^{*\beta}(D)\right|}{|U|} = \dfrac{1}{2}$；$\beta \in (0.556, 0.571]$

时，$\gamma_c^{*\beta}(D)=\dfrac{5}{6}$；$\beta\in(0.571,0.75]$ 时，$\gamma_c^{*\beta}(D)=\dfrac{1}{4}$。

对不完备目标信息系统决策表 3.1 进行差异关系上的变精度粗糙集知识约简处理时，如果 β 的取值不同，那么它们的依赖度也不尽相同，其结果见表 3.2。

表 3.2　不同 β 取值上的依赖度

参数范围	依赖度
$\beta\in(0.5,0.556]$	1/2
$\beta\in(0.556,0.571]$	5/6
$\beta\in(0.571,0.75]$	1/4

由表 3.3 可知，对原决策表中删除一个或多个属性，β 在不同的分界点时，其依赖度不尽相同。表 3.4 说明参数 β 在变化过程中，约简结果也在发生变化。因此，可以得知，参数 β 的范围不同，从不完备决策信息表中所得到的信息量发生变化，其属性依赖度与约简结果也在发生变化。

表 3.3　各种属性删除策略上的分界点与依赖度

保留属性	0.545	0.556	0.571	0.6	0.625	0.667	0.714	0.75	0.8
$c_1c_2c_3$	1/2	1/2	5/12	5/12	5/12	1/4	1/4	1/4	—
$c_1c_2c_4$	5/6	5/6	1/2	1/2	5/12	—	—	—	—
$c_2c_3c_4$	5/6	5/6	1/3	1/4	1/4	1/4	1/4	1/4	—
$c_1c_3c_4$	1/2	1/2	5/6	1/4	1/4	1/4	1/4	1/4	—
c_1c_2	2/3	2/3	2/3	1/4	5/12	1/4	1/4	1/4	—
c_3c_4	5/6	5/6	1/3	1/4	1/4	1/4	1/4	1/4	—
c_1c_3	1/2	1/2	5/12	5/12	5/12	1/4	1/4	1/4	—
c_2c_4	1/3	1/3	1/3	1/4	1/3	1/3	—	—	—
c_1c_4	1/2	1/2	1/2	1/4	5/12	5/12	5/12	/	—
c_2c_3	5/12	5/12	1/3	1/4	1/4	1/4	1/4	1/4	—
c_1	1/2	1/2	1/2	1/2	—	—	—	—	—
c_2	1/4	1/4	1/4	1/4	1/4	1/4	1/4	1/4	—
c_3	5/12	5/12	1/3	1/4	1/4	1/4	1/4	1/4	—
c_4	1/3	1/3	1/3	1/3	1/3	1/3	1/3	1/3	1/3

表 3.4 不同 β 范围对应的约简结果

参数范围	约简结果
$\beta \in (0.5, 0.556]$	$\{c_1\}$
$\beta \in (0.556, 0.571]$	$\{c_1, c_3, c_4\}$
$\beta \in (0.571, 0.6]$	$\{c_1, c_4\} \vee \{c_2\} \vee \{c_3\}$
$\beta \in (0.6, 0.75]$	$\{c_2\} \vee \{c_3\}$

如何将粗糙集与 Petri 网两种方法结合，结合后是否能起到作用，需要进一步讨论。两种方法能否结合在一起应用，要根据其不同特点来决定，而不是由它们的共同点来确定。

在建立并行处理粗糙集时，由于建模时的各条件属性与决策属性之间的关系通常是错综复杂的，充满了很多的不确定因素，因此较难用确定的数学模型来描述。而粗糙集理论正好能够很好地处理不确定问题。粗糙集能够对决策信息表中的冗余信息进行有效约简，并能进行深度的数据挖掘，从而找到决策表中所隐藏的诸如 "if…then…" 的规则，它能在不影响分类或决策精度的前提下，降低工作量，减少不确定信息的影响，从而提高决策的准确率。

不完备信息系统中的并行推理模型(RSPN 模型)建模思路为：①数据的收集，确定条件属性与决策属性，由于数据中不可避免地会存在缺失数据，这里建立的信息决策表就是不完备决策信息表；②由于粗糙集只能处理离散数据，这里通过第 3 章的可视离散化算法进行数据的离散化处理；③建立不完备信息系统下的差异关系，同时，为了降低噪声数据的影响，设置变精度阈值，为后续变精度知识约简算法提供依据；④进行规则的提取与过滤，以决策规则的支持度、置信度以及覆盖度为规则的过滤标准，对所提取的规则进行过滤，从而从大量的规则知识中获取到最小的知识规则，用来构建最简化的 Petri 网模型，通过 Petri 网的矩阵并行推理运算实现知识的高效提炼。这样将粗糙集和 Petri 网的功能做到了有效结合，利于充分发挥各自的优点。不完备信息系统中的并行推理模型(RSPN 模型)流程如图 3.2 所示。

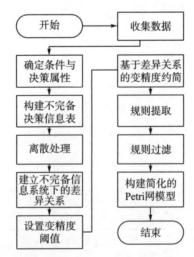

图 3.2 不完备信息系统中的并行推理模型(RSPN 模型)

3.1.3 模型验证

1. 测试数据选择

为了将理论模型更好地应用于实际,结合应用背景,本章选取典型支流香溪河作为研究区域,通过实验分析模型性能。共选取了 11 个断面作为富营养分析的持续监测点。从香溪河与长江的交汇口到上游的高阳镇,依次用 S1~S11 来标记各断面。所有监测断面的分布如图 3.3 所示。

图 3.3　研究区域与研究断面

为了验证本章算法的有效性,选择了实际领域中一个较大的不完备数据集进行对比实验,这些数据来源于香溪河 11 个采样站点。各采样站点的数据通过聚乙烯(PE)瓶在监测断面水下 0.5m 采样。采样时间为 2015 年 1 月到 2016 年 2 月,采样频率为每天一次。采样指标共五种,主要为物理指标与生物化学指标。物理指标为透明度(SD),生物化学指标主要为叶绿素 a(Chla)、高锰酸盐指数(COD_{Mn})、总磷(TP)与总氮(TN)。各指标的测定方法遵循相应的标准、规范,具体见表 3.5。

表 3.5 研究指标、单位与测定方法及相应的标准、规范

指标	测定方法	标准、规范
透明度/m	塞氏盘法	《水和废水监测分析方法(第四版)》塞氏盘法
叶绿素 a/(mg/L)	分光光度法	SL 88—2012
高锰酸盐指数/(mg/L)	水质 高锰酸盐指数的测定	GB/T 11892—1989
总磷/(mg/L)	钼酸铵分光光度法	GB 11893—89
总氮/(mg/L)	碱性过硫酸钾消解紫外分光光度法	HJ 636—2012

该数据集共有 4675 条数据，表 3.6 为决策表中的条件属性与决策属性。以原始数据表为基础建立决策信息表。在早期的数据收集中，由于仪器故障、工作人员未经专业培训等，所采数据中出现了一部分缺失值，用符号"*"代替，原始数据见表 3.7。

表 3.6 条件属性与决策属性

标签	条件属性（C）	等级	决策属性（D）
c_1	SD	1	贫营养（Ⅰ）
c_2	COD_{Mn}	2	中贫营养（Ⅱ）
c_3	TN	3	中营养（Ⅲ）
c_4	TP	4	中富营养（Ⅳ）
c_5	Chla	5	富营养（Ⅴ）
		6	超富营养（Ⅵ）

表 3.7 香溪河 11 个断面 2015～2016 年富营养化相关指示数据(仅列举部分)

记录号	c_1/m	c_2/(mg/L)	c_3/(mg/L)	c_4/(mg/L)	c_5/(mg/m³)	等级
1	1	*	0.99	0.012	0.87	3
2	0.36	1.14	0.91	*	0.86	4
⋮	⋮	⋮	⋮	⋮	⋮	⋮
4673	1.7	2.27	1.73	0.038	108.52	5
4674	1.1	3.89	1.46	0.047	76.39	5
4675	2.1	1.58	0.78	0.023	16.87	4

2. 模型测试过程

1)总体流程

高效的富营养化评价模型建模步骤可以归纳为以下几步。

步骤 1：数据的收集，将数据分为两部分，一部分是训练数据，另一部分是测试数据。

步骤 2：将数据整理为决策信息表形式。

步骤 3：采用第 3 章的可视离散化算法对数据进行离散化。

步骤 4：将基于差异关系的变精度属性约简算法用于不完备决策信息表的约简处理。

步骤 5：生成规则，采用剪枝策略对规则约简。

步骤 6：建立优化的 Petri 网模型。

步骤 7：通过 Petri 网模型的矩阵运算实现推理、评价。

步骤 8：性能与精度评价。

具体步骤如图 3.4 所示。

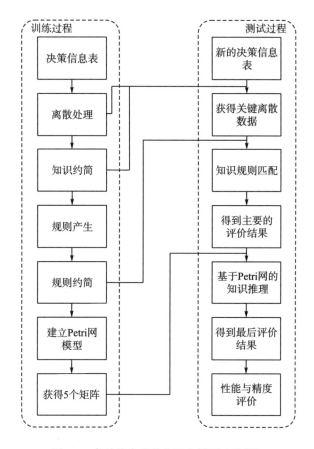

图 3.4　高效的富营养化评价模型建模框架

2) 离散化与约简处理

由于在该不完备决策信息表中的所有条件属性都是连续值，为了便于约简处理，利用第 3 章的可视离散化算法对条件属性上的连续值进行处理，表 3.8 为条件属性的离散断点区间。

表 3.8　连续属性离散化表

属性	断点数	离散区间
叶绿素 a	6	(0, 18.65)，(18.65, 22.67)，(22.67, 42.91)，(42.91, 67.51)，(67.51, 92.48)，(92.48, +∞)
总磷	5	(0, 0.043)，(0.043, 0.075)，(0.075, 0.083)，(0.083, 0.104)，(0.104, +∞)
总氮	5	(0, 1.172)，(1.172, 1.308)，(1.308, 1.391)，(1.391, 1.599)，(1.599, +∞)
高锰酸盐指数	6	(0, 2.14)，(2.14, 2.63)，(2.63, 3.07)，(3.07, 3.24)，(3.24, 3.61)，(3.61, +∞)
透明度	6	(0, 1.57)，(1.57, 1.83)，(1.83, 2.14)，(2.14, 3.06)，(3.06, 3.88)，(3.88, +∞)

此不完备决策信息表经离散化处理后，需要对其进行知识约简，选取基于差异关系的不完备变精度粗糙集约简算法进行约简处理，选取参数 β 的值为 0.6，实验平台为 MATLAB7，可以得到约简结果 $\{c_1, c_2, c_5\}$，即透明度、高锰酸盐指数、叶绿素 a 为香溪河 11 个断面 2015～2016 年影响富营养化水平的关键指标，而总氮与总磷指标不是很重要，可以忽略。

3）Petri 网建模

在上一小节，可以从不完备的数据得到影响富营养化水平的三个关键属性。在这一小节将 3675 条训练数据用于建立富营养化评价分析的知识库。首先通过粗糙集产生训练数据的知识规则库。由于规则知识库较庞大，因此需要对知识库进行规则过滤。按规则的支持度降序排列选出 10 条最有代表性的规则。最后，根据这些规则来建立 Petri 网模型。

结合表 3.9 可知：设置透明度、高锰酸盐指数、叶绿素 a 3 个关键属性为 Petri 网的起始输入库所，它们的初始状态分别对应五类、二类与五类。同时设富营养化级别为 Petri 网的终态输出库所。当初始输入库所中有取值时，就会获得一托肯，满足条件的变迁被触发，若各个变迁中存在竞争关系，则默认编号小的变迁获得托肯。当托肯流动到终态库所，评价完成。通过 Petri 网逻辑与和逻辑并的关系实现富营养化评价，得到的 Petri 网模型如图 3.5 所示。

表 3.9　支持度最高的 10 条规则

规则号	规则集	支持度
1	If 透明度(5) and 高锰酸盐指数(3) and 叶绿素 a(5)，then 等级(5)	493
2	If 透明度(2) and 高锰酸盐指数(3) and 叶绿素 a(3)，then 等级(3)	444
3	If 透明度(4) and 高锰酸盐指数(3) and 叶绿素 a(2)，then 等级(3)	419
4	If 透明度(6) and 高锰酸盐指数(3) and 叶绿素 a(2)，then 等级(4)	370
5	If 透明度(*) and 高锰酸盐指数(4) and 叶绿素 a(6)，then 等级(5)	312
6	If 透明度(3) and 高锰酸盐指数(3) and 叶绿素 a(5)，then 等级(4)	247
7	If 透明度(5) and 高锰酸盐指数(4) and 叶绿素 a(5)，then 等级(5)	197
8	If 透明度(4) and 高锰酸盐指数(4) and 叶绿素 a(5)，then 等级(5)	186
9	If 透明度(2) and 高锰酸盐指数(*) and 叶绿素 a(2)，then 等级(2)	143
10	If 透明度(*) and 高锰酸盐指数(4) and 叶绿素 a(4)，then 等级(4)	139

注：括号中数字代表相应指标等级。

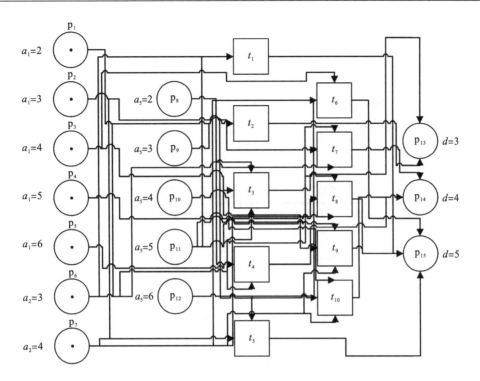

图 3.5　富营养化 PN 模型

如果库所 p_3、p_6 与 p_8 都有一个初始托肯，那么就会得到一个如下的初始托肯矩阵：

$$\boldsymbol{H}_0 = [001001010000000]^T$$

根据 Petri 网推理迭代公式，能够得到

$$\boldsymbol{H}_1 = [0100100000]^T \vee (D_{dw} \oplus H_i) \vee \{D^+ \oplus [(D_c^-)^T \otimes [0100100000]^T]\}$$
$$= [001001010000000]^T \vee [000000000000100]^T$$
$$= [001001010000100]^T$$

这里可以得到富营养化水平为中营养。在图 3.5 中可解释为：输入库所 p_3、p_6 与 p_8 通过触发迁移 t_2，将托肯传递到输出库所 p_{13}，库所 p_{13} 的状态就是最终的评价结果。

4）对比实验

将 1000 条测试数据随机分成 5 个数据集，每个数据集有 200 条数据。同时对每个数据集采用不同的规则修剪策略，这里设定规则的支持度为修剪阈值。当规则修剪完成后，就能建立并行推理模型，其覆盖度与精度也能得到，但是如何衡量它们之间的性能也是一个问题。精度是衡量模型性能优异的重要指标，而决策规则的覆盖度能够反映决策规则在决策信息系统 S 中同类决策的覆盖情况。在决策过程中，覆盖度相对于置信度与支持度而言，能较为客观地反映决策信息表中"决策能力"的变化。精度与覆盖度是 RSPN 衡量模

型性能两个重要的指标, 取值范围为(0, 1), 并且均为经济型指标, 因此采用测试覆盖度与测试精度乘积(PTCA)作为修剪策略的衡量标准。表 3.10 显示的是每个数据集的最佳剪枝规则策略以及相应的测试覆盖度、测试精度与 PTCA。可以计算出最佳测试覆盖度、测试精度以及 PTCA 分别为 0.915、0.909 和 0.8318。易知(第 5 数据集 DS5)采用支持数小于 3 的修剪策略, 可以表现出最佳的 PTCA 效果。表 3.11 列出了 DS5 采用不同规则修剪策略的实验结果。

表 3.10 RSPN 模型采用不同规则修剪策略在 5 个数据集上的实验结果

数据集(DS)	最佳规则修剪策略	测试覆盖度	测试精度	PTCA
DS1	支持数小于 2 的修剪策略	0.904	0.897	0.811
DS2	支持数小于 3 的修剪策略	0.916	0.910	0.834
DS3	支持数小于 4 的修剪策略	0.897	0.928	0.832
DS4	支持数小于 2 的修剪策略	0.923	0.884	0.816
DS5	支持数小于 3 的修剪策略	0.935	0.926	0.866

表 3.11 第 5 数据集的不同规则修剪策略实验结果

规则修剪策略	测试覆盖度	测试精度	PTCA
原始规则集	1	0.853	0.853
支持数小于 2 的修剪策略	0.891	0.916	0.816
支持数小于 3 的修剪策略	0.935	0.926	0.866
支持数小于 4 的修剪策略	0.887	0.932	0.827
支持数小于 5 的修剪策略	0.879	0.924	0.812

3 种经典分类算法, 即 CART 算法、ID3 算法与 C4.5 算法采用统一的 MATLAB 7 软件分析相同的水体富营养化数据。表 3.12 给出了 3 种算法的实验结果。表 3.13 总结了 4 种算法的平均测试覆盖度、平均测试精度及 PTCA 值。可以很明显地看出, RSPN 模型在平均测试精度和 PTCA 值上优于其他 3 种算法。

表 3.12 CART、ID3 与 C4.5 算法在 5 个数据集上的实验结果

DS	CART			ID3			C4.5		
	测试覆盖度	测试精度	PTCA	测试覆盖度	测试精度	PTCA	测试覆盖度	测试精度	PTCA
DS1	1	0.71	0.71	0.87	0.66	0.57	1	0.59	0.59
DS2	1	0.68	0.68	0.91	0.61	0.56	1	0.55	0.55
DS3	1	0.69	0.69	0.88	0.58	0.51	1	0.62	0.62
DS4	1	0.62	0.62	0.92	0.54	0.50	1	0.61	0.61
DS5	1	0.64	0.64	0.93	0.57	0.53	1	0.59	0.59

表 3.13　RSPN、CART、ID3 与 C4.5 总体实验结果

	RSPN	CART	ID3	C4.5
平均测试覆盖度	0.915	1	0.902	1
平均测试精度	0.909	0.668	0.592	0.592
PTCA	0.8318	0.668	0.534	0.592

对 RST、PN 和 RSPN3 种方法进行计算总时间效率分析。计算总时间包括产生约简时间、规则产生时间和规则推理时间。图 3.6 显示了这 3 种方法在同一测试数据上进行富营养化分析的计算总时间。可以看出，随着测试数据的不断增加，RSPN 的计算总时间只有小幅度增长，而 PN 和 RST 的计算总时间迅速增长。

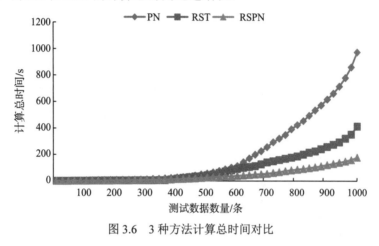

图 3.6　3 种方法计算总时间对比

3.2　基于半监督分类技术的富营养化评价模型

3.2.1　模型背景

针对富营养化评价，尽管已有大量国内外学者分别从环境科学和信息科学的角度提出了众多评价方法与模型(Kitsiou and Karydis，2011；Le et al.，2010)，然而它们都有其各自的适用范围和特点，在大数据时代面临着所需指标获取代价太高和实时监测大数据处理能力不足的挑战，主要体现在以下两方面。

(1)在传统的水质监测中，数据采集时间间隔较长，收集的监测信息不多，现有大部分评价方法与模型并未考虑自身的数据处理能力。但是，随着水质在线监测物联网技术的快速发展，如今人们可 24 小时不间断地获取海量在线监测数据。因此，如何快速有效地处理实时监测大数据是目前富营养化评价需要重点解决的问题之一(Wu et al.，2017)。

(2)对于已有的国标方法及其大部分衍生评价方法，叶绿素 a、透明度(SD)、总磷(TP)、

总氮(TN)和高锰酸盐指数(COD$_{Mn}$)是关键评价指标(Kitsiou and Karydis，2011；Le et al.,2010；金相灿和屠清瑛，1990)。另外，已有相关研究报道指出水温(T)、电导率(Cond.)、pH、溶解氧(DO)、悬浮物浓度(SS)和氨氮(NH$_3$-N) 等也与富营养化状态有着密切联系(Giusti et al.，2011；李俊龙等，2016)。然而，每种指标的测量原理与方式不同，使得获取每种指标的代价也存在差异。例如，总磷、总氮和高锰酸盐指数等指标的在线监测需要消耗大量试剂和能量用于复杂的消解过程，而水温、电导率、溶解氧、悬浮物浓度和氨氮等指标的在线监测可通过光学探头直接实现，因而可看出总磷、总氮和高锰酸盐指数等指标的数据获取代价较高。因此，在实际应用中，如何利用低代价指标帮助或取代高代价指标实现富营养化评价就显得意义重大，在此方面仅有少数研究者做过相关尝试(孔宪喻和苏荣国，2016)。

　　针对现有富营养化评价方法与模型存在的监测指标获取代价太高和实时监测大数据处理能力不足的问题，本节提出一种完全由数据驱动的、基于半监督分类技术(Wu et al.，2018a，2018b，2018c)的富营养化评价模型，其中可以采用各种半监督分类技术实现富营养化评价。本节将选取三峡库区的几条典型支流作为研究实例开展一系列实验分析。下面详细介绍该评价框架的原理、设计及实验结果。

3.2.2　模型方法

1. 模型原理

　　基于半监督分类技术的富营养化评价模型总体架构如图3.7所示。首先，根据富营养化评价标准对少量监测数据进行富营养化状态等级评价标记。其次，准备学习训练数据集，其中将少量已标记的监测数据作为标记数据集，将海量未标记的监测数据作为未标记数据集。特别地，未标记数据集与标记数据集相比将缺失部分高代价指标，以此降低数据获取代价；同时，其余一些获取代价较低但未被纳入富营养化评价标准的指标，可将其加入训练数据集，以此提高模型的学习训练质量。再次，在学习训练数据集上不断地进行模型的学习训练，直至满足迭代停止条件。最后，利用已学习训练的半监督分类模型对未来监测数据进行富营养化状态分级评价。

　　为了更加清晰地阐述图3.7，下面将以一具体实例进行说明。如图3.8所示，首先根据《三峡水库水环境质量评价技术规范(试行)》，对少量包含叶绿素a、透明度、总磷、总氮和高锰酸盐指数共5个指标的监测数据进行富营养化状态等级评价标记；其次，将已评价标记的监测数据作为标记数据集，将海量的缺少高代价指标高锰酸盐指数的监测数据作为未标记数据集[图3.8(a)]；再次，在标记数据集和未标记数据集上进行模型的学习训练；最后，利用已学习训练的半监督分类模型，对未来同样缺少高代价指标高锰酸盐指数的监测数据进行富营养化状态分级评价。类似地，如图3.8(b)所示，低代价指标pH和溶解氧也可加入训练数据集，以此提高模型的学习训练性能。由此可见，在整个评价模型的构建中只需要少量高代价指标高锰酸盐指数，因而可降低评价所需指标的获取代价。

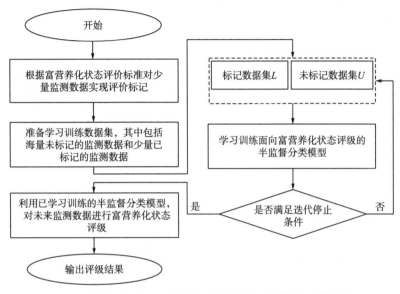

图 3.7　基于半监督分类技术的富营养化评价模型总体架构

在上述过程中，首先需要对部分监测数据进行富营养化状态等级评价，即对数据进行标记。在此，利用标准评价方法《三峡水库水环境质量评价技术规范（试行）》进行标记。各指标富营养化等指数及综合富营养化等级指数计算公式如下：

$$\text{TLI(Chla)} = 10\left[2.46 + \frac{\ln\left(\rho_{\text{Chla}}\right)}{\ln 2.5}\right] \tag{3.1}$$

$$\text{TLI(TN)} = 10\left[2.46 + \frac{1.6316 + 4.3067\ln\left(\rho_{\text{TN}}\right)}{\ln 2.5}\right] \tag{3.2}$$

$$\text{TLI(TP)} = 10\left[2.46 + \frac{10.2862 + 2.8691\ln\left(\rho_{\text{TP}}\right)}{\ln 2.5}\right] \tag{3.3}$$

$$\text{TLI(SD)} = 10\left[2.46 + \frac{2.6027 - 7.6079\ln\left(\rho_{\text{SD}}\right)}{\ln 2.5}\right] \tag{3.4}$$

$$\text{TLI(COD}_{\text{Mn}}) = 10\left[2.46 - \frac{0.7204 - 4.1230\ln\left(\rho_{\text{COD}_{\text{Mn}}}\right)}{\ln 2.5}\right] \tag{3.5}$$

式中，ρ_{Chla}、ρ_{TN}、ρ_{TP}、ρ_{SD} 和 $\rho_{\text{COD}_{\text{Mn}}}$ 分别代表了 Chla、TN、TP、SD 和 COD$_{\text{Mn}}$ 的浓度。

$$\text{TLI}(\Sigma) = \sum_{j=1}^{5} W_j \cdot \text{TLI}(j) \tag{3.6}$$

式中，TLI(Σ) 代表对应的综合富营养等级指数；TLI(j) 是每个指标（Chla、TN、TP、SD 和 COD$_{\text{Mn}}$）的富营养等级指数；W_j 代表每个指标（Chla、TN、TP、SD 和 COD$_{\text{Mn}}$）的权重，其中 W_{Chla}=0.5996，W_{TN}=0.0718，W_{TP}=0.1370，W_{SD}=0.0075，$W_{\text{COD}_{\text{Mn}}}$=0.1840。

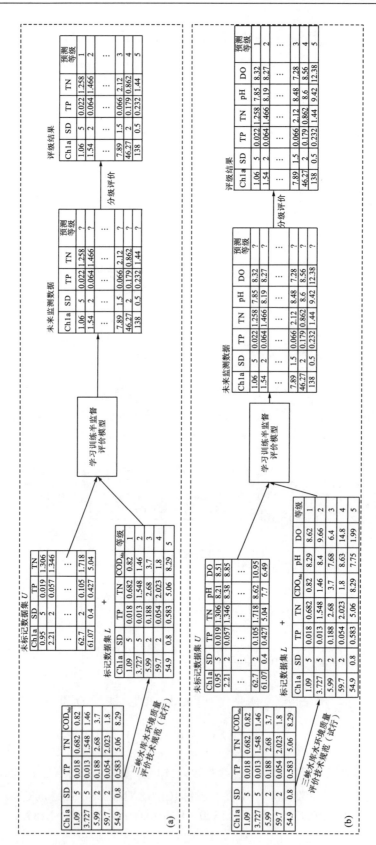

图 3.8 基于半监督分类的富营养化评价模型实例

富营养化分级规则见表 3.14。

表 3.14　富营养化分级规则

等级	富营养化状态	TLI(Σ)
1	贫营养	TLI(Σ)≤30
2	中营养	30< TLI(Σ)≤50
3	轻度富营养	50< TLI(Σ)≤60
4	中度富营养	60< TLI(Σ)≤70
5	重度富营养	TLI(Σ)>70

2. 实验数据集

实验数据来自三峡库区 5 条典型支流的几个采样断面，支流的分布如图 3.9 所示。采样时间为 2007 年 1 月至 2015 年 12 月，采样频率为每月一次。为了评价富营养化状况，在每个采样断面采集了生化指标和理化指标。为确保样品的分析可靠性，采用表 3.15 的分析方法和标准。此外，在分析过程中进行了重复分析以确保数据质量。

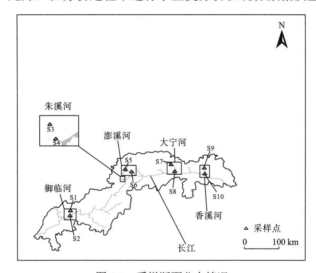

图 3.9　采样断面分布情况

表 3.15　样品分析方法和标准

Chla 监测指标	分析方法	相关标准
Chla/(mg/L)	分光光度法	SL 88—2012
SD/ m	塞氏盘法	—
TN/(mg/L)	流动注射-盐酸萘乙二胺分光光度法	HJ 668—2013
TP/(mg/L)	流动注射-钼酸铵分光光度法	HJ 671—2013
COD_{Mn}/(mg/L)	酸性高锰酸钾法	GB/T 11892—1989
T/℃	温度计测定法	GB/T 13195—1991
Cond. /(μs/m)	电导率仪	—
pH	玻璃电极法	GB/T 6920—1986
DO/(mg/L)	电化学探头法	HJ 506—2009
SS/(mg/L)	重量法	GB/T 11901—1989
NH_3-N/(mg/L)	流动注射-水杨酸分光光度法	HJ 666—2013

实验共收集数据 587 条，表 3.16 列出了一些具有代表性的数据，包括 11 个监测指标（条件属性）和富营养等级（决策属性）。富营养等级根据《三峡水库水环境质量评价技术规范（试行）》评价。为了分析富营养等级与各监测指标之间的相关性，进行了相关分析得出相关系数；同时，在监测指标（条件属性）中也分析了三个监测指标（TP、TN、COD_{Mn}）分别与每一个监测指标之间的相关性；相关性分析结果见表 3.17。根据表 3.17 可发现，这些参数之间以及参数与富营养化等级之间的相关性在显著性水平 α=0.05 上具有统计学意义，因此可以将它们用于后续的实验分析。

3. 基本设置

在实验分析中，为了构造富营养化评价模型，选择了 Co-Forest 算法（Li and Zhou，2007）作为半监督分类模型。Co-Forest 算法是一个自标记半监督分类模型，其中选用了随机森林（Liaw and Wiener，2002）作为基分类器。同时，为获得更客观的实验结果，使用了 5 折交叉验证策略（由于数据条数相对较小而未采用 10 折交叉验证）。首先，将每个数据集拆分为 5 份，每份包含每个数据集实例的 20%；然后，选择 4 份作为训练集 T_R，剩下的一份作为测试集 T_S；最后，训练集 T_R 将被随机分为两份，一份是标记数据集 L，另一份是未标记数据集 U，在随机分配中，每一类的样本数量比例将与其在训练集 T_R 中的比例保持一致，并保证每类至少有一个数据样本被分配至标记数据集 L。因此，每个数据集最终被分为 3 个部分，即 L、U 和 T_S（L 和 U 形成了 T_R）。为确保拆分的每份数据集都能作为一次测试集 T_S，上述步骤将被执行 5 次。

为了评估该算法的性能，计算准确率（accuracy rate，AR）、平均准确率（mean accuracy rate，MAR）和标准偏差（standard deviation of AR，SD-AR）。

3.2.3　模型验证

1. 关键评价指标范围内的实验分析

这里将在关键评价指标范围内（Chla、SD、TP、TN 和 COD_{Mn}）开展实验分析。首先，分析在缺少某些监测指标和不同初始标记比例情况下的模型表现。缺失监测指标情况为：分别单独缺失 Chla、SD、TP、TN 和 COD_{Mn}，如图 3.8（a）给出的示例。标记数据的初始标记比例为 10%～50%。比较模型分别是基于 Co-Forest 构造的半监督分类模型（命名为构造模型）和随机森林普通分类模型。本节所构造的模型代表运用了半监督分类思想，而随机森林代表了未运用半监督分类思想。参数设置：置信阈值 θ 为 0.75，随机树个数为 6。表 3.18 和表 3.19 分别记录了在未标记数据集 U 和测试集 T_S 下的实验结果，其中如果本节所构造的模型比随机森林获得更高的精度，则加粗显示。

根据表 3.18 和表 3.19，可以得出以下初步结论：①除缺失 Chla 指标外，缺失其余监测指标与没有缺失监测指标获得了类似的评价精度，这是因为 Chla 在《三峡水库水环境质量

表 3.16 部分代表性数据

数据序号	Chla	SD	TP	TN	COD$_{Mn}$	T	pH	DO	SS	NH$_3$-N	分级
1	1.06	5.0	0.022	1.258	1.11	23.8	7.85	8.32	4.0	0.081	1
2	1.54	2.0	0.064	1.466	1.37	20.1	8.19	8.27	5.5	0.143	2
⋮	⋮	⋮	⋮	⋮	⋮	⋮	⋮	⋮	⋮	⋮	⋮
585	7.89	1.5	0.066	2.120	3.10	18.3	8.48	7.28	26.0	0.37	3
586	46.27	2.0	0.179	0.862	3.40	22.5	8.60	8.56	21.0	0.314	4
587	138.00	0.5	0.232	1.440	6.00	25.0	9.42	12.38	19.0	0.413	5

表 3.17 相关性分析实验结果

参数	Chla	SD	TP	TN	COD$_{Mn}$	T	Cond.	pH	DO	SS	NH$_3$-N
分级	0.612	-0.456	0.713	0.646	0.751	0.090	0.218	0.103	0.086	0.275	0.542
TP	0.472	-0.295	1.000	0.811	0.678	-0.045	0.313	-0.105	-0.104	0.152	0.746
TN	0.495	-0.307	0.811	1.000	0.667	-0.031	0.310	-0.131	-0.153	0.162	0.771
COD$_{Mn}$	0.618	-0.457	0.678	0.667	1.000	0.152	0.314	-0.029	-0.094	0.229	0.603

表 3.18 未标记数据集 U 情况下的分类精度 (MAR±SD-AR) (%)

缺失指标	随机森林 标记比例					构造模型 标记比例				
	10%	20%	30%	40%	50%	10%	20%	30%	40%	50%
不缺失	81.98±1.36	85.81±3.71	87.88±1.22	87.99±1.63	88.56±0.93	82.67±2.90	86.85±1.56	87.84±0.73	89.84±0.70	89.95±1.50
Chla	66.46±2.25	69.93±2.44	69.23±2.96	69.39±1.07	70.18±3.20	69.16±2.44	69.91±2.08	70.02±3.31	69.93±0.81	70.66±3.00
SD	82.61±5.00	83.56±3.56	86.42±1.52	88.43±1.37	89.64±1.06	82.93±3.16	85.70±2.64	87.72±0.70	88.50±1.59	90.73±1.19
TP	81.88±4.31	84.57±1.48	84.86±2.98	87.30±1.07	88.78±2.41	83.16±2.23	86.03±1.94	86.88±1.67	88.27±1.75	89.24±1.31
TN	81.21±2.19	84.60±1.51	87.29±3.18	87.66±1.58	86.65±1.80	82.32±1.30	86.57±1.15	87.31±0.75	89.60±0.81	89.18±1.00
COD$_{Mn}$	79.00±4.06	83.56±3.68	84.66±2.36	85.41±2.36	88.97±1.32	81.04±4.03	86.82±1.54	86.87±1.80	86.59±1.25	89.97±1.48

表 3.19　测试集 T_S 情况下的分类精度（MAR±SD-AR）（%）

缺失指标	随机森林					构造模型				
	标记比例					标记比例				
	10%	20%	30%	40%	50%	10%	20%	30%	40%	50%
不缺失	80.23±4.14	81.09±2.7	87.39±6.03	86.88±1.95	89.44±2.05	80.92±2.81	84.05±3.05	86.47±5.11	88.02±1.83	89.04±2.38
Chla	65.6±6.63	70.69±6.36	68.31±2.91	68.83±2.19	70.52±4.03	69.98±6.24	70.86±4.09	68.59±2.86	69.29±3.23	69.91±4.53
SD	81.78±5.09	82.11±5.93	86.54±5.8	87.57±2.48	88.59±2.79	82.17±4.16	84.85±3.12	87.62±1.91	89.22±1.8	89.78±2.92
TP	83.32±6.97	83.14±3.69	86.37±1.61	87.06±3.93	88.58±1.71	83.93±2.81	84.95±2.87	87.96±2.03	87.06±3.47	88.57±3.85
TN	80.06±4.67	83.3±2.41	86.21±5.15	87.56±0.8	88.92±4.64	83.42±2.84	86.14±1.74	87.17±2.55	89.49±2.63	89.55±3.16
COD_{Mn}	80.24±3.71	82.46±1.97	86.03±3.31	86.37±2.09	89.1±3.98	81.48±3.43	85.41±1.49	87.33±3.64	87.96±3.10	89.21±2.88

表 3.20　显著水平 $\alpha=0.1$ 情况下缺失不同监测指标的
Wilcoxon 符号秩检验结果：构造模型与随机森林

缺失指标	未标记数据集 U						测试集 T_S					
	精度			标准差			精度			标准差		
	$R+$	$R-$	P值	$R+$	$R-$	P值	$R+$	$R-$	P值	$R+$	$R-$	P值
不缺失	14	1	0.0625	9	6	0.4063	11	4	0.2188	10	5	0.3125
Chla	14	1	0.0625	10	5	0.3125	11	4	0.2188	8	7	0.5000
SD	15	0	0.0313	12	3	0.1563	15	0	0.0313	14	1	0.0625
TP	15	0	0.0313	12	3	0.1563	13	2	0.0938	10	5	0.3125
TN	15	0	0.0313	15	0	0.0313	15	0	0.0313	12	3	0.1563
COD_{Mn}	15	0	0.0313	13	2	0.0938	15	0	0.0313	9	6	0.4063

表 3.21　显著水平 $\alpha=0.1$ 情况下不同初始标记比例的 Wilcoxon 符号秩检验结果：构造模型与随机森林

标记数据比例	未标记数据集 U 精度			未标记数据集 U 标准差			测试集 T_S 上的结果 精度			测试集 T_S 上的结果 标准差		
	R+	R−	P 值	R+	R−	P 值	R+	R−	P 值	R+	R−	P 值
10%	21	0	0.0156	15	6	0.2188	21	0	0.0156	21	0	0.0156
20%	20	1	0.0313	18	3	0.0781	21	0	0.0156	18	3	0.0781
30%	19	2	0.0469	20	1	0.0313	19	2	0.0469	16	5	0.1563
40%	21	0	0.0156	17	4	0.1094	21	0	0.0156	6	15	0.8438
50%	21	0	0.0156	14	7	0.2813	13	8	0.3438	7	14	0.6563

表 3.22　在缺失 TN、TP 和 COD_{Mn} 监测指标并增加其他监测指标情况下的分类精度 (MAR±SD-AR)(%)

增加的指标	未标记数据集 U 标记比例					测试集 T_S 标记比例				
	10%	20%	30%	40%	50%	10%	20%	30%	40%	50%
增加不缺失	79.95±2.80	81.95±1.14	82.75±1.10	83.52±0.65	82.57±1.85	80.22±5.40	82.85±4.02	83.30±2.4	83.25±2.70	81.71±5.15
T	81.68±1.64	81.58±1.27	83.36±1.21	83.39±1.03	83.32±1.82	80.58±2.97	81.03±2.95	82.34±3.23	82.46±3.74	85.58±2.07
Cond.	77.64±6.68	83.07±2.76	83.96±1.79	83.31±0.96	83.39±2.51	77.22±4.50	82.56±2.44	84.09±2.33	82.56±3.58	83.36±2.95
pH	81.79±1.68	83.37±2.00	82.96±1.58	83.74±1.50	85.14±1.22	81.98±6.27	82.84±3.83	82.05±3.48	85.57±2.65	83.13±3.58
DO	81.45±2.17	82.29±1.76	83.91±0.76	84.87±1.21	84.96±2.75	81.66±4.62	82.11±3.34	84.73±4.27	83.02±3.44	83.71±3.46
SS	78.07±4.96	81.68±1.80	84.05±1.96	83.55±1.25	84.96±0.90	79.62±2.59	79.23±5.72	82.91±2.78	82.46±1.55	83.31±3.32
NH_3-N	82.46±1.47	84.86±0.92	85.69±1.82	86.98±0.75	86.29±1.39	83.01±3.67	85.29±0.90	85.06±2.18	85.97±1.73	86.42±1.13
DO/NH_3-N	81.47±2.61	83.38±2.02	84.95±1.40	84.63±0.76	84.50±1.62	81.26±4.37	83.30±1.78	85.18±1.02	84.89±4.46	87.16±3.47
pH/NH_3-N	81.47±2.61	83.71±2.40	85.54±2.51	85.06±1.34	86.57±3.05	80.75±3.22	82.23±2.20	85.01±3.81	85.07±0.55	86.60±3.06
DO/pH/NH_3-N	80.50±1.59	84.13±1.22	86.08±1.22	87.01±1.87	87.53±1.72	80.91±5.38	84.49±1.47	85.17±3.40	85.68±3.33	86.25±3.63

评价技术规范(试行)》标准中占据了较大权重,缺失后会严重影响评价精度;②本节所构造的模型与随机森林相比,获得了更高的预测精度。

为了进一步分析表 3.18 和表 3.19 中的实验结果是否存在显著差异,采用 Wilcoxon 符号秩检验进行统计检验。表 3.20 记录了缺失不同监测指标情况下的统计检验结果,表 3.21 记录了不同初始标记比例情况下的统计结果。在表 3.20 和表 3.21 中,三个参数分别是排名值 $R+$ 和 $R-$ 以及对应的 P 值。在显著性水平 $\alpha=0.1$ 的条件下,如果本节所构造的模型分类精度优于随机森林则加粗显示。

根据表 3.20 和表 3.21,可得出两个结论:①在大多数情况下,统计结果接受了本节所构造的模型比随机森林具有更高的准确率。虽然其中有 3 种情况未接受假设,但本节所构造的模型比随机森林获得了更高的 $R+$ 排名值,因而也说明本节所构造的模型表现更好。②在大多数情况下,本节所构造的模型比随机森林具有显著好或略好的标准差表现。

综上所述,可得出结论:①本节所构造的模型可以在仅有少量完备数据(不缺失监测指标)和大量不完备数据(缺失监测指标)的情况下,实现富营养化的准确评价;②与随机森林相比,本节所构造的模型具有更好的性能,这表明在富营养化评价方面,半监督分类可以用于提升仅使用少量标记数据训练所得的模型的预测精度。

2. 关键评价指标范围外的实验分析

相关研究指出,富营养化不仅与 5 个关键监测指标(Chla、SD、TP、TN、COD_{Mn})有关,还与其他一些监测指标(T、Cond.、pH、DO、SS 和 NH_3-N)有关。由于监测原则不同,收集这些监测指标的代价也不同。例如,T、Cond.、pH、DO、SS 和 NH_3-N 可通过在线传感器轻松采集,而 TP、TN 和 COD_{Mn} 则相对较难采集,因为它们需要复杂的预处理过程。因此,接下来研究在缺少一些高代价监测指标的情况下,即如图 3.8(b)所示情况,是否可以利用低代价监测指标来辅助评价富营养化。

首先,分析在缺少三个高代价监测指标(TP、TN 和 COD_{Mn})情况下的评价结果,将此结果作为后续比较的基准线。其次,在实验中分别增加一个低代价监测指标(T、Cond.、pH、DO、SS 和 NH_3-N)来检验其是否有助于富营养化评价。实验结果见表 3.22,其中若增加的监测指标有帮助则加粗显示。从表 3.22 可看出,加入 pH、DO 和 NH_3-N 后的分类精度优于基准线,其中加入 NH_3-N 后的结果最好。因此,随后将这三个监测指标进行组合后加入分析,即分别增加 DO 和 NH_3-N,pH 和 NH_3-N,DO、pH 和 NH_3-N 这 3 种情况,结果也记录在表 3.22。

为进一步分析,对表 3.22 中的结果进行了 Friedman 统计检验(Demiar,2006;Wu et al.,2019),显著水平 $\alpha=0.1$,实验结果接受了多组数据间存在显著差异。表 3.23 记录了实验结果,其中更高的 Friedman 排名值代表更优的表现。在未标记数据集 U 方面,不管增加哪种监测指标,分类精度均优于基准线,但是标准差比较上仅有增加 NH_3-N 的情况下,表现优于基准线。在测试集 T_S 方面,有 4 种情况(增加 NH_3-N、增加 DO/NH_3-N、增加

pH/NH₃-N、增加 DO/pH/NH₃-N)在分类精度和标准差上比基准线具有更高的 Friedman 排名值。进一步分析可发现，不管是未标记数据集 U 还是测试集 T_s，增加 NH₃-N 获得的结果最好。

表 3.23 关于表 3.22 中实验结果的 Friedman 统计检验结果

增加指标	未标记数据集 U		测试集 Ts 上的结果	
	精度	标准差	精度	标准差
不增加	2.2	7.7	4.0	3.6
T	3.2	6.8	3.2	6.0
Cond.	3.0	3.2	3.6	6.0
pH	5.8	5.4	5.2	3.4
DO	5.2	5.8	5.2	3.6
SS	3.8	4.6	2.0	6.4
NH₃-N	9.2	8.0	9.2	8.8
DO/NH₃-N	8.6	6.2	8.0	4.6
pH/NH₃-N	6.1	5.7	8.2	5.8
DO/pH/NH₃-N	7.9	2.3	6.4	6.8

总之，Friedman 统计检验结果表明在缺失 3 个高代价监测指标(TP、TN 和 COD_Mn)情况下，增加监测指标有助于富营养化评价的是以下 6 种情况：增加 pH、增加 DO、增加 NH₃-N、增加 DO/NH₃-N、增加 pH/NH₃-N、增加 DO/pH/NH₃-N。除此之外，发现在所有情况中增加 NH₃-N 最有助于富营养化评价。

参 考 文 献

蔡庆华, 孙志禹, 2012. 三峡水库水环境与水生态研究的进展与展望[J]. 湖泊科学, 24(2):169-177.

操满, 傅家楠, 周子然, 等, 2015. 三峡库区典型干-支流相互作用过程中的营养盐交换:以梅溪河为例[J]. 环境科学, 36(4):1293-1300.

黄祺, 何丙辉, 赵秀兰, 等, 2015. 三峡蓄水期间汉丰湖消落区营养状态时间变化[J]. 环境科学, (3):928-935.

金相灿, 屠清瑛, 1990. 湖泊富营养化调查规范 (第二版)[M]. 北京: 中国环境科学出版社.

孔宪喻, 苏荣国, 2016. 基于支持向量机的黄东海富营养化快速评价技术[J]. 中国环境科学, 36(1):143-148.

李俊龙, 郑丙辉, 张铃松, 等, 2016. 中国主要河口海湾富营养化特征及差异分析[J]. 中国环境科学, 36(2):506-516.

秦伯强, 高光, 朱广伟, 等, 2013. 湖泊富营养化及其生态系统响应[J]. 科学通报, 58(10):855-864.

田春艳, 杨保安, 赵林, 2005. 符号系统与神经网络结合的知识求精技术[C]//2005 年控制与决策会议论文集. 沈阳: 东北大学出版社, .

中华人民共和国生态环境部, 2016. 生态环境大数据建设总体方案. http://www.zhb.gov.cn/gkml/hbb/bgt/201603/t20160311_332712.htm.

Demiar J, 2006. Statistical comparisons of classifiers over multiple data sets[J]. Journal of Machine Learning Research, 7(1):1-30.

Fertig B, Kennish M J, Sakowicz G P et al., 2014. Mind the data gap: identifying and assessing drivers of changing eutrophication condition[J]. Estuaries and Coasts, 37(1):198-221.

Giusti E, Marsili-Libelli S, Mattioli S, 2011. A fuzzy quality index for the environmental assessment of a restored wetland[J]. Water Science & Technology A Journal of the International Association on Water Pollution Research, 63(9):2061-2070.

Greco S, Inuiguchi M, Slowinski R, 2006. Fuzzy rough sets and multiple-premise gradual decision rules[J]. International Journal of Approximate Reasoning, 41(2):179-211.

He Y, Wu B, Di Wu E B, et al, 2019. Online learning from capricious data streams: a generative approach[C]. Proceedings of the 28th International Joint Conference on Artificial Intelligence:2491-2497.

Heisler J, Glibert P M, Burkholder J M, et al., 2008. Eutrophication and harmful algal blooms: A scientific consensus[J]. Harmful Algae, 8(1):3-13.

Huo A, Zhang J, Qiao C, et al., 2014. Multispectral remote sensing inversion for city landscape water eutrophication based on Genetic Algorithm-Support Vector Machine[J]. Water Quality Research Journal of Canada, 49(3):285.

Kitsiou D, Karydis M, 2011. Coastal marine eutrophication assessment: A review on data analysis[J]. Environment International, 37(4):778-801.

Le C, Zha Y, Li Y, et al., 2010. Eutrophication of lake waters in China: cost, causes, and control[J]. Environmental Management, 45(4):662-668.

Li M, Zhou Z H, 2007. Improve computer-aided diagnosis with machine learning techniques using undiagnosed samples.[J] IEEE Transactions on Systems, Man, and Cybernetics-Part A: Systems and Humans, 37(6):1088-1098.

Liaw A, Wiener M, 2002. Classification and regression by randomForest[J]. R News, 2(3):18-22.

Phillips G, Lyche-Solheim A, Skjelbred B, et al., 2013. A phytoplankton trophic index to assess the status of lakes for the Water Framework Directive[J]. Hydrobiologia, 704(1): 75-95.

Reisig W, 1985. Petri Nets: an Introduction[M]. New York: Springer Science & Business Media.

Singh K P, Gupta S, Singh K P, et al., 2012. Artificial intelligence based modeling for predicting the disinfection by-products in water[J]. Chemometrics & Intelligent Laboratory Systems, 114(114):122-131.

Song K, Lin L, Tedesco LP, et al., 2012. Hyperspectral determination of eutrophication for a water supply source via genetic algorithm–partial least squares (GA–PLS) modeling[J]. Science of the Total Environment, 426(2):220-232.

Spatharis S, Tsirtsis G, 2013. Zipf–Mandelbrot model behavior in marine eutrophication: two way fitting on field and simulated phytoplankton assemblages[J]. Hydrobiologia, 714(1):191-199.

Vollenweider R A, Giovanardi F, Montanari G, et al., 2015. Characterization of the trophic conditions of marine coastal waters with special reference to the NW Adriatic Sea: proposal for a trophic scale, turbidity and generalized water quality index[J]. Environmetrics, 9(3):329-357.

Wu D, Yan H, Shang M, et al., 2017. Water eutrophication evaluation based on semi-supervised classification: A case study in Three Gorges Reservoir[J]. Ecological Indicators, 81:362-372.

Wu D, Luo X, Wang G, et al., 2018a. A highly accurate framework for self-labeled semisupervised classification in industrial applications[J]. IEEE Transactions on Industrial Informatics, 14(3):909-920.

Wu D, Shang M, Luo X, et al., 2018b. Self-training semi-supervised classification based on density peaks of data[J]. Neurocomputing, 275:180-191.

Wu D, Shang M, Wang G, et al., 2018c. A self-training semi-supervised classification algorithm based on density peaks of data and differential evolution [C]. In proceeding of the IEEE 15th International Conference on Networking, Sensing and Control:1-6.

Wu D, He Q, Luo X, et al., 2019a. Posterior-neighborhood-regularized latent factor model for highly accurate web service QoS prediction[J]. IEEE Transactions on Services Computing.

Wu D, Luo X, Shang M, et al, 2019b. A data-aware latent factor model for web service Qos prediction[C]. Pacific-Asia Conference on Knowledge Discovery and Data Mining. Springer, Cham: 384-399.

Wu D, Luo X, Shang M, et al., 2019c. A deep latent factor model for high-dimensional and sparse matrices in recommender systems[J]. IEEE Transactions on Systems, Man, and Cybernetics: Systems.

Wu Z, Yu Z, Song X, et al., 2013. Application of an integrated methodology for eutrophication assessment: a case study in the Bohai Sea[J]. Chinese Journal of Oceanology and Limnology, 31(5): 1064-1078.

Xu M J, Yu L, Zhao Y W, et al., 2012. The simulation of shallow reservoir eutrophication based on MIKE21: A case study of douhe reservoir in North China[J]. Procedia Environmental Sciences, 13(10):1975-1988.

Yan H, Huang Y, Wang G, et al., 2016a. Water eutrophication evaluation based on rough set and petri nets: A case study in Xiangxi-River, Three Gorges Reservoir[J]. Ecological indicators, 69:463-472.

Yan H, Zhang X, Dong J, et al., 2016b. Spatial and temporal relation rule acquisition of eutrophication in Da'ning River based on rough set theory[J]. Ecological Indicators, 66:180-189.

Yan H, Wang G, Wu D, et al., 2017a. Water bloom precursor analysis based on two direction S-rough set[J]. Water Resources Management, 31(5):1435-1456.

Yan H, Wu D, Huang Y, et al., 2017b. Water eutrophication assessment based on rough set and multidimensional cloud model. Chemometrics and Intelligent Laboratory Systems, 164:103-112.

Yang X, Yu D, Yang J, et al., 2009. Difference relation-based rough set and negative rules in incomplete information system[J]. International Journal of Uncertainty, Fuzziness and Knowledge-Based Systems, 17(5):649-665.

Yang Z, Liu D, Ji D,et al., 2010. Influence of the impounding process of the Three Gorges Reservoir up to water level 172.5m on water eutrophication in the Xiangxi Bay[J]. Science China Technological Sciences, 53(4):1114-1125.

第4章　水生态健康遥感反演模型

4.1　基于水体光学分类的蓝藻诊断光合色素遥感反演模型

4.1.1　模型背景

人们总是特别喜爱蔚蓝浩渺的大海和碧波荡漾的湖泊，然而，很少会思考眼中看到的自然水体的颜色，何以时而蔚蓝时而碧绿？一盆清水却又是无色透明？去到人流如织、游船穿梭的湖边，可能会一脸失望地问："这水怎么是浑浊的？"自然水体表层颜色变化或者色彩异常的原因有很多，例如自然光的强弱可以改变人们眼中看到的水色，泥沙能使水体变成棕色，藻类能使水体变成绿色。如果水色不再是人们所熟悉的颜色，人们就会开始担忧了。即便是不太了解水色改变的理化机制，人们也应该理解水色与其物质组分密切相关，明白水华或其他事件导致的水色变化意味着某种水体成分与自然常态存在不协调。因此，人类肉眼是可以直观感受到水质好坏的。

虽然人们可能不太了解卫星影像的具体生产过程，但是很多异常事件(如沙尘暴、飓风、火灾、雾霾等)已经利用卫星传感器获取的光学影像进行说明，与水生态系统相关的事件(如蓝藻水华、洪水引发的泥沙输入)更是可以利用水色影像直接解译。因此，人们可能已经对水色影像相当熟悉。

自然水体中的浮游植物、黄色物质与悬浮颗粒物(即水色三要素)能够散射和吸收来自太阳的电磁辐射波(尤其是可见光波段)，因此水色三要素可在很大程度上改变水下光场和穿越水-气界面的辐射光谱。水体辐射传输学主要研究光在水体及其相邻介质与界面中的传输规律，可应用于通过辐射计测定的辐亮度及其随波长的强弱变化感知水体组分。因为人类活动早期的水体光学特性主要由浮游植物决定，所以水体辐射传输学通常又被称为水体生物光学。由水体辐射传输学衍生出的水色遥感是一门研究水体辐射传输机理与模型、水色遥感原理与方法以及遥感光学数据分析与应用的交叉学科。所涉及的学科代码包括但不限于：遥感机理与方法(D0106)、遥感信息分析与应用(D010702)、海洋遥感(D0610)以及水色信息获取与处理(F051103)等。水色遥感的外延则涵盖"生态环境监测"与"海洋湖沼科学"两个方面。生态环境监测包含对水质、灾害、浅水地形以及渔业与生态资源等的监测与预警；海洋湖沼科学指的是海洋、湖泊等水体的碳循环、物理生态耦合与模拟预测以及气候变化与人类活动下的生态响应等科学研究。总之，水体辐射传输学是水色遥感的基础，水色遥感又在一定程度上推动了水体辐射传输学的发展。

水体辐射传输学的第一种测量仪器是距今已有150多年历史，并且近年来依然广泛用于水体透明度测量的赛克盘 (Lee et al.，2015)。Austin (1974) 开创性地提出基于大气校正的水色遥感技术实践工作；Jerlov (1976) 和 Preisendorfer (1976) 分别完成了《海洋光学》(*Marine Optics*) 和《水光学》(*Hydrologic Optics*) 两部论著，由此正式建立起水体辐射传输理论体系；Gordon 和 Morel (1983) 系统总结了水体辐射传输学与地物光学仪器及卫星传感器的高精度结合方法及其在第一代水色卫星遥感计划中的应用；Mobley (1994) 和 Kirk (1994) 分别发表《自然水体辐射特性与数值模拟》(*Light and Water: Radiative Transfer in Natural Waters*) 和《水生态系统中的光与光合作用》(*Light and Photosynthesis in Aquatic Ecosystems*)，标志着自然水体生物光学理论体系的完善；从 20 世纪 90 年代中后期开始，伴随实验室光度计、液相色谱、叶绿素荧光、地物光谱仪等现场测量仪器，以及 SeaWiFS、MODIS 和 MERIS 等第二代水色卫星传感器的日益成熟，水体辐射传输学、水色遥感算法研究及其数据产品质量获得了快速提升。

作为对地观测研究中的重要环节，各卫星传感器海洋湖泊叶绿素 a 浓度长时间序列高反演精度数据产品的生产与整合依然是最受关注的焦点问题之一。通过对地球表层水体叶绿素 a 浓度的估算，可在一定时期内获得一定精度的、合乎逻辑的大时空尺度上浮游植物分布状况，从而研究水生态系统的宏观状态和动态过程。成本相对低廉且已得到广泛认可的水色遥感技术已革命性地改变了海洋湖沼学研究领域，并在水生态环境监测与管理等方面获得了较高的回报。尤其是，水色遥感的技术特点决定了它具备广域观测与回溯历史的能力，是目前研究与全球气候变化相关的水生态系统大时空尺度变化科学问题的唯一技术窗口。然而，水色遥感技术仍然存在诸多不足，需要持续加大对相关研究活动的支持力度，进而增强对海洋、湖泊及其生态健康状况的认知。

广义而言，局地气候与生态环境变化等自然因素会引起周期性或突发性的内陆水体水生态灾害。随着人类活动加剧和经济社会发展，内陆水体富营养化与环境污染问题日趋严重，湖泊水库蓝藻水华等水生态灾害频发，对内陆水体沿岸居民的生命财产安全构成了严重威胁。因此，内陆水体水生态健康评价与灾害防治任重而道远。

虽然一些内陆水体水生态灾害在起因上被认为是"自然灾害"（如强降雨和地震），但越来越多的"人为"因素逐渐开始对水生态灾害发生的程度、频率、持续时间产生影响。通常内陆水体水生态灾害可分为缓发性和突发性灾害。缓发性灾害主要包括气候变暖、湖库水位调度、营养盐施肥、冰川融水涌入等导致的水质缓慢变坏；突发性灾害主要是指强降雨引发洪水、地震引发滑坡、有毒有害物质泄漏等造成的水生态系统恶化加剧。水生态灾害会对内陆水生态系统带来严重影响，从而导致内陆水体生物性质、化学性质、物理性质以及地质形态等产生变化。本章简要概述如何利用水色遥感技术监测与评估典型水生态灾害——"蓝藻水华"，并提升水生态健康评价能力。

4.1.2　模型方法

1. 水色遥感影像数据预处理方法

运用卫星光学遥感数据定量反演水质参数时，影像数据的预处理是首要步骤。可靠性有保障的影像数据预处理方法将为构建水质参数反演模型奠定科学基础。卫星遥感影像数据预处理步骤通常包含辐射校正、几何校正与大气校正。

1) 辐射校正

辐射校正是针对卫星传感器获取地物电磁辐射度及其在大气层传输过程中生成的随机和系统的辐射失真进行校正，进而修正或消除大气辐射传输失真导致的影像畸变，并将影像数值(digital number，DN)值转换为辐射率(绝对辐射亮度)。

卫星遥感影像辐射校正精度的重要影响因素之一就是大气辐射传输失真，即卫星传感器被动接收的辐射率与地物目标的真实辐射率之间的差异。辐射误差是地物目标反射回卫星传感器的电磁辐射在大气层传输过程中受大气、太阳高度角、地形以及地物自身特性等因素的影响造成的。

卫星影像数据的辐射定标表示为(童庆禧等，2006)

$$L_e(\lambda_e) = \text{Gain} \times \text{DN} + \text{Offset} \tag{4.1}$$

式中，$L_e(\lambda_e)$是由影像 DN 值转换而来的辐射率；Gain 是辐射定标斜率；Offset 是绝对定标系数偏移量。三者的量纲单位均为 $W \cdot m^{-2} \cdot sr^{-1} \cdot \mu m^{-1}$。

2) 几何校正

在数据获取过程中导致卫星影像几何畸变的因素包括：处于不断变化中的卫星传感器运行速度、高度、所在经纬度等自身因素，以及地球曲率、地表地形与大气散射等外部因素。基于此，遥感影像几何畸变可分为随机性畸变和系统性畸变。随机性畸变具有一定的随机性，通常不可预测(汪小钦等，2002)。一般由遥感成像系统自身原因造成的系统性畸变(如传感器扫描方式和速度变化引发的几何畸变)存在一定的规律性，可对其进行预测。发生几何畸变的遥感影像数据，会对后期定量遥感造成严重影响，因而几何校正是必要的影像数据预处理步骤。

几何校正可以按精度的粗细分为几何精校正和几何粗校正。几何精校正是指在不考虑遥感成像系统空间几何的前提下，若卫星影像缩放、挤压以及扭曲等因素共同导致了影像畸变，则根据地面控制点对随机性畸变和系统性畸变进行的几何校正。基于畸变遥感影像和标准遥感影像之间对应点建立的几何畸变模型，可近似描述卫星影像数据畸变空间和标准空间的对应关系，并利用此关系模型完成几何精校正(蒋金雄，2009)。几何粗校正是指对可预测的系统性畸变进行的几何校正。通常情况下，利用卫星传感器的相关参数与校正公式即可完成几何粗校正。

几何校正需要对遥感影像每个像素逐一进行坐标变换。坐标变换通常分为间接法和直接法。从影像阵列的空白处出发，依次计算影像阵列的各个像素在原始影像中的对应位置，并将计算得到的该点灰度值填充到空白阵列中，即为间接法。直接法则是从原始影像阵列开始，顺次转换各个像素校正后的影像坐标。坐标转换后的像素在影像中的分布是不均匀的，因此须按照一定规则对输出影像各像素的辐射亮度值做内插处理，进而建立新的影像阵列。常用的内插方法为三次卷积法、最邻近法以及双线性内插法等。

3) 大气校正

遥感成像的理想情况是地球上空不存在大气层，地表为朗伯体，光学卫星传感器被动接收的地物光谱信号可以直接反映目标真实状况。然而实际情况是，卫星传感器所接收的地物辐射度在大气层中发生散射和吸收等各种作用，导致辐射度衰减，并且使光谱信号发生变化。不同波长电磁辐射在大气辐射传输过程中的衰减程度不同，因而所受大气层干扰的程度也不尽相同。地物、太阳以及卫星传感器之间的几何位置关系在不断变化，使得电磁辐射在穿越大气层的传输路径长度和方向上不尽相同，导致影像中不同区域像素受到大气层散射和吸收等干扰的程度不同。即便是相同地物目标，在不同时间相应的 DN 值所受到的大气干扰程度也不同。大气校正的目标就是消除这些大气干扰因素对遥感成像过程的影响。

大气校正精度与卫星影像数据获取时的当地大气光学性质(气溶胶成分和颗粒大小)、目标地物特性、卫星传感器波段设置以及太阳—目标—传感器几何位置等因素密切相关(王海君，2007)。与海洋和陆地相比，内陆水体遥感面临更多挑战，包括但不限于：①与陆地和海洋水体的相对稳定状态不同，内陆水体具有较大的时空动态变化特征，因而真正意义上卫星、地面同步测量的实现还有很多困难；②内陆水体光谱信号的水体自身影响因子较多，卫星传感器接收到的光谱信号包含各种水色要素等，分离上述影响因子的相关光学信号存在很大难度；③内陆水体均质性较好，且光谱吸收特性较强，使得卫星传感器从差异较小而且后向散射较为微弱的水体中接收离水辐射信号的难度增大；④内陆水体上空大气成分复杂，对水体光学信号散射与吸收的影响显著，使得卫星传感器所接收的 80% 以上的光学信号为太阳反射、气溶胶散射和瑞利散射等，水体光学信息只包含在离水辐射率中，因此即便是相对微弱的大气校正误差也会导致严重的水质参数反演误差。

在不同卫星遥感应用中，由于大气层物质对辐射传输过程的影响程度不尽相同，卫星影像大气校正并不是必需的。例如，针对遥感分类应用和环境变化检测，只需卫星影像中应用于分类训练的数据时空尺度一致，大气校正对遥感分类精度的影响通常很小(Kawata et al.，1990)。然而对于水色遥感等定量遥感应用，大气校正则是必需的。例如，从内陆水体中提取叶绿素 a 浓度、悬浮颗粒物浓度、浊度、水温等，就必须对卫星影像数据进行大气校正预处理，否则可能丢失部分光谱信息(Haboudane et al.，2002)。

2. 水体光学类型分类

环境复杂水体通常包括多种水体光学类型，例如，悬浮颗粒物或浮游植物为主的水体光学类型。因此，利用普适性的遥感反演模型，估算时空异质性强、光学性质复杂的水体生物光学或水质参数是不可靠的。为了解决该问题，本书提出基于 CCD 影像反射光谱形态特征分析的水体光学类型分类算法，以改进叶绿素 a 和藻蓝素浓度反演模型。

与最大分类法（max-classification method）、模糊 C 均值法（fuzzy C-means algorithm）相比，形态特征分析法对 CCD 影像反射光谱的分析更加敏感（Ye et al.，2016；Shen et al.，2015）。因此，根据 CCD 影像反射光谱的形态特征，本书运用形态特征分析法将全部 CCD 影像反射光谱数据集分为不均等的若干类别。

4 个 CCD 光谱波段（即 CCD1、CCD2、CCD3 和 CCD4）可应用于形态特征分析。CCD 影像反射光谱波段间的反射光谱斜率定义为

$$S_1 = [R_{rs}(CCD2) - R_{rs}(CCD1)] / (CCD2 - CCD1)$$
$$S_2 = [R_{rs}(CCD3) - R_{rs}(CCD2)] / (CCD3 - CCD2) \qquad (4.2)$$
$$S_3 = [R_{rs}(CCD4) - R_{rs}(CCD3)] / (CCD4 - CCD3)$$

式中，R_{rs} 表示遥感反射率；S_1、S_2、S_3 分别表示 CCD1 和 CCD2、CCD2 和 CCD3、CCD3 和 CCD4 波段间的反射光谱斜率。

基于此方法，全部 CCD 影像反射光谱数据集可以分为 8 个子集，代表不同的水体光学类型（表 4.1）。

表 4.1　8 种水体类型的定义

	类型 1	类型 2	类型 3	类型 4	类型 5	类型 6	类型 7	类型 8
缩略图								
S_1	≥0	≥0	≥0	≥0	<0	<0	<0	<0
S_2	≥0	≥0	<0	<0	≥0	<0	<0	≥0
S_3	≥0	<0	≥0	<0	≥0	≥0	<0	<0

3. 基于 CCD 影像反射光谱的叶绿素 a 与藻蓝素浓度估算方法

根据局部内陆水体的后向散射和吸收光学属性，近年来的相关研究建立与验证了二波段、三波段以及四波段叶绿素 a 浓度反演算法。对于 CCD 影像反射光谱的 4 个多光谱波段，CCD3 波段反射率对浮游植物光学吸收特征较为敏感，CCD4 波段对可溶性物质、纯水、悬浮颗粒物等的光学吸收特征以及悬浮颗粒物的后向散射特征不敏感。二波段、三波段以及四波段叶绿素 a 浓度反演算法构建在两点假设条件上：①可溶性物质、悬浮颗粒物在 CCD4 波段与 CCD3 波段的光学吸收特征强烈相关；②悬浮颗粒物在 CCD4 波段后向散射相对平缓。基于此，Le 等（2011）建立起利用红光与近红外波段组合构建的光谱指数与叶绿素 a 浓度之间的相关关系，表示为

$$\text{Chla} = a \times R_{rs}(\text{CCD4}) / R_{rs}(\text{CCD3}) + b$$

$$\text{Chla} = c \times [R_{rs}(\text{CCD3})^{-1} - R_{rs}(\text{CCD4})^{-1}] \times R_{rs}(\text{CCD4}) + d \qquad (4.3)$$

$$\text{Chla} = e \times [R_{rs}(\text{CCD3})^{-1} - R_{rs}(\text{CCD4})^{-1}] / [R_{rs}(\text{CCD4})^{-1} - R_{rs}(\text{CCD3})^{-1}] + f$$

式中，a、b、c、d、e、f 分别是最佳拟合系数。

上述叶绿素 a 浓度反演模型已在研究水域不同水体光学类型中得到进一步验证，测试集中叶绿素 a 浓度反演值与实测值之间的复相关系数与均方根误差见表 4.2。

表 4.2　遥感反演模型的评价（每种水体类型中的最优模型标注为加粗）

光谱指数		叶绿素浓度 a/(μg/L)			藻蓝素浓度/RFU		
		CCD4/CCD3	(CCD3^{-1}−CCD4^{-1})× CCD4	(CCD3^{-1}−CCD4^{-1})/(CCD4^{-1}−CCD3^{-1})	CCD3/CCD4	CCD2/CCD3	CCD4/CCD3
未分类 N=43	R^2	0.67	0.72	**0.77**	0.66	**0.74**	0.71
	RMSE	14.6	10.3	**9.3**	26.7	**22.1**	23.1
类型 1 N=6	R^2	0.75	0.78	**0.81**	0.75*	**0.80**	0.74
	RMSE	13.4	10.1	**9.2**	23.4	**18.1**	20.7
类型 2 N=4	R^2	0.69*	0.71	**0.74**	0.62	0.74	**0.77**
	RMSE	5.7	4.6	**3.3**	11.2	9.3	**8.1**
类型 3 N=12	R^2	0.73	**0.83**	0.82	0.69*	**0.88**	0.71
	RMSE	11.1	10.3	**8.9**	21.1	**19.3**	21.6
类型 4 N=6	R^2	0.57*	**0.76**	0.69	0.79	0.73	**0.81**
	RMSE	11.5	**9.3**	9.8	10.1	11.5	**9.3**
类型 5 N=5	R^2	0.75	0.84	**0.86**	0.75	**0.76**	0.71
	RMSE	**6.2**	8.9	7.1	14.3	**12.9**	15.6
类型 6 N=6	R^2	0.51*	0.64*	**0.79**	0.70	**0.85**	0.76*
	RMSE	13.0	12.2	**9.4**	22.4	**18.3**	21.9
类型 7 N=4	R^2	0.58	0.54*	**0.62**	0.56*	0.62	**0.64**
	RMSE	6.1	5.5	**3.7**	26.1	23.4	**18.3**

注：*表示 $P \geqslant 0.05$。

最强的藻蓝素光学吸收峰与荧光特征是在遥感反射光谱的 590～710nm 波段，通过相关光谱分析方法，可以据此间接反演藻蓝素浓度。基于这些具有指示性的光谱特征，Woźniak 等（2016）和 Qi 等（2014）认为在内陆水体藻蓝素浓度反演精度评价方面，利用红光波段（即 CCD3）遥感反射率比值的对数变换较线性拟合的反演精度更高。因此，本书用式（4.4）估算藻蓝素浓度：

$$\lg(\text{PC}) = g \times \lg[R_{rs}(\lambda_i) / R_{rs}(\lambda_j) + h] \qquad (i, j = 1,2,3,4) \qquad (4.4)$$

式中，g、h 分别是最佳拟合系数；λ 是 CCD 多光谱波段。

为了探寻对研究水域藻蓝素浓度变化最敏感的光谱波段反射率比值组合，通过计算测试集中藻蓝素浓度反演值和实测值之间的复相关系数和均方根误差，能够评价包括红光波段（CCD3）在内的 6 组光谱波段反射率比值组合是否适合估算不同水体光学类型中的藻蓝素浓度。此外，对藻蓝素浓度反演最敏感的三种光谱波段反射率比值组合已展示在表 4.2 中。

4.1.3　模型结果

通过原位实验期间收集到的值域分布广泛的叶绿素 a、藻蓝素浓度以及 CCD 影像反射光谱等生物地球化学与光学变量，证实了在光学复杂水体中存在水质参量与光谱指数之间的显著相关性。很多前人的研究也报道了一些类似的精度较高的水质参量遥感反演模型。

通过原位实验期间采集的 206 景无云遮挡 CCD 影像数据，可以刻画研究区蓝藻水华动态变化。按照水体光学类型划分方法，CCD 影像上的每一个水体像素应被分为 8 种水体类型之一。图 4.1 展示了研究区 206 景 CCD 影像中 8 种光学类型水体的平均反射光谱。

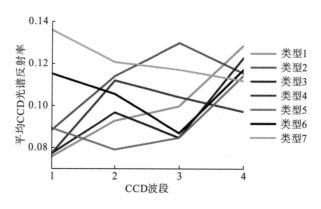

图 4.1　各水体类型对应的平均 CCD 光谱曲线

水体光学类型 1 包含 26 个水体样本，该类水体的平均反射光谱在 CCD3 波段有一处反射谷。这一类型水体一般存在表层水体开始聚集有蓝藻种群的现象。

水体光学类型 2 的水体样本数量最少（N=10），其反射光谱在 CCD3 波段有一处显著的反射峰。这一类型水体的叶绿素 a 浓度最低且蓝藻水华暴发风险也较低。

平均叶绿素 a 浓度最高的水体光学类型 3 拥有最多的水体样本（92 个），其平均反射光谱在 CCD2 和 CCD3 波段分别对应一处反射峰与一处反射谷。通常该类型水体会存在蓝藻堆积的水面浮渣。

水体光学类型 4 有 21 个水体样本，该类型水体具有在 CCD2 波段存在显著反射峰的光谱特征。在这类水体中往往没有聚集在水面的蓝藻，但是蓝藻可能会存在于水柱中。

CCD2 和 CCD3 波段存在的显著反射谷是水体光学类型 5 对应的光谱特征，该水体类型有 15 个水体样本。

水体光学类型 6 拥有 28 个水体样本，其反射光谱曲线在 CCD2 波段有明显的反射谷。该类水体的藻蓝素浓度通常最高，蓝藻种群已经聚集于水柱中。

水体光学类型 7 有 14 个水体样本，其平均反射率随波长的增加而降低。

在本书的原位实验期间，没有水体样本的平均反射光谱曲线可以对应水体光学类型 8。

　　表 4.2 给出了水体光学类型未分类与分类后叶绿素 a 和藻蓝素浓度反演模型精度在测试集中的统计变量(复相关系数与均方根误差)。其中,四波段组合模式在叶绿素 a 浓度估算中表现较好,比值指数模式可以建立与藻蓝素浓度健壮性较强的相关关系。若不调整最优波段位置,二波段、三波段组合的叶绿素 a 浓度反演模型不能提供令人满意的估算结果。然而,水体光学分类已经改进了本书中半分析反演模型的性能。

　　根据各个水体光学类型对应的最佳 CCD 波段组合光谱指数,构建起改进型叶绿素 a 和藻蓝素浓度的特征分类反演模型。基于 2010 年 10 月至 2014 年 7 月高阳平湖和汉丰湖的 113 景 CCD 影像,叶绿素 a 和藻蓝素浓度反演值盒须图如图 4.2 所示。

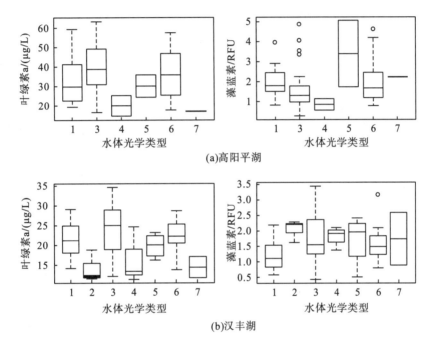

图 4.2　2010 年 10 月至 2014 年 7 月高阳平湖和汉丰湖叶绿素 a 和藻蓝素浓度反演值

(高阳平湖水域缺失水体光学类型 2 的样本)

4.2　基于密度峰值聚类的蓝藻水华风险遥感评价

4.2.1　模型背景

　　藻类水华是指伴随浮游植物高度聚集或暴发性增殖而引起水体变色的一种水生态灾害,包括内陆水体蓝藻、绿藻、硅/甲藻水华以及海岸带赤潮等。特别是蓝藻水华在全球内陆湖泊水库暴发的频次越来越高,已对湖库生态系统、生物群落以及水产养殖等造成恶劣影响和严重危害(Hallegraeff,1993)。蓝藻水华由各种蓝藻种群类藻种组成,其有害性主要与蓝藻种群组合中某些藻种(如铜绿微囊藻)的产毒能力相关,还与蓝藻水华暴发引发的高生物量有关。水色遥感技术能够动态获取水体表层的浮游植物生物量信息，可应用于分析蓝藻水华的时空演化过程，将会在蓝藻水华实时监测与预测预警应用中发挥重要作用。

包括蓝藻种群在内的浮游植物生长消亡与水体及沿岸带的环境因子密切相关，并且受水平传输路径的影响。为了掌握蓝藻水华的生消与迁移过程，还需研究藻类群落结构演替的生物学过程、典型模式以及蓝藻水华暴发的生化机理。卫星影像的水体表层温度、叶绿素 a 浓度等时间序列产品有助于探索蓝藻水华的暴发与输移机制，并提升蓝藻水华暴发的预测预警能力(Pitcher and Weeks，2006；Stumpf et al.，2003)。

各种卫星传感器系统和影像数据处理技术为获取蓝藻水华时空动态提供了一种经济可靠的方法。蓝藻水华相关参数的遥感反演模型包括常见的经验模型和复杂的分析模型(Glenn et al.，2004；Shi et al.，2019)。利用相关遥感反演模型不仅能计算蓝藻水华覆盖面积，还可估计水体中其他优势种水华覆盖面积。例如，由三峡水库支流澎溪河流域的环境一号卫星 CCD 影像数据可以监测到水华暴发期优势种的演化过程；同时野外调查证实了水华优势种在蓝藻(*Microcystis* spp.)和绿藻(*Eudorina* sp.)种群间相互变化(Zhou et al.，2019)。这种类型的遥感反演模型通常具有跨传感器平台的优势和能力，能够从野外调查、机载或星载传感器等不同时空尺度的遥感数据中提取出一致性较高的生物地球化学参数产品。由此可见，水色遥感为大范围、准实时追踪蓝藻水华时空动态信息提供了技术支撑和数据保障。

目前，针对水库等内陆水体的卫星影像预处理与蓝藻水华光谱特征提取方法是水色遥感领域的世界性难题(潘德炉和马荣华，2008)。内陆水库上空的大气成分以及自身成分比海洋更为复杂，若不消除或降低大气参数、水体参数等不确定因素的影响，那么利用卫星遥感数据获得内陆水库水质参数的反演精度将会受到严重限制。对于现有的卫星传感器，其被动接收到的水色辐射信号中至少有 80%来自大气层(周冠华等，2009；许华等，2013)。大气对光的散射与吸收作用会弱化传感器所接收到的地表水色信息，大气参量的微小变动会给卫星遥感定量估算水质参数带来很大的误差。大气校正即是去除卫星影像中含有的大气噪声干扰，进而提取地表信号的预处理过程，其校正精度直接决定着内陆湖泊水库的水质参数反演精度及其后续应用效果。目前，蓝藻水华表征算法大多针对海洋和大型浅水湖泊，而在内陆水库中的适用性方面依然存在较多问题。例如，由于受周边环境因子的影响较大，内陆水库水色信号自身较为微弱，且水色信号存在变化较快的特点，现有藻类水华表征算法无法达到完全去除环境驱动因子产生的计算误差的影响，使得运用卫星影像数据提取蓝藻水华相关指示参数反演结果具有不稳定性。因此，构建专门针对内陆水库蓝藻水华监测预警的卫星影像大气校正算法和光谱指数模型，降低大气参量和环境因子对水色信号的干扰，增加水体表层物质(例如，蓝藻水华)的光谱特征，从而提升相关水质参数的遥感反演精度，对实现内陆水库蓝藻水华时空动态监测具有重要的科学意义与实践价值。

4.2.2　模型方法

蓝藻水华产生的藻毒素已经影响到了水生生物和人类的健康，并对饮用水和灌溉用水构成了严重威胁。对于一个频繁暴发蓝藻水华的水域，例如三峡支流回水区，感知蓝藻水华就变得尤为重要(Li et al.，2012)。因此，评价蓝藻水华的风险等级和覆盖面积等重要量化指标将会对及时预警蓝藻水华发挥关键作用。

传统的浮游植物群落丰度测定方法包括采集研究区的藻类水样，以及返回实验室测量藻类种群细胞密度等劳动、技术、时间密集型操作流程。由于藻类水华是从有限的数据采样点位收集而来，并且存在空间异质性与斑块化分布，这种传统的测量方法并不能提供高时空分辨率的大型水体蓝藻水华信息(Zhou et al.，2017)。此外，蓝藻能在适宜的生境条件下暴发式生长，每月一次的采样活动可能会导致对长短期蓝藻水华信息统计分析的不确定性。因此，针对高时空分辨率下蓝藻水华覆盖面积以及暴发程度的监测技术成为迫切需求。

自 20 世纪 60 年代开始，遥感技术已经广泛应用于蓝藻水华观测。由于蓝藻水华会造成表层水体的藻类聚集，藻蓝素的显现以及随蓝藻细胞增大和伪空胞出现而增强的后向散射，通过光学探测手段追踪蓝藻水华较为可行(Zhang et al.，2012)。近年来，国内外学者在构建叶绿素 a 和藻蓝素浓度的经验和半机理模型方面取得了重要进展(Woźniak et al.，2016；Matsushita et al.，2015)。然而，单独的光合特征参数不足以精确探测与定量估算蓝藻种群丰度。此外，一些研究发现，利用归一化植被指数(normalized difference vegetation index)(Oyama et al.，2015a)、最大峰高(maximum peak height)(Matthews et al.，2012)、最大叶绿素指数(maximum chlorophyll index)(Gower et al.，2005)、散射线高(scattering line height)(Kudela et al.，2015)、蓝藻指数(cyanobacteria index)(Wynne et al.，2008)以及浮游藻类指数(floating algae index)(Hu，2009)等光谱指数可以实现蓝藻水华监测。但是，这些光谱特征指数并不能提取聚集在水体表层的浮渣信息。Oyama 等(2015b)提出利用 FAI 的阈值来识别蓝藻水华，并且红光波段的遥感反射率适用于区分水表轻薄与厚重浮渣。同样，Shi 等(2015a)利用藻蓝素与叶绿素 a 反演浓度比值作为关键知识参数，通过决策分类树方法指示了可视化蓝藻水华指数的不同等级，这也反映出藻蓝素与叶绿素 a 所表征的生态水利学意义，并且可将该比值用于划分蓝藻水华的风险等级。Shi 等(2015b)还提出利用叶绿素 a 与微囊藻毒素之间的相关关系，建立微囊藻毒素的遥感反演模型，并将其应用于从复杂藻类群落中提取蓝藻种群信息。目前大多数蓝藻水华遥感监测模型都是针对大型富营养化湖泊建立的，并且在这类湖泊下风向水体处，一般都会聚集起比三峡水库支流回水区更高藻类生物量的蓝藻水华。由于三峡库区复杂多变的水文气象条件，因此上述模型或许会存在不能很好地提取三峡水库支流回水区蓝藻水华信息的问题。

综上所述，如今急需研发一种适用于三峡水库支流回水区和多光谱卫星影像数据(如环境一号卫星 CCD 影像数据)的蓝藻水华信息遥感提取模型。因此，本节分为三部分：第一，建立基于水体光学分类思想的叶绿素 a 与藻蓝素的遥感反演模型；第二，利用密度峰值聚类算法刻画蓝藻水华的风险等级指数；第三，调查蓝藻水华的时空演化情势，探索蓝藻水华覆盖面积与生境驱动因子之间的相互关联。

1. 研究材料

1) 研究区

研究区选取的是重庆市的高阳平湖和汉丰湖(图 4.3)。高阳平湖位于三峡库区中段北岸腹地的主要支流澎溪河流域回水区，在澎溪河上游乌杨坝下游约 45km 处。汉丰湖位于澎溪河流域上游，由乌杨坝蓄水而成。

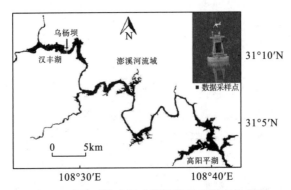

图 4.3　高阳平湖和汉丰湖的数据采样点分布图

三峡水库水位于 2010 年 10 月首次达到 175m。之后，一个水位变化在 145~175m 的消落带就此形成，研究区水动力条件周期性改变已经发生。澎溪河上游的工业废水和生活污水排放，导致高阳平湖和汉丰湖水质在近年来逐渐富营养化，并形成一定程度的淤泥淤积。随着三峡大坝和乌杨坝的周期性蓄放水，研究区水华现象也频繁暴发(Xiao et al.,2016a)。表 4.3 为高阳平湖和汉丰湖的湖沼学特征数据。

表 4.3　高阳平湖和汉丰湖的湖沼学特征数据

研究水域	水位/m			水域面积/km²			水深/m		
	平均值	最小值	最大值	平均值	最小值	最大值	平均值	最小值	最大值
高阳平湖	162	145	174	7.5	7.0	8.5	6.5	0	12
汉丰湖	164	146	175	5.5	4.5	7.0	7.0	0	20

2) 卫星影像数据

本书在包括 Terra & Aqua 星 MODIS 影像、Landsat 星 ETM+影像和环境一号卫星 CCD 影像等免费数据中，选取环境一号卫星 CCD 影像作为卫星遥感数据。环境一号 A/B 卫星上搭载的 CCD 相机能够捕捉 430~520nm(蓝光波段)、520~600nm(绿光波段)、630~690nm(红光波段)以及 760~900nm(近红外波段) 4 个波段的光谱信号。虽然 CCD 影像的光谱分辨率比 MODIS 影像低，但是近年来的研究表明包括叶绿素 a 和藻蓝素在内的蓝藻光合特征色素仍然能够通过这样的多光谱影像反演获得。此外，CCD 影像的空间分辨率比 MODIS 影像的高得多，更加适合水域面积小于 $10km^2$ 的高阳平湖和汉丰湖以及低水位运行期最窄河宽小于 50m 的澎溪河流域。与 Landsat 系列卫星 16d 的重访周期相比，环境一号 A/B 卫星 2d 的重访周期要短得多。因为三峡库区无云雾遮挡天气较为少见，较短的重访周期有助于获取更多高质量的影像数据，以便快速准确追踪蓝藻水华的时空演化。

环境一号卫星 CCD 影像的处理过程包括辐射校正、大气校正和几何校正三个方面。利用中国资源卫星应用中心提供的各波段辐射校正系数，可以完成 CCD 影像的辐射校正。通过 6S 大气校正模型能够实现影像数据的大气校正。采用已经做过几何校正的研究区 ETM+影像为基准影像，将 CCD 影像的几何校正误差控制在一个像素以内。2010 年 10 月至 2016 年 7 月，高阳平湖和汉丰湖区域收集到 206 景 CCD 影像。其中，93 景 CCD 影像属于实测数据采样活动期间。在卫星影像数据预处理基础上，通过基于原位实验的模型改进和校准，上述 CCD 影像可以提供稳定且可靠的蓝藻水华探测结果。

3) 原位实测数据

2014 年 8 月至 2016 年 7 月，在高阳平湖和汉丰湖水域选取两个实测数据采样点(图 4.3)，运用水质在线监测浮漂平台搭载的 EXO2 多参数水质测量仪，每小时采集一次叶绿素 a 和藻蓝素等水质参数。本书没有考虑其他水质参数，例如氮、磷浓度等反映营养水平的指标。93 组与环境一号 A/B 卫星过境时间匹配的原位实测数据覆盖了全年不同季节；其中，随机划分 50 组水样为训练样本、43 组水样为测试样本，用于校准和验证叶绿素 a 和藻蓝素浓度反演模型。水质实测数据统计表见表 4.4，具体水体样本采集方法参照 Song 等(2013)的方法。

表 4.4　高阳平湖和汉丰湖实测叶绿素 a 和藻蓝素浓度汇总

研究水域		叶绿素 a 浓度/(μg/L)	藻蓝素浓度/RFU
高阳平湖(N=48)	平均值	36.8	0.87
	最大值	63.4	5.07
	最小值	14.7	0.02
	标准差	8.8	0.42
汉丰湖(N=45)	平均值	20.6	0.50
	最大值	38.8	2.41
	最小值	8.9	0.05
	标准差	6.7	0.34

注：N 是在各个研究水域采集的水体样本数量。

2010 年 10 月至 2016 年 7 月，收集了水文(瞬时水位，单位：m)和气象(瞬时气温，单位：℃；两日累积降雨量，单位：mm；季节因子，无量纲)参数的环境因子。高阳平湖和汉丰湖的瞬时水位分别参照乌杨水位调节坝管理处建立的综合自动调节系统中坝下与坝前每小时水位数据。研究区瞬时气温和两日累积降雨量参照重庆市气象局发布的每小时天气服务数据。根据三峡库区平均气温，4 个季节因子的划分为：12 月至次年 2 月为冬季（赋值为 1），9 月下旬至 11 月下旬为秋季（赋值为 2），3 月至 5 月上旬为春季（赋值为 3），5 月中旬至 9 月中旬为夏季（赋值为 4）。此外，水质在线监测浮漂平台提供用于专家评分判定蓝藻水华风险等级的每小时实测水面影片数据，并将蓝藻水华风险分为三类，分别赋值为低等风险 1、中等风险 2、高等风险 3（图 4.4）。本书定义蓝藻水华暴发为蓝藻已经开始在水面形成聚集体的状态，如图 4.4(c) 所示。

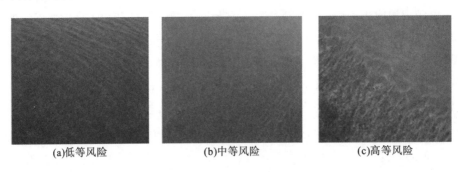

　　(a)低等风险　　　　　　　　　　(b)中等风险　　　　　　　　　　(c)高等风险

图 4.4　蓝藻水华暴发风险等级

2. 蓝藻水华的光学特征

因为不同地物类型的组成成分与物质结构存在差异，所以各种地物类型均具有独特的电磁波特征。研究不同地物类型的电磁波特征（即光谱辐射反射特性）是利用遥感数据反映地表信息的先决条件（王桥等，2005）。卫星传感器所接收到的内陆水体反射光谱是内陆水体本身以及水体中其他物质对光辐射散射与吸收的综合体现，其中浮游植物、悬浮颗粒物以及黄色物质是内陆水体反射光谱的决定性因素，即水色三要素。蓝藻水华暴发的水面表观现象是，一层薄薄的绿色（有时也显示为黄色和褐色）油漆状藻类悬浮在水柱中或聚集在水面上。浮游植物群落的悬浮与聚集状态引起水体辐射传输过程发生变化，从而改变了水色、水温、透明度、密度等水体物理性质，最终导致水面反射光谱发生相应的改变。

2016 年 3～10 月，Zhou 等（2018）在三峡水库典型支流开展了 12 次原位实验。采用 ASD 便携式地物光谱仪 FieldSpec HandHeld 2（光谱分辨率为 3nm，波长响应范围为 325～1075 nm），在研究水域采集了自然水体、蓝藻水华和绿藻水华反射光谱。虽然作为水华优势种的蓝藻和绿藻没有细胞核，但是它们具备真核生物进行光合作用的主要光合色素（即叶绿素 a）。因此，蓝藻和绿藻水华光谱特征与植被（挺水植物）相似（图 4.5）。独特的藻细胞结构决定了蓝藻和绿藻具有强烈反射太阳辐照度的特点，因此在 675～710nm 波段存在一个类似于植被（挺水植物）光谱曲线的陡坡特征；自然水体在近红外波段的强烈吸收导致在 710～850nm 波段有一个反射率缓慢下降的光谱平台。由此可见，蓝藻水华、绿藻水华[图 4.5(b)(c)]区别于自然水体[图 4.5(a)]最明显的光谱特征就是 710nm 附近的反射峰。因此，利用有效的光谱指数表征光谱特性就可以有效区分藻类水华和自然水体。与绿藻种群相比，蓝藻种群独有的藻蓝素在反射光谱 630nm 和 490nm 处具有很强的吸收特征，这几处更强的吸收特征导致 620～640nm 和 475～500nm 波段出现了明显的反射谷。尽管缺乏足够的先验知识，该研究仍然依靠上述两个反射谷构建了蓝-绿藻水华光谱分类指数，并应用于蓝藻水华与绿藻水华的光谱分类。

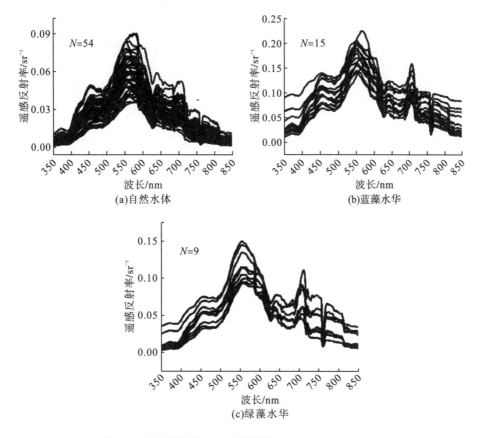

图 4.5　原位采集的 ASD 光谱数据（N 为各组数据的样本量）

3. 蓝藻水华的典型光谱指数

内陆水体蓝藻水华的光学卫星遥感监测，是通过对蓝藻水华覆盖面积的动态监测，实现对蓝藻水华生消过程与演化趋势的预测预警。藻类种群反射光谱的近红外波段具有类似于植被(挺水植物)反射光谱曲线的陡坡特征，使得藻类水华光谱特征与自然水体存在明显差异。

作为蓝藻种群独有的光合色素，藻蓝素在反射光谱的蓝光(490nm)和红光(630nm)波段具有显著的吸收峰。进一步分析蓝藻水华反射光谱特征，构建对蓝藻种群生物量及其水华生消过程有一定响应作用的多光谱或高光谱波段反射率组合(光谱指数)，就能提取出藻类水华光谱数据中的蓝藻水华信息。这种简单而有效的光谱指数再结合多光谱或高光谱遥感数据即可表征蓝藻水华时空分布状况，从而为实现蓝藻水华暴发的预测预警提供可靠的数据支撑。本章总结归纳了几种国内外学者提出的适用于不同卫星影像数据反演蓝藻水华信息的光谱指数。

1) 浮游藻类指数

Hu(2009)提出的浮游藻类指数(floating algae index，FAI)，利用红光、近红外、短波红外波段的光谱特征对浮游藻类水华进行遥感识别。由于运用了短波红外波段，并且采用差值算法模式，故 FAI 不太受大气环境状况(如气溶胶厚度及其类型)的干扰。

$$\text{FAI} = R_{\text{rc,NIR}} - R'_{\text{rc,NIR}}$$

$$R'_{\text{rc,NIR}} = R_{\text{rc,Red}} + (R_{\text{rc,SWIR}} - R_{\text{rc,Red}}) \times (\lambda_{\text{NIR}} - \lambda_{\text{Red}}) / (\lambda_{\text{SWIR}} - \lambda_{\text{Red}}) \tag{4.5}$$

$$R_{\text{rc}} = \pi L_t^* / (F_0 \cos\theta_0) - R_r$$

式中，R_{rc} 为去除瑞利散射效应的反射率；λ 为波长；L_t^* 为辐射定标后的传感器辐射率；θ_0 为太阳天顶角；F_0 为大气层外垂直入射的太阳辐照度；R_r 为根据 6S 辐射传输模型估算的瑞利散射反射率。

2) 藻蓝素光谱指数

李俊生(2007)提出的藻蓝素光谱指数(phycocyanin spectral index，PSI)，利用光谱曲线在 625nm 处的反射谷与 650nm 附近的反射峰对蓝藻水华与水草等水生植物进行判别。由于 R(peak)和 R(vale)之间差距较小，因而 PSI 适用于影像质量较高和大气条件较理想的蓝藻水华遥感识别。

$$\text{PSI} = \big[R(\text{peak}) - R(\text{vale})\big] / \big[R(\text{peak}) + R(\text{vale})\big] \tag{4.6}$$

式中，R(peak)是光谱曲线在 650nm 处反射峰的峰值；R(vale)是光谱曲线在 625nm 处反射谷对应的反射率。

3) 藻蓝素指数

Qi 等(2014)提出的藻蓝素指数(phycocyanin index，PCI)，利用藻蓝素在 620nm 附近的吸收特性，定义反射光谱曲线上 $R_{\text{rs}}(560)$ 和 $R_{\text{rs}}(665)$ 两点间连线与反射光谱曲线本身之间的反射谷深度为 PCI 值。该光谱指数在设计形式上与其他同类指数相似，在利用 MERIS 影像数据定量反演藻蓝素浓度时具有一定优势。

$$\text{PCI} = R'_{\text{rs}}(620) - R_{\text{rs}}(620)$$

$$R'_{\text{rs}}(620) = R_{\text{rs}}(560) + (620 - 560) / (665 - 560) \times [R_{\text{rs}}(665) - R_{\text{rs}}(560)] \tag{4.7}$$

式中，R_{rs} 为波长 λ 的遥感反射率。

4. 蓝藻水华风险等级和覆盖面积的估算流程

根据多光谱 CCD 影像的反射光谱形状相似度特征，建立起水体光学类型划分方法。基于此，进一步构建起改进的叶绿素 a 和藻蓝素浓度光学分类反演模型。利用水质参数的遥感反演值与原位实测值，结合被证明具有驱动蓝藻水华动态变化能力的瞬时水位、瞬时气温、两日累积降雨量以及季节因子等参数，建立起用于评价蓝藻水华风险等级的密度峰值聚类算法。根据风险等级划分标准，逐一评判 CCD 影像中各个像素的蓝藻水华暴发风险等级(低、中、高等)。通过提取具有高风险等级的像素，能够估算出蓝藻水华覆盖面积(图 4.6)。

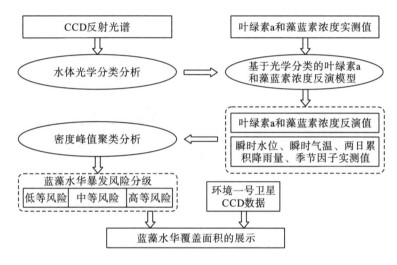

图 4.6　蓝藻水华暴发风险和覆盖面积的计算流程

4.2.3　模型结果

1. 基于密度峰值聚类算法的蓝藻水华暴发风险等级划分

本书的研究与之前相关研究的本质区别在于，正式利用了聚类思想对蓝藻水华暴发的风险等级进行划分。运用高阳平湖和汉丰湖的 113 组叶绿素 a 和藻蓝素浓度反演值(2010 年 10 月至 2014 年 7 月)、93 组叶绿素 a 和藻蓝素浓度反演值(2014 年 8 月至 2016 年 7 月)以及相应日期采样的瞬时气温、瞬时水位、两日累积降雨量、季节因子(表 4.5)，利用密度峰值聚类算法，基于各数据样本属性间的相似性将其分为 3 个聚类(图 4.7)，由此确定蓝藻水华暴发的 3 个风险等级，并将其空间分布情况展示在 CCD 影像上(图 4.8)。基于估算得到的蓝藻水华暴发低、中、高 3 个风险等级，可以尝试确定水质参数和环境因子对应的潜在特定阈值(表 4.6)。

表 4.5　蓝藻水华暴发风险分级（以高阳平湖 2016 年 4 月采样数据为例）

采样日期	叶绿素 a 浓度/(μg/L)	藻蓝素浓度/RFU	瞬时水位/m	瞬时气温/℃	两日累积降雨量/mm	季节因子	基于密度峰值聚类的风险分级	基于原位观测照片的风险分级
2016 年 4 月 6 日	48.7	2.55	167	29	10.0	3	3	3
2016 年 4 月 11 日	52.0	2.71	167	26	0.0	3	3	3
2016 年 4 月 16 日	53.1	2.23	164	28	4.5	3	3	3
2016 年 4 月 22 日	48.4	2.51	163	32	5.5	3	3	3
2016 年 4 月 28 日	29.7	1.71	162	33	2.0	3	3	2

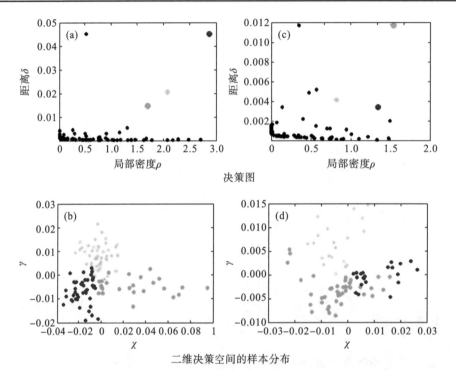

图 4.7　密度峰值聚类决策图与二维决策空间的样本分布[(a)、(b)

高阳平湖，(c)、(d)汉丰湖；不同颜色代表不同的蓝藻水华暴发风险等级]

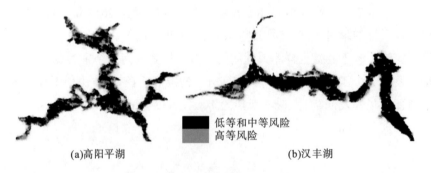

图 4.8　基于 2015 年 3 月 30 日 CCD 影像的高阳平湖和汉丰湖蓝藻水华暴发风险等级空间分布

表 4.6　蓝藻水华暴发低、中、高等风险对应的水质参数与环境因子的变化范围

风险等级	叶绿素 a 浓度 /(μg/L)	藻蓝素浓度 /RFU	瞬时水位/m	瞬时气温/℃	两日累积降雨量/mm	季节因子
低等	8.8～23.9	0.02～0.53	145～175	11～38	0～150	1～4
中等	9.2～51.7	0.51～1.54	145～172	6～38	0～156	1～4
高等	47.6～63.4	1.35～5.07	145～169	20～36	0～138	1～4

在上述分类算法中，我们只需要计算两个变量：数据样本点的局部密度及其与更高密度样本点之间的距离。这两个变量都可以通过数据样本点间的距离计算获得。将数据样本散点分类进各个聚类的具体方法与策略详见 Rodriguez 和 Laio（2014）。根据聚类中心的科学假设，图 4.7(a)和图 4.7(c)中 3 个数据样本点(棕色、黄色、蓝色)就是被选为本研究数据集聚类中心的 3 个样本点。

2. 蓝藻水华暴发风险等级划分结果验证

通过比较分析统计方法，对基于密度峰值聚类算法和原位观测照片判别获得的蓝藻水华暴发等级划分结果进行评价。其中，67 组蓝藻水华暴发风险等级密度峰值聚类划分结果(占所有水体样本的 72%)与原位观测照片判别结果一致(例如，2016 年 4 月高阳平湖的蓝藻水华暴发风险等级划分的比较分析结果见表 4.5)。实验验证结果表明密度峰值聚类算法适用于蓝藻水华暴发风险等级的判别。

3. 蓝藻水华覆盖面积的估算结果

本书将蓝藻水华暴发的高风险等级认定为蓝藻水华暴发状态(图 4.4)。因此，蓝藻水华覆盖面积可以通过如下公式进行估算：

$$CAI = 像素个数 \times 像素面积 \tag{4.8}$$

蓝藻水华覆盖面积可以用于刻画三峡水库蓝藻水华动态变化的长期趋势，并且可以通过 2010 年 10 月至 2016 年 7 月环境一号卫星的 CCD 影像数据探索其动态变化规律。

图 4.9 可以作为一个利用 CCD 影像时序数据(包括 2014 年 10 月至 2015 年 10 月高阳平湖对应的 18 景 CCD 影像)描绘蓝藻水华覆盖面积时空变化的例子。总之，高阳平湖的蓝藻水华表现出很强的季节性变化。蓝藻水华覆盖面积最大值出现在春季(3～4 月)。空间分布方面，高阳平湖蓝藻水华暴发频次最高、持续时间最长的区域是东南部，其次是东北部。图 4.9 表明，相对于中心湖区和河道中央，蓝藻水华会更频繁、更持续地出现在库湾区域与近岸水域，并且从库湾内部和近岸水域到库湾外部和中心湖区蓝藻水华覆盖面积会逐步缩小。

图 4.10 为 2010 年 10 月至 2016 年 7 月高阳平湖与汉丰湖的蓝藻水华覆盖面积年际间变化规律。从图中可以看出，高阳平湖与汉丰湖蓝藻水华覆盖面积年均最小值分别是 0.79km^2 和 0.31km^2，即使是年均最小值也仍然超过了两湖总面积的 10% 和 5%。两湖蓝藻

水华覆盖面积年均最大值(1.67km²)出现在 2015 年。通常来说,2010~2016 年年际间高阳平湖蓝藻水华覆盖面积的交替波动模式能够用于表征蓝藻水华的动态变化过程。例如,2013 年和 2015 年的蓝藻水华覆盖面积比其他年份的更大,其中 2015 年年均蓝藻水华覆盖面积最大,比 2012 年的两倍还多[图 4.10(a)]。作为对比,2010~2016 年汉丰湖蓝藻水华覆盖面积年均值一直维持在一个较低水平,且几乎没有太大变化[图 4.10(b)]。对于蓝藻水华覆盖面积月均变化,清晰的周期性趋势在两湖都有明显的体现,并且可以进一步看出 3~4 月蓝藻水华的覆盖面积比其他月份的更大(图 4.10)。

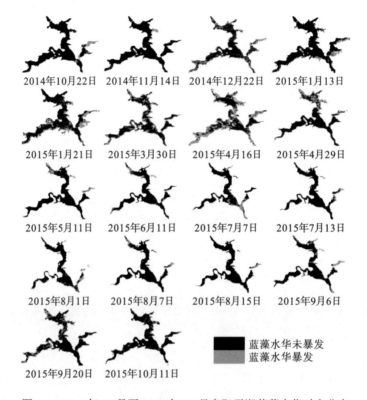

图 4.9　2014 年 10 月至 2015 年 10 月高阳平湖蓝藻水华时空分布

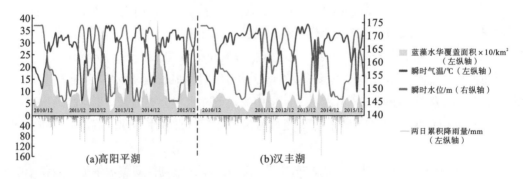

图 4.10　高阳平湖和汉丰湖蓝藻水华覆盖面积的时间序列

蓝藻水华变化在时间特征方面的特点可以归纳为两点:①每年初春,蓝藻水华开始在研究水域出现,随后藻类种群迅速繁殖,并在初春过后蓝藻水华覆盖面积达到峰值;②进入夏季,蓝藻水华覆盖面积逐步减少,并在中秋过后(10 月)降至年度最低水平,甚至部分水体样本几乎检测不到蓝藻的存在。2010～2016 年高阳平湖和汉丰湖蓝藻水华覆盖面积平均值分别为 1.09km^2 和 0.48km^2(对应湖体总面积的 13%和 8%),这些数字充分说明研究水域蓝藻水华暴发风险相当高,且蓝藻潜在的产毒能力对公共健康的严重威胁已经持续了很长一段时间。因此,建立健全缓解三峡水库有毒蓝藻水华问题的风险管理决策机制成为迫切需求。

4. 讨论

1)蓝藻水华暴发风险等级在刻画蓝藻水华动态变化中的优势

在前人的蓝藻水华遥感监测研究中,叶绿素 a 和藻蓝素浓度反演精度变化范围很大的原因可归咎于:蓝藻水华的空间异质性和斑块状分布特征,以及大多数卫星数据的空间分辨率限制导致的影像中某一像素过粗而无法与水质数据采样点对应比较。虽然设定叶绿素 a 和藻蓝素浓度的阈值是提取蓝藻水华的重要手段,但是它们不能为人们提供关于湖泊水库的直观感受信息。相对来说,蓝藻水华暴发风险等级不是一个确切数值,而是一个大体范围,并且视觉观测可对其划分结果进行检验,因而适用于评价人们能接受的水质状态。此外,蓝藻水华暴发风险等级划分方法可应用于中等分辨率卫星影像数据(如环境一号卫星 CCD 影像),使得针对小尺度水体的蓝藻水华暴发风险评价成为可能。因此,该方法适合于探测追踪蓝藻水华。例如,蓝藻水华暴发中等风险等级可作为水华暴发的早期预警,以及人们进行游泳、划船、垂钓等亲水活动的水质可接受度临界线,而出现高风险等级就应当立即停止亲水活动。

本书通过分析蓝藻水华环境驱动因子发现,水动力(瞬时水位)和气象(瞬时气温、两日累积降雨量)条件可能会影响蓝藻水华的动态变化。因此,运用密度峰值聚类算法整合叶绿素 a、藻蓝素浓度以及环境驱动因子,从而改进研究水域蓝藻水华暴发风险的估算方法,并将其划分为高、中、低 3 个风险等级。

2)蓝藻水华对环境驱动因子变化的响应分析

近年来三峡水库蓝藻水华研究多数是关于水体营养状态及其累积循环特征的,而针对三峡水库蓄放水调度和局地气候条件背景下蓝藻水华动态变化规律的认识仍不够清晰。更进一步,由于蓝藻水华覆盖面积与藻类细胞数量的变化趋势相似,蓝藻水华覆盖面积的季节性变化确定可以指示蓝藻种群生物量。因此,本书尝试利用蓝藻水华覆盖面积讨论瞬时水位、瞬时气温与两日累积降雨量对蓝藻水华生成与消亡的影响。虽然水温、光照强度及时长也是蓝藻水华动态变化的环境驱动因子,但是运用热红外、短波近红外波段反演水温和太阳辐照度从而改进蓝藻水华暴发风险等级划分的方法将是未来研究的重点。

本书尝试展现出研究区蓝藻水华暴发的频次、强度与三峡大坝、乌杨坝直接控制的瞬时水位之间的潜在关联。Xiao 等(2016a)和 Li 等(2012)指出,高阳平湖蓝藻水华动态变化与三峡水库蓄放水调度直接相关。其他相关研究也证实了水库运行调度的确能影响到水华时空演化。在三峡水库泄水期水库低水位运行,会引起研究区水力滞留时间变短和蓝藻水华变化增强;相反,在三峡水库蓄水期水库高水位运行,会引起研究区水力滞留时间变长和蓝藻水华变化减弱。综上所述,在三峡水库泄水早期,高阳平湖和汉丰湖的瞬时水位降低,一定会加速该水域形成蓝藻水华(图 4.10)。

本书的研究还发现,瞬时气温和两日累积降雨量等气象参数可能影响蓝藻水华动态变化。Xiao 等(2016b)的研究指出,三峡库区明显的气候变暖现象增加了高阳平湖蓝藻水华的持续时间,并使得水华初次暴发和扩展的时间提前,以及增长期和消亡期时间的延后。在其他研究水域的相似研究中,气候变暖现象同样促进了蓝藻水华暴发程度的加重(Paerl and Paul,2012)。图 4.10 显示了研究区 2014 年 12 月至 2015 年 2 月相对较高的瞬时气温可能促发了早春季节的蓝藻水华暴发。这一现象与前人的相关研究一致(Ma et al.,2015;Deng et al.,2014)。Li 等(2012)指出,高阳平湖区域强降雨的高度稀释刺激可能会使蓝藻水华暴发程度减轻。因此,本书采集的具有强烈波动的两日累积降雨量应该是蓝藻水华动态变化的潜在驱动因子之一。图 4.10 显示在瞬时水位持续下降的水库泄水期存在高值两日累积降雨量能够促使蓝藻水华覆盖面积减少。但是,在 5 月(水库泄水期)最后一次强降雨之后一周,蓝藻水华再次暴发。因此,这些降雨事件可视为一种依靠物理干扰的潜在激发措施应用于覆盖面积增长中的蓝藻水华场景。

根据三峡大坝与乌杨坝在水库泄水期的运行调度,研究区水位从 175m 逐步下降至 145m,造成的势能损失通过大坝内的发电机组转化为电能,这一时期因为春夏季节交替,气候变暖,所以瞬时气温上升(图 4.10)。由此可以获得以下结论:在水库泄水期的前半段(2~4 月),瞬时水位和瞬时气温是蓝藻水华增长的主要环境驱动因子;作为比对的后半段水库泄水期(5~6 月),由于水力滞留时间逐步变短造成蓝藻水华增长受限,甚至蓝藻水华覆盖面积下降至一个很低的水平。

综上所述,因为本书考虑了三峡库区水华生消过程的重要影响因子——水库运行调度操作,所以有理由相信研究区蓝藻水华时空动态演化方向由水动力条件决定。本书得到以下结论:大尺度的水库运行调度操作已经导致三峡水库生境条件发生了结构性改变,体现在瞬时水位、瞬时气温、两日累积降雨量等环境因子发生了极大变化,并且这些因子的季节性变化增强了三峡水库生境条件的异质性。根据时间序列分析方法得出的结论,研究区水力滞留时间很有潜力改变蓝藻水华的动态演化方向。虽然本书已经考虑到瞬时水位、瞬时气温、两日累积降雨量等环境因子对蓝藻水华暴发的部分影响,但是未来的研究仍然要探索环境因子之间的交互作用对春季蓝藻水华形成的驱动机制。

参 考 文 献

蒋金雄, 2009. 内陆水体水质遥感监测——以常熟市辛庄镇元和塘水域为例[D]. 北京: 北京交通大学.

李俊生, 2007. 高光谱遥感反演内陆水质参数分析方法研究——以太湖为例[D]. 北京: 中国科学院遥感应用研究所.

潘德炉, 马荣华, 2008. 湖泊水质遥感的几个关键问题[J]. 湖泊科学, 20(2): 139-144.

童庆禧, 张兵, 郑兰芬, 2006. 高光谱遥感——原理、技术与应用[M]. 北京: 高等教育出版社.

王海君, 2007. 太湖水色遥感大气校正方法研究[D]. 南京: 南京师范大学.

王桥, 杨一鹏, 黄家柱, 等, 2005. 环境遥感[M]. 北京: 科学出版社.

汪小钦, 王钦敏, 刘高焕, 等, 2002. 水污染遥感监测[J]. 遥感技术与应用, 17(2): 74-77, 119.

许华, 李正强, 尹球, 等, 2013. 近红外通道辐射测量误差对水体大气校正的影响[J]. 光谱学与光谱分析, 33(7): 1781-1785.

周冠华, 唐军武, 田国良, 等. 2009. 内陆水质遥感不确定性: 问题综述[J]. 地球科学进展, 24(2): 150-158.

Austin R W, 1974. Inherent spectral radiance signatures of the ocean surface//Duntley S W. Ocean Color Analysis. Scripps Inst. Oceanogr.

Deng J, Qin B, Paerl H W, et al., 2014. Earlier and warmer springs increase cyanobacterial (*Microcystis* spp.) blooms in subtropical Lake Taihu, China[J]. Freshwater Biology, 59: 1076-1085.

Glenn S, Schofield O, Dickey T D, et al., 2004. The Expanding Role of Ocean Color and Optics in the Changing Field of Operational Oceanography[J]. Oceanography (Washington D.C.), 17(2): 86-95.

Gordon H R, Morel A Y, 1983. Remote Assessment of Ocean Color for Interpretation of Satellite Visible Imagery: a Review[M]. Berlin: Springer Science & Business Media.

Gower J, King S, Borstad G, et al., 2005. Detection of intense plankton blooms using the 709?nm band of the MERIS imaging spectrometer[J]. International Journal of Remote Sensing, 26(9): 2005-2012.

Hallegraeff G M, 1993. A review of harmful algal blooms and their apparent global increase[J]. Phycologia, 32: 79-99.

Haboudane D, Miller J R, Tremblay N, et al., 2002. Integrated narrow-band vegetation indices for prediction of crop chlorophyll content for application to precision agriculture[J]. Remote Sensing of Environment, 81(2): 416-426.

Hu C, 2009. A novel ocean color index to detect floating algae in the global oceans[J]. Remote Sensing of Environment, 113(10): 2118-2129.

Jerlov N G, 1976. Marine Optics[M]. Amsterdam: Elsevier.

Kawata Y, Ohtani A, Kusaka T, et al., 1990. Classification accuracy for the MOS-1 MESSR data before and after the atmospheric correction[J]. IEEE Transactions on Geoscience and Remote Sensing, 28(4): 755-760.

Kirk J T O, 1994. Light and Photosynthesis in Aquatic Ecosystems[M]. Cambridge: Cambridge University Press.

Kudela R M, Palacios S L, Austerberry D C, et al., 2015. Application of hyperspectral remote sensing to cyanobacterial blooms in inland waters[J], Remote Sensing of Environment, 167: 196-205.

Le C, Li Y, Zha Y, et al., 2011. Remote estimation of chlorophyll a in optically complex waters based on optical classification[J]. Remote Sensing of Environment, 115(2): 725-737.

Lee Z P, Shang S, Hu C, et al., 2015. Secchi disk depth: A new theory and mechanistic model for underwater visibility[J]. Remote Sensing of Environment, 169: 139-149.

Li Z, Wang S, Guo J S, et al., 2012. Responses of phytoplankton diversity to physical disturbance under manual operation in a large reservoir, China[J]. Hydrobiologia, 684: 45-56.

Ma J, Qin B, Paerl H W, et al., 2015. The persistence of cyanobacterial (*Microcystis* spp.) blooms throughout winter in Lake Taihu, China[J]. Limnology Oceanography, 61: 711-722.

Matsushita B, Yang W, Yu G, et al., 2015. A hybrid algorithm for estimating the chlorophyll-a concentration across different trophic states in Asian inland waters[J]. ISPRS Journal of Photogrammetry and Remote Sensing, 102: 28-37.

Matthews M, Bernard S, Robertson L, 2012. An algorithm for detecting trophic status (chlorophyll-a), cyanobacterial-dominance, surface scums and floating vegetation in inland and coastal waters[J]. Remote Sensing of Environment, 124(124): 637-652.

Mobley C D, 1994. Light and Water: Radiative Transfer in Natural Waters[M]. New York: Academic Press.

Oyama Y, Matsushita B, Fukushima T, 2015a. Distinguishing surface cyanobacterial blooms and aquatic macrophytes using Landsat/TM andETM+ shortwave infrared bands[J]. Remote Sensing of Environment, 157: 35-47.

Oyama Y, Fukushima T, Matsushita B, et al., 2015b. Monitoring levels of cyanobacterial blooms using the visual cyanobacteria index (VCI) and floating algae index (FAI)[J]. International Journal of Applied Earth Observation and Geoinformation, 38: 335-348.

Paerl H W, Paul V J, 2012. Climate change: links to global expansion of harmful cyanobacteria[J]. Water Research, 46(5): 1349-1363.

Pitcher G C, Weeks S J, 2006. The Variability and Potential for Prediction of Harmful Algal Blooms in the Southern Benguela Ecosystem[M]. Benguela: Predicting a Large Marine Ecosystem.

Preisendorfer R W, 1976. Hydrologic Optics vol. 1: Introduction[M]. Honolulu: US Department of Commerce National Oceanic and Atmospheric Administration.

Qi L, Hu C, Duan H, et al., 2014. A novel MERIS algorithm to derive cyanobacterial phycocyanin pigment concentrations in a eutrophic lake: theoretical basis and practical considerations[J]. Remote Sensing of Environment, 154: 298-317.

Rodriguez A, Laio A, 2014. Clustering by fast search and find of density peaks[J]. Science, 344(6191): 1492-1496.

Shen Q, Li J, Zhang F, et al., 2015. Classification of several optically complex waters in China using in situ remote sensing reflectance[J]. Remote Sensing, 7(11): 14731-14756.

Shi K, Zhang Y, Li Y, et al., 2015a. Remote estimation of cyanobacteria-dominance in inland waters[J]. Water Research, 68(1): 217-226.

Shi K, Zhang Y, Xu H, et al., 2015b. Long-Term Satellite Observations of Microcystin Concentrations in Lake Taihu during Cyanobacterial Bloom Periods[J]. Environmental Science & Technology, 49(11): 6448-6456.

Shi K, Zhang Y, Qin B, et al., 2019. Remote sensing of cyanobacterial blooms in inland waters: present knowledge and future challenges[J]. Science Bulletin, 64(20): 1540-1556.

Song K, Li L, Tedesco L, et al., 2013. Remote estimation of phycocyanin (PC) for inland waters coupled with YSI PC fluorescence probe[J]. Environmental Science and Pollution Research, 20(8): 5330-5340.

Stumpf R P, Culver M E, Tester P A, et al., 2003. Monitoring karenia brevis blooms in the gulf of Mexico using satellite ocean color imagery and other data[J]. Harmful Algae, 2(2): 147-160.

Woźniak M, Katarzyna B, Miroslaw D, et al., 2016. Empirical model for phycocyanin concentration estimation as an indicator of cyanobacterial bloom in the optically complex coastal waters of the Baltic Sea[J]. Remote Sensing, 8(3): 212.

Wynne T T, Stumpf R P, Tomlinson M C, et al., 2008. Relating spectral shape to cyanobacterial blooms in the Laurentian Great Lakes[J]. International Journal of Remote Sensing, 29(12): 3665-3672.

Xiao Y, Li Z, Guo J, et al., 2016a. Cyanobacteria in a tributary backwater area in the Three Gorges Reservoir, China[J], Inland

Waters, 6(1): 77-88.

Xiao Y, Li Z, Guo J, et al., 2016b. Succession of phytoplankton assemblages in response to large-scale reservoir operation: a case study in a tributary of the Three Gorges Reservoir, China[J]. Environmental Monitoring and Assessment, 188(3): 153.

Ye H, Li J, Li T, et al., 2016. Spectral classification of the Yellow Sea and implications for coastal ocean color remote sensing[J]. Remote Sensing, 8(4): 321.

Zhang Y, Yin Y, Wang M, et al., 2012. Effect of phytoplankton community composition and cell size on absorption properties in eutrophic shallow lakes: field and experimental evidence[J]. Optics Express, 20(11): 11882-11898.

Zhou B, Shang M, Wang G, et al., 2017. Remote estimation of cyanobacterial blooms using the risky grade index (RGI) and coverage area index (CAI): a case study in the Three Gorges Reservoir, China[J]. Environmental Science and Pollution Research, 24: 19044-19056.

Zhou B, Shang M, Wang G, et al., 2018. Distinguishing two phenotypes of blooms using the normalised difference peak-valley index (NDPI) and Cyano-Chlorophyta index (CCI)[J]. Science of The Total Environment, 628-629: 848-857.

Zhou B, Shang M, Zhang S, et al., 2019. Remote examination of the seasonal succession of phytoplankton assemblages from time-varying trends[J]. Journal of Environmental Management, 246(15): 687-694.

第5章　水华与藻毒素的风险管理模型

富营养化问题与有害藻类水华是全球面临的主要水域生态环境问题。随着人口的持续增长、城市化进程的不断推进及工业化程度的逐步提高,大量富含氮、磷营养物的污水被排入自然水体,使得水生态系统中的浮游藻类异常生长,再加上适宜气象条件,如连续较高的温度、平静的风浪和充足的光照条件,水体在表面就会呈现出"水华"现象。水华会诱发一系列水质问题,如水体缺氧、透明度下降、释放藻毒素等,从而导致鱼类窒息、水生植物消亡及毒素在食物链中富集等,使得整个水生态系统中营养级比例严重失衡,同时在嗅觉与视觉上造成恶劣影响(Shan et al.,2014)。

水华暴发没有太明显的规律,有些可以是持续几周的季节性事件,有些可以是持续几天的非周期性事件,甚至是持续数小时的事件,还有一些是偶然事件。由于在水华期间初级生产力大幅度提高,这种提高直接影响了种群动态以及消费者的能量,并且水华藻类能较大程度上改变生源要素间的生物地球化学循环,因此,水华的动态研究已经成为淡水生态学研究的热点。研究季节性水华的动态特征与暴发原因对水生生态系统的可持续发展与水质管理都有着非常重要的意义。本章拟采用动态粗糙集方法,建立水华动态分析模型。相比一般的静态分析模型,水华动态分析模型能快速且有效地区分多次水华发生之间主要影响因素的变化趋势。同时,利用知识和数据两种驱动方式构建贝叶斯网络模型,用于评估蓝藻水华产生的微囊藻毒素风险及其潜在驱动因子。

5.1　基于动态粗糙集的水华前兆分析

5.1.1　模型背景

由于客观世界中存在着大量不精确、不完全的信息,或者客观世界也向人脑中呈现了很多不确定信息,因此,人们面临着如何处理这些不确定信息的问题。能够很好地处理不确定信息的粗糙集应运而生,它为人们处理不确定信息提供了思路。虽然经典粗糙集能实现不确定集合的表达,但其所研究的都是静态集合与静态特性(崔玉泉等,2010)。在现实生活中,很多具体问题经抽象表示为集合状态,集合中的元素、属性都是动态变化的,如果用经典粗糙集理论分析这些动态变化的集合就会出现问题。因此,有必要对经典粗糙集理论进行扩展,使其能够较好地处理动态变化的集合。

经典粗糙集的扩展分为三个层次。第一层次,在经典粗糙集中考虑单方向的属性、元素的动态变化,即增加或删除属性、元素,建立单向 S 粗糙集;第二层次,将单方向的处理扩展成双向处理,即能够同时处理增加或删除的属性、元素;第三层次,为本章创新:考虑元素迁移时的粒度大小以及迁移后决策表的一致性,并且多元素的增加或删除并不是单元素增加或删除操作的简单叠加,因此将这种迁移分解为单元素的增加、删除与多元素的增加、删除,同时提出相应的动态知识获取算法,即 SRSTDKAS 算法与 SRSTDKAM 算法,最后在公用数据集上进行对比实验,分析算法的分类精度与计算时间,从而验证这两种动态算法的优越性与可行性。其具体流程如图 5.1 所示。

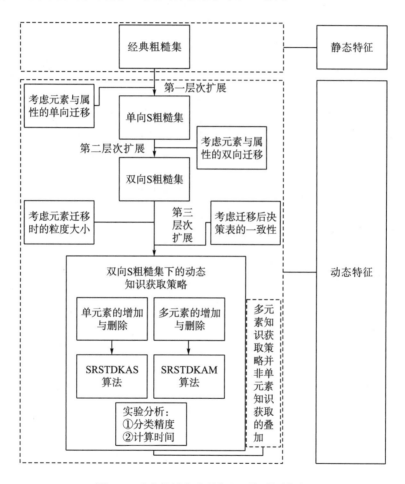

图 5.1　动态粗糙集上的知识更新策略框架

本节的具体逻辑结构如图 5.2 所示。

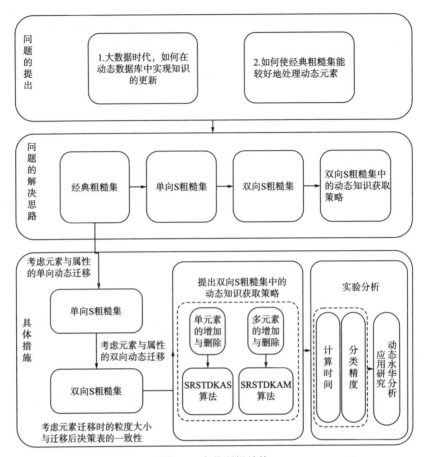

图 5.2 本节逻辑结构

5.1.2 模型方法

1. 单向 S 粗糙集

定义 5.1: 设 $X=\{x_1,x_2,\cdots,x_n\}\subset U$ 为元素的集合；$A=C\cup D=\{a_1,a_2,\cdots,a_k\}\subset V$ 是 X 的属性集合；$Y=\{y_1,y_2,\cdots,y_n\}$ 为 X 的特征值集合；另有 $s=\min\limits_{i=1}^{n}(y_i)$，$t=\max\limits_{j=1}^{n}(y_j)$，$y_i,y_j\in R^+$，称 $[s,t]$ 为特征值集合 Y 的特征值区间（史开泉和姚炳学，2007）。

$\exists x_p,x_q\in U$，$x_p,x_q\notin X$，有 $y_p,y_q\notin[s,t]$。若有变换 $f\in F$，使 $f(y_p),f(y_q)\in[s,t]$，那么 $x_p,x_q\in X$。称 $f\in F$ 为元素迁移，即

$$x_p,x_q\in U,x_p,x_q\notin X\Rightarrow f(y_p),f(y_q)\in X$$

其中，$X=\{x_1,x_2,\cdots,x_n\}\subset\{x_1,x_2,\cdots,x_n,f(x_p),f(x_q)\}=X\cup\{f(x_p),f(x_q)\}$。

定义 5.2: 设 F 为元素迁移集合，它由 n 个元素迁移 f_i 组成：$F=\{f_1,f_2,\cdots,f_n\}$，那么称 F 是元素的内迁移簇。

定义 5.3：在属性集 $A = C \cup D = \{a_1, a_2, \cdots, a_k\}$ 中，$\exists B \in V, B \notin A \Rightarrow f(B) \in A$，则有 $\{a_1, a_2, \cdots, a_k\} \subset \{a_1, a_2, \cdots, a_k, f(B)\} \Leftrightarrow A \subset A \cup \{f(B)\}$。

定义 5.4：设 $X = \{x_1, x_2, \cdots, x_n\} \subset U$ 为元素的集合；$A = C \cup D = \{a_1, a_2, \cdots, a_k\} \subset V$ 是 X 的属性集合；$Y = \{y_1, y_2, \cdots, y_n\}$ 为 X 的特征值集合；另有 $s = \min\limits_{i=1}^{n}(y_i)$，$t = \max\limits_{j=1}^{n}(y_j)$，$y_i, y_j \in R^+$，称 $[s,t]$ 为特征值集合 Y 的特征值区间。

元素 $x_\lambda \in X$，若有变换 $\overline{f} \in \overline{F}$，使 $\overline{f}(y_\lambda) \notin [s,t]$，则 $x_\lambda \notin X$。$\overline{f} \in \overline{F}$ 为元素迁移，可以用下式表示：

$$x_\lambda \in X \Rightarrow \overline{f}(x_\lambda) = u_\lambda \notin X$$

y_λ 为 x_λ 的特征值，且 $y_\lambda \in R^+$，则有

$$X - \{f(\overline{x}_\lambda)\} = X / \{f(\overline{x}_\lambda)\} \subset X$$

定义 5.5：设 $\overline{F}$ 为元素迁移集合，它由 m 个元素迁移 $\overline{f}_i$ 组成：$\overline{F} = \{\overline{f}_1, \overline{f}_2, \cdots, \overline{f}_m\}$，那么称 $\overline{F}$ 是元素的外迁移簇。

定义 5.6：在属性集 $A = C \cup D = \{a_1, a_2, \cdots, a_k\}$ 中，$\exists a_i \in A \Rightarrow \overline{f}(E) \notin A$，则有 $\{a_1, a_2, \cdots, a_k\} - \{\overline{f}(E)\} = A \setminus \{\overline{f}(E)\} \subset A$。

定义 5.7：如果论域 U 是动态的，并且只有一种 F 或 $\overline{F}$ 迁移，那么 $X^* \subset U$ 为 U 上的单向奇异集合，即单向 S 集合，其中：

$$X^* = X \cup \{u \mid u \notin X, u \in U, f(u) = x \in X\}$$

有 $X^f = \{u \mid u \notin X, u \in U, f(u) = x \in X\}$，其中，$X$ 是经典粗糙集 $(\underline{R}(X), \overline{R}(X))$ 中的集合，$X \subset U$，那么称 X^f 是 $X \subset U$ 的 f 扩张。集合 X 经扩张后，元素增加，X 转变为 X^*，X^* 中的元素个数多于 X 中的元素个数，即 $\mathrm{card}(X^*) > \mathrm{card}(X)$。

定义 5.8：设 X^* 为论域 U 上的单向集合，有 $X^* \subset U$，如果满足 $(R,F)^*(X^*) = \cup[x] = \{x \mid x \in U, [x] \cap X^* \neq \varnothing\}$，则称 $(R,F)^*(X^*)$ 为单向 S 粗糙集合 X^* 的上近似；如果满足 $(R,F)_*(X^*) = \cup[x] = \{x \mid x \in U, [x] \subseteq X^*\}$，则称 $(R,F)_*(X^*)$ 为单向 S 粗糙集合 X^* 的下近似。其中，内迁移簇 $F \neq \varnothing$。

定义 5.9：设 X^* 是 U 上的单向 S 集合，$X^* \subset U$，X^* 的下近似、上近似分别是 $(R,F)_*(X^*)$ 与 $(R,F)^*(X^*)$，那么称 $((R,F)_*(X^*), (R,F)^*(X^*))$ 为 $X^* \subset U$ 的单向 S 粗糙集，称 $B_{nR}(X^*) = (R,F)^*(X^*) - (R,F)_*(X^*)$ 是 $X^* \subset U$ 的 R 边界。

2. 双向 S 粗糙集

定义 5.10：若 $X^* \subset U$ 为 U 上的双向 S 奇异集合，那么称这个集合为双向 S 集合，同时有 $X^{**} = X' \cup \{u \mid u \notin X, u \in U, f(u) = x \in X\}$。

这里的 X' 满足 $X'=X-\left\{x\,|\,x\in X,\overline{f}(x)=u\notin X\right\}$，称 X' 为 $X\subset U$ 的亏集；若有 $X^{\overline{f}}=\left\{x\,|\,x\in X,\overline{f}(x)=u\notin X\right\}$，其中，$X$ 是经典粗糙集 $\left(\underline{R}(X),\overline{R}(X)\right)$ 中的集合，$X\subset U$，那么称 $X^{\overline{f}}$ 是 $X\subset U$ 的 $\overline{f}$ 萎缩。集合 X 经删除，元素减少，X 转变为 $X^{\overline{f}}$，$X^{\overline{f}}$ 中的元素个数少于 X 中的元素个数，即 $\mathrm{card}(X)>\mathrm{card}\left(X^{\overline{f}}\right)$，通常，$X^{**}\neq X$。双向 S 粗糙集示意图如图 5.3 所示。

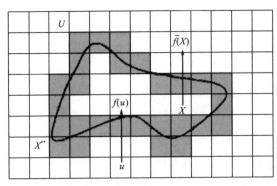

图 5.3　双向 S 粗糙集示意图

定义 5.11：设 X^{**} 为 U 上的双向 S 集合，$X^{**}\subset U$，如果有 $(R,\wp)^{*}(X^{**})=\bigcup[x]=\{x\,|\,x\in U,[x]\bigcap X^{**}\neq\varnothing\}$，那么称 $(R,\wp)^{*}(X^{**})$ 为双向 S 集合的上近似；如果有 $(R,\wp)_{*}(X^{**})=\bigcup[x]=\{x\,|\,x\in U,[x]\subseteq X^{**}\}$，那么称 $(R,\wp)_{*}(X^{**})$ 为双向 S 集合的下近似。其中，$\wp=F\bigcup\overline{F}$，$F\neq\varnothing$，$\overline{F}\neq\varnothing$。

定义 5.12：如果 X^{**} 为 U 上的双向 S 集合，$X^{**}\subset U$，$(R,\wp)^{*}(X^{**})$ 和 $(R,\wp)_{*}(X^{**})$ 分别是 X^{**} 的上近似和下近似，那么称 $\left((R,\wp)^{*}(X^{**}),(R,\wp)_{*}(X^{**})\right)$ 为 $X^{**}\subset U$ 的双向 S 粗糙集，称 $B_{nR}\left(X^{**}\right)=\left((R,\wp)^{*}(X^{**})-(R,\wp)_{*}(X^{**})\right)$ 是 $X^{**}\subset U$ 的 R 边界。

定义 5.13：设 $A_{s}\left(X^{**}\right)$ 是 $\left((R,\wp)^{*}(X^{**}),(R,\wp)_{*}(X^{**})\right)$ 生成的副集合，并且 $A_{s}\left(X^{**}\right)$ 由具体特征函数值 $-1<\chi x^{f(u)}<0$ 和 $0<\chi x^{f(u)}<1$ 的元素组成，那么

$$A_{s}\left(X^{**}\right)=\left\{x\,|\,u\notin X,u\in U,f(u)=x\,\widetilde{\in}\,X,x\in X,\overline{f}(x)=u\underset{\sim}{\in}X\right\}$$

不难得出以下结论。

(1) $X^{**}=X'\bigcup\{u\,|\,u\notin X,u\in U,f(u)=x\in X\}$ 指 $u\notin X$，$\exists f\in F$ 使 $f(u)=x$，$f(u)=x$ 属于集合 X，使 X^{**} 存在，此时的 X^{**} 具有单向动态特征。

(2) 单向 S 粗糙集与双向 S 粗糙集相比经典粗糙集都是具有动态特征的集合，它们存在着变换 $\wp=\left\{F,\overline{F}\right\}$，其中 F 为内迁变换簇，它们能增加知识中的元素，使知识得以扩张，而 $\overline{F}$ 是外迁变换簇，它能减少知识中的元素，使知识发生萎缩。

(3)通常，单向 S 粗糙集中只存在一种内迁变换簇 F，而双向 S 粗糙集中同时存在着

内迁和外迁两种变换簇 $\wp=\{F,\overline{F}\}$。因此，可以得知（郭志林，2013）：①经典粗糙集是单向 S 粗糙集的特例，单向 S 粗糙集是经典粗糙集的一般形式；②经典粗糙集是双向 S 粗糙集的特例，双向 S 粗糙集是经典粗糙集的一般形式；③单向 S 粗糙集是双向 S 粗糙集的特例，双向 S 粗糙集是单向 S 粗糙集的一般形式。

证明 1：

由于 $F\neq\varnothing$，那么在 $X^f=\{u\,|\,u\notin X,u\in U,f(u)=x\in X\}$ 中，

$$X^f=\{u\,|\,u\notin X,u\in U,f(u)=x\in X\}=\varnothing，\quad A_s(X^*)=\varnothing，\quad X^*=X$$

$$\Rightarrow (R,F)^*(X^*)=\cup[x]=\{x\,|\,x\in U,[x]\cap X^*\neq\varnothing\}$$

$$=\{x\,|\,x\in U,[x]\cap X\neq\varnothing\}=\cup[x]=\overline{R}(X)$$

$$\Rightarrow (R,F)_*(X^*)=\cup[x]=\{x\,|\,x\in U,[x]\subseteq X^*\}$$

$$=\{x\,|\,x\in U,[x]\subseteq X\}=\cup[x]=\underline{R}(X)$$

$$\vee\ \left((R,F)_*(X^*),(R,F)^*(X^*)\right)_{F=\varnothing}=\left(\underline{R}(X),\overline{R}(X)\right)$$

证明 2：

由于 $\wp=\{F,\overline{F}\}=\varnothing$，易知 $F=\varnothing$，$\overline{F}=\varnothing\Rightarrow X^f=\{u\,|\,u\notin X,u\in U,f(u)=x\in X\}$ 中的

$$X^f=\{u\,|\,u\notin X,u\in U,f(u)=x\in X\}=\varnothing\Rightarrow X^{\overline{f}}=\{x\,|\,x\in X,\overline{f}(x)=u\notin X\}$$ 中的

$$X^{\overline{f}}=\{x\,|\,x\in X,\overline{f}(x)=u\notin X\}=\varnothing，\quad A_s(X^{**})=\varnothing，\quad X^{**}=X$$

$$\Rightarrow (R,\wp)^*(X^{**})=\cup[x]=\{x\,|\,x\in U,[x]\cap X^*\neq\varnothing\}$$

$$=\{x\,|\,x\in U,[x]\cap X\neq\varnothing\}=\cup[x]=\overline{R}(X)$$

$$\Rightarrow (R,\wp)_*(X^{**})=\cup[x]=\{x\,|\,x\in U,[x]\subseteq X^{**}\}$$

$$=\{x\,|\,x\in U,[x]\subseteq X\}=\cup[x]=\underline{R}(X)$$

$$\vee\ \left((R,F)_*(X^{**}),(R,F)^*(X^{**})\right)_{\wp=\varnothing}=\left(\underline{R}(X),\overline{R}(X)\right)$$

$\beta=\{\beta_1,\beta_2,\cdots,\beta_i\}$ 为属性集，$f\in F$ 为元素迁移，β' 为一个属性，若 $\beta'\notin\beta$，$f(\beta')\in\beta$，有 $\beta^f=\{\beta_1,\beta_2,\cdots,\beta_i,\alpha\}=\beta\cup\{\alpha\}$，那么称 β^f 为属性集 β 的补充集。相应地，$\beta=\{\beta_1,\beta_2,\cdots,\beta_i\}$ 为属性集，$\overline{f}\in\overline{F}$ 为元素迁移，$\exists\beta_j\in\beta$，$\overline{f}(\beta_j)\notin\beta$，有 $\beta^{\overline{f}}=\{\beta_1,\beta_2,\cdots,\beta_{j-1},\cdots,\beta_i\}=\beta/\{\overline{f}(\beta_j)\}$，称 $\beta^{\overline{f}}$ 是对 β 属性集合的删除。

定义 5.14： 设具有属性 β^f 的知识为 $[x]_{\beta\cup\{f(\beta')\}}$，$[x]_\beta$ 是具有属性 β 的知识，那么可以称前者为后者的一个 f 分解类。$[x]_\beta$ 也可以记为 $[x]_\beta^f$，它是 f 分解类 $[x]_{\beta\cup\{f(\beta')\}}$ 的分解基。

定义 5.15： 设具有属性 $\beta^{\overline{f}}$ 的知识为 $[x]_{\beta\backslash\{\overline{f}(\beta_j)\}}$，$[x]_\beta$ 是具有属性 β 的知识，那么可以称前者为后者的一个 $\overline{f}$ 还原类。$[x]_\beta$ 也可以记为 $[x]_\beta^{\overline{f}}$，它是 $\overline{f}$ 分解类 $[x]_{\beta\backslash\{\overline{f}(\beta_j)\}}$ 的还原基。

属性在内迁时，知识的元素发生外迁。知识 $[x]_\beta$ 的 f 分解从 $[x]_\beta$ 开始，所有的 f 分

解类均是基于 $[x]_\beta$ 而来，因此，$[x]_\beta$ 是所有分解类的基础；而 $[x]_\beta$ 的 $\overline{f}$ 还原从 $[x]_\beta$ 开始，所有的 $\overline{f}$ 还原类都是基于 $[x]_\beta$ 而来，因此，$[x]_\beta$ 是所有还原类的基础。

由此可以看出：知识的属性个数减少时，在经典粗糙集中体现为粒度变粗，而知识就变得粗糙；也就相当于奇异粗糙集里的属性外迁，基于 R 等价类的元素内迁，相当于 R 等价类的还原。而当属性个数增加时，在经典粗糙集中体现为粒度变细，而知识就变得精确；也就相当于奇异粗糙集里的属性内迁，基于 R 等价类的元素外迁，相当于 R 等价类的分解。

定义 5.16：若存在两个任意的 f 分解 $[x]_\beta^f$ 类，它们之间的属性差集满足：

$$\{\{\beta\cup f(\beta')\}\setminus\beta\}\cap\{\{\beta\cup f(\beta'')\setminus\beta\}\}=\varnothing$$

那么称 $[x]_\beta^f$ 存在着有限个 f 分解类。

定义 5.17：设 $[x]_\beta^{\overline{f}}$ 为 $\overline{f}$ 还原类 $[x]_{\beta\setminus\{\overline{f}(\beta_j)\}}$ 的还原基，那么称 $[x]_\beta^{\overline{f}}$ 存在有限个 $\overline{f}$ 还原类。若存在两个任意的 $\overline{f}$ 还原类，它们之间的属性差集 $\beta\setminus\{\overline{f}(\beta_i)\}$，$\beta\setminus\{\overline{f}(\beta_j)\}$ 符合：

$$\{\beta\setminus\{\overline{f}(\beta_j)\}\}\cap\{\beta\setminus\{\overline{f}(\beta_i)\}\}\neq\varnothing$$

那么可得

$$[x]_{\beta\setminus\{\overline{f}(\beta_i)\}}\cap[x]_{\beta\setminus\{\overline{f}(\beta_j)\}}\neq\varnothing$$

如果 $[x]_{\beta\cup\{f(\beta')\}}^*$ 是 $[x]_\beta^f$ 的最小 f 分解类，$(\beta^f)^*$ 为 $[x]_{\beta\cup\{f(\beta')\}}^*$ 的属性集，那么 $[x]_{\beta\cup\{f(\beta')\}}^*=\{x\}$，其中 $\beta'\notin\beta$ 并且 $\{x\}$ 中的元素是唯一的。

如果 $[x]_{\beta\setminus\{\overline{f}(\beta_j)\}}^{**}$ 是 $[x]_\beta^{\overline{f}}$ 的最大 $\overline{f}$ 还原类，$(\beta^{\overline{f}})^{**}$ 为 $[x]_{\beta\setminus\{\overline{f}(\beta_j)\}}^{**}$ 的属性集，那么 $[x]_{\beta\setminus\{\overline{f}(\beta_j)\}}^{**}=[x]^{**}$，并且 $(\beta^{\overline{f}})^{**}$ 中的元素是唯一的。当属性集合为最小时，就可得到最大的 $\overline{f}$ 还原类（李保平，2011）。

3. 双向 S 粗糙集上的动态知识获取策略

虽然 S 粗糙集在传统经典粗糙集的基础上，考虑了元素迁移与动态处理的因素，但是并没有考虑元素迁移时的粒度大小，同时也没有考虑迁移后决策表的一致性问题。决策表中的对象发生动态变化，会导致原来获取的知识不再符合现在决策表所反映的情况，使得知识的分类与决策效果降低。因此，在决策表发生动态变化时，很有必要考虑元素迁移时的粒度大小以及迁移后决策表的一致性情况。

若决策表中的元素有删除或增加时，需要对决策表进行动态更新。这种更新可能会面临三种情况（王永生，2016）：①新知识与原来的知识相同；②新知识不在原来的知识中；③新知识与原来的知识矛盾。

第一种情况是理想状况，无须更新。但现实中通常都是第二种和第三种情况，这样会使原来的知识划分失效，即论域在决策属性与条件属性上的划分发生改变，使近似质量也发生相应改变。由于原来的知识失效，因此需要不断地进行知识的更新。迁移元素可能是一个或多个，有可能是最低粒度级的单个元素迁移，也有可能是较高粒度级的多个元素迁移。由于多个元素的迁移变化并不能简单地等价于多次单元素的迁移变化，因此提出了两种基于双向 S 粗糙集的动态知识获取策略：一种是在决策表中增加或删除单个元素时的动态知识获取策略；另一种是在决策表中增加或删除多个元素时的动态知识获取策略。首先考虑的是最低粒度级的单个元素迁移情况。

1) 单元素增加或删除时的动态知识获取

(1) 单元素删除时近似分类质量。

在一个五元组的决策信息系统 $S=(U,C,D,V,f)$ 中，$\exists B \subseteq C$，论域 U 在条件属性子集 B 上的划分 $U/\mathrm{IND}(B)=\{X_1,X_2,\cdots,X_m\}$，$U$ 在决策属性 D 上的划分 $U/\mathrm{IND}(D)=\{d_1,d_2,\cdots,d_n\}$，原始正域 $\mathrm{POS}_B^U(D)$，有单个元素 $\overline{f}(x)$ 从决策表中删除，此元素在条件属性子集 B 中有一等价类 $\left[\overline{f}(x)\right]_B$，可能会导致元素 $\overline{f}(x)$ 对应的等价类满足 $\left[\overline{f}(x)\right]_B - \{\overline{f}(x)\} \subseteq \left[\overline{f}(x)\right]_D$，其中 $\left[\overline{f}(x)\right]_D$ 表示决策表中所删除元素在决策属性 D 上的等价类。具体可以分为以下四种情况。

① $\left|\left[\overline{f}(x)\right]_B\right| \neq 1$ 且 $\left|\left[\overline{f}(x)\right]_D\right|=1$ 时，有：$\mathrm{POS}_B^{U-\{\overline{f}(x)\}}(D)=\mathrm{POS}_B^U(D)$。

② $\left|\left[\overline{f}(x)\right]_B\right|=1$ 且 $\left|\left[\overline{f}(x)\right]_D\right| \neq 1$ 时，有：$\mathrm{POS}_B^{U-\{\overline{f}(x)\}}(D)=\mathrm{POS}_B^U(D)-\{\overline{f}(x)\}$。

③ $\left|\left[\overline{f}(x)\right]_B\right| \neq 1$ 且 $\left|\left[\overline{f}(x)\right]_D\right| \neq 1$ 时，如果 $\left(\left[\overline{f}(x)\right]_B' = \left[\overline{f}(x)\right]_B - \{\overline{f}(x)\}\right) \not\subset D_j \ (1 \leqslant j \leqslant n)$，有：$\mathrm{POS}_B^{U-\{\overline{f}(x)\}}(D)=\mathrm{POS}_B^U(D)-\{\overline{f}(x)\}$；如果 $\left(\left[\overline{f}(x)\right]_B' = \left[\overline{f}(x)\right]_B - \{\overline{f}(x)\}\right) \subseteq D_j$ $(1 \leqslant j \leqslant n)$，有：$\mathrm{POS}_B^{U-\{\overline{f}(x)\}}(D)=\left\{\left[\overline{f}(x)\right]_B \mid \left[\overline{f}(x)\right]_B \subseteq D_j\right\} \cup \left(\mathrm{POS}_B^U(D)-\{\overline{f}(x)\}\right)$。

④ $\left|\left[\overline{f}(x)\right]_B\right|=1$ 且 $\left|\left[\overline{f}(x)\right]_D\right|=1$ 时，有：$\mathrm{POS}_B^{U-\{\overline{f}(x)\}}(D)=\mathrm{POS}_B^U(D)-\{\overline{f}(x)\}$。

不难看出，单个元素从原始决策表中删除，会导致正区域也发生变化。根据正区域的不同更新情况，可以求出属性子集 B 相对于决策属性 D 的近似分类质量：

$$\gamma_B\left(U-\{\overline{f}(x)\}\right) = \frac{\left|\mathrm{POS}_B^{U-\{\overline{f}(x)\}}(D)\right|}{\left|U-\{\overline{f}(x)\}\right|} \tag{5.1}$$

(2) 单元素增加时近似分类质量。

单元素增加时的情况比单元素删除时的情况稍复杂。单元素删除时，其对象对应的等价类在决策属性上是一致的。而有新元素 $f(x)$ 增加到决策表时，其形成的等价类还有可能会是另一种情况，即新元素对应的等价类在决策属性上是不一致的。

在一个五元组的决策信息系统 $S=(U,C,D,V,f)$ 中，$\exists B \subseteq C$，论域 U 在属性子集 B 上的

划分 $U/\mathrm{IND}(B)=\{X_1,X_2,\cdots,X_m\}$，$U$ 在决策属性 D 上的划分 $U/\mathrm{IND}(D)=\{d_1,d_2,\cdots,d_n\}$，原始正域 $\mathrm{POS}_B^U(D)$，当有单个元素 $f(x)$ 增加到决策表中时，那么论域 $U\cup\{f(x)\}$ 在属性子集 B 上的划分 $(U\cup\{f(x)\})/\mathrm{IND}(B)=\{X_1,X_2,\cdots,X_m,[f(x)]_B\}$，其中 $[f(x)]_B=\{f(x)\}\cup X_i$ $(1\le i\le m)$ $\vee$ $[f(x)]_B=\{f(x)\}$；而论域 $U\cup\{f(x)\}$ 在决策属性 D 上的划分 $(U\cup\{f(x)\})/\mathrm{IND}(D)=\{d_1,d_2,\cdots,d_n,[f(x)]_D\}$，其中 $[f(x)]_D=\{f(x)\}\cup D_j$ $(1\le i\le n)$ $\vee$ $[f(x)]_D=\{f(x)\}$，具体可以分为以下四种情况。

① 当 $[f(x)]_B=\{f(x)\}\cup X_i$ $(1\le i\le m)$，同时满足 $[f(x)]_D=\{f(x)\}$ 时，有：

$$\mathrm{POS}_B^{U\cup\{f(x)\}}(D)=\bigcup_{j=1}^{n}\underline{B}(D_j)-[f(x)]_B=\mathrm{POS}_B^U(D)-[f(x)]_B。$$

② 当 $[f(x)]_B=\{f(x)\}$，同时满足 $[f(x)]_D=\{f(x)\}\cup D_j$ $(1\le j\le n)$ 时，有：

$$\mathrm{POS}_B^{U\cup\{f(x)\}}(D)=\{f(x)\}\cup\bigcup_{j=1}^{n}\underline{B}(D_j)=\{f(x)\}\cup\mathrm{POS}_B^U(D)。$$

③ 当 $[f(x)]_B=\{f(x)\}\cup X_i$ $(1\le i\le m)$，同时满足 $[f(x)]_D=\{f(x)\}\cup D_j$ $(1\le j\le n)$ 时，有：$\mathrm{POS}_B^{U\cup\{f(x)\}}(D)=\underline{B}([f(x)]_D)\cup\bigcup_{j=1}^{n}\underline{B}(D_j)。$

其中，$\underline{B}([f(x)]_D)$ 有以下两种情况：第一种是，如果新增加的元素 $f(x)$ 形成的等价类在决策属性 D 上是不一致的，那么 $\mathrm{POS}_B^{U\cup\{f(x)\}}(D)=\bigcup_{j=1}^{n}\underline{B}(D_j)-\{f(x)\}=\mathrm{POS}_B^U(D)-\{f(x)\}$。

第二种是，如果新增加的元素 $f(x)$ 形成的等价类在决策属性 D 上保持一致，那么 $\mathrm{POS}_B^{U\cup\{f(x)\}}(D)=\{f(x)\}\cup\bigcup_{j=1}^{n}\underline{B}(D_j)=\{f(x)\}\cup\mathrm{POS}_B^U(D)$。

④当 $[f(x)]_B=\{f(x)\}$，同时满足 $[f(x)]_D=\{f(x)\}$ 时，有：$\mathrm{POS}_B^{U\cup\{f(x)\}}(D)=\{f(x)\}\cup\bigcup_{j=1}^{n}\underline{B}(D_j)=\{f(x)\}\cup\mathrm{POS}_B^U(D)$。

不难看出，单个元素增加到原始决策表中，也会导致正区域发生变化。根据正区域的不同更新情况，可以求出条件属性子集 B 相对于决策属性 D 的近似分类质量：

$$\gamma_B(U\cup\{f(x)\})=\frac{\left|\mathrm{POS}_B^{U\cup\{f(x)\}}(D)\right|}{\left|U\cup\{f(x)\}\right|}\tag{5.2}$$

(3) 单元素变化情况下的 S 粗糙集动态知识获取。

以上分析都是单个元素在删除或增加时，在原始正域上所进行的局部更新，并非整个决策表本身，因此效率比较高。以下是单个元素在同时删除或增加时的具体算法。

算法 5.1：单个元素变化情况下的 S 粗糙集动态知识更新算法（SRSTDKAS）。

输入：决策信息表 $S=(U,C,D,V,f)$，论域 U 在属性子集 B 上的划分 $U/\mathrm{IND}(B)=\{X_1,X_2,\cdots,X_m\}$，增加的新元素记为 $f(x)$，删除的元素记为 $\overline{f}(x)\in U$，原规

则集设置一个更新阈值为 0.1。

输出：新决策表 S' 上的规则集。

步骤 1：将新元素 $f(x)$ 增加到决策表 S 中，$U^* \leftarrow \{f(x)\} \cup U$。

步骤 2：根据新增加元素 $f(x)$ 与 $U/\mathrm{IND}(B) = \{X_1, X_2, \cdots, X_m\}$ 分别更新对应的等价类，得到新的划分 $U^*/\mathrm{IND}(B) = \{X_1', X_2', \cdots, X_m'\}$。

步骤 3：在新等价类 $\{X_1', X_2', \cdots, X_m'\}$ 的基础上，根据单个元素增加时正域的更新公式，求出新的正域 $\mathrm{POS}_B^{U^*}(D)$，并计算相应的近似分类质量 $\gamma_B(U^*)$。

步骤 4：对于 $\forall b \in B$，若 $\gamma_B(U^*) = \gamma_{B-\{b\}}(U^*)$，那么 $B \leftarrow B - \{b\}$。

步骤 5：将单元素 $\overline{f}(x)$ 从原决策表中删除，即 $U^{**} \leftarrow U^* - \{\overline{f}(x)\}$。

步骤 6：根据删除元素 $\{\overline{f}(x)\}$ 与 $U^*/\mathrm{IND}(B)$ 分别更新相应的等价类 $U^{**}/\mathrm{IND}(B) = \{X_1'', X_2'', \cdots, X_m''\}$。

步骤 7：在新等价类 $\{X_1'', X_2'', \cdots, X_m''\}$ 的基础上，根据单个元素删除时正域的更新公式，求出新的正域 $\mathrm{POS}_B^{U^{**}}(D)$，并计算相应的近似分类质量 $\gamma_B(U^{**})$。

步骤 8：如果近似分类质量 $\gamma_B(U^{**}) \neq \gamma_B(U^*)$，有 $\forall b \in (C - B)$，则 $\mathrm{Sig}(b, B, D) = \gamma_{B \cup \{b\}}(U^{**}) - \gamma_B(U^{**})$，以此求出重要度大的属性加到约简结果 B' 中。

步骤 9：$\gamma_{B'-\{b\}}(U^{**}) \neq \gamma_{B'}(U^{**})$ 中若存在冗余属性，则删除，进一步得到约简结果 B'。

步骤 10：求解出 $U^{**}/D = \{d_1', d_2', \cdots, d_g'\}$，结合相应条件属性的等价类 $\{X_1'', X_2'', \cdots, X_m''\}$，求出各等价类 X_i'' 相对于决策类 D_j' 的置信度 α_{ij}。

步骤 11：有 $X_i'' \subseteq U^*/\mathrm{IND}(B)$，$D_j' \subseteq U^*/\mathrm{IND}(D)$ 的置信度 α_{ij}，如果此置信度大于阈值，那么 $\kappa(x \in X_i) \rightarrow \nu(D_j)$ 加入原规则集中，否则做删除处理。如此反复，最终输出新决策表 S' 的规则集。

此算法首先计算单个元素增加时的正域变化以及近似分类质量；其次计算单个元素删除时正域的变化以及近似分类质量，并通过约简消除冗余属性；最后，对每个新的等价类求出相对于决策属性的置信度，并以初步设定的阈值为标准进行规则过滤，以此获得决策表的新规则集。

由于此算法是通过正域的动态变化来获得新的近似分类质量，加之新的规则集是在原规则集上的动态更新，这些操作使得无须对变化后的决策表进行重复求解，因此效率得到了提高。

2) 多元素增加或删除时的动态知识获取

如果决策表中有多个元素增加或删除时，可看成是多个单元素原子操作的叠加，这就需要多次执行上述算法，特别是数据量很大时，会非常耗时，造成效率低下。因此，有必要对多个元素增加或删除操作建立相应的动态知识获取策略，从而提高执行效率。当决策表中有多个元素增加或删除时，其知识更新会出现三种情况：①新知识与原来的知识相同；②新知识不在原来的知识中；③新知识与原来的知识矛盾。

显然，第一种情况是比较理想的，无须更新知识。但是现实中通常是第二种和第三种情况，这样，原来的知识失效，就需要对知识进行更新。决策表中有多个元素变化时，其正域也会发生变化，因此需要重新计算分类质量。以下讨论多个元素迁移时，决策表的正域变化及近似分类情况。

(1) 多个元素删除时近似分类质量。

如果决策表中有多个元素被删除，那么原来不满足正域的元素，经删除操作后可能会满足正域定义，使得分类质量被改变。以下是对正域变化及近似分类质量的更新分析。

在一个五元组的决策信息系统 $S=(U,C,D,V,f)$ 中，$\exists B \subseteq C$，论域 U 在属性子集 B 上的划分 $U/\mathrm{IND}(B)=\{X_1,X_2,\cdots,X_m\}$，$U$ 在决策属性 D 上的划分 $U/\mathrm{IND}(D)=\{d_1,d_2,\cdots,d_n\}$，原始正域 $\mathrm{POS}_B^U(D)$，如果决策表中有多个元素 $\overline{F}=\{\overline{f_1},\overline{f_2},\cdots,\overline{f_n}\}$ 删除，那么当前决策表中元素集 $(U-\overline{F})/\mathrm{IND}(B)=(X_1',X_2',\cdots,X_i',X_{i+1},X_{i+2},\cdots,X_{n'})$，$X_l'=X_l-\overline{F}$ $(1\leqslant l\leqslant i)$，这里的 X_l' 表示变化后的等价类。如果 $X_l'\subseteq D_j$ $(1\leqslant j\leqslant m)$，那么正域 $\mathrm{POS}_B^{U-\overline{F}}(D)=\mathrm{POS}_B^U(D)$ $+\{X_l'\mid X_l'\subseteq D_j\}(1\leqslant j\leqslant m)-U_d$，从而可以求出条件属性集 B 相对于决策属性 D 的近似分类质量：

$$\gamma_B\left(U-\overline{F}\right)=\frac{\left|\mathrm{POS}_B^{U-\overline{F}}(D)\right|}{\left|U-\overline{F}\right|} \tag{5.3}$$

(2) 多个元素增加时近似分类质量。

当有多个元素 $F=\{f_1,f_2,\cdots,f_m\}$ 增加到决策表中时，会使原有的等价类划分产生变化，从而引起正域变化，因此，以下讨论多个元素迁移进决策表时，决策表的正域变化及近似分类情况。

在一个五元组的决策信息系统 $S=(U,C,D,V,f)$ 中，$\exists B \subseteq C$，论域 U 在属性子集 B 上的划分 $U/\mathrm{IND}(B)=\{X_1,X_2,\cdots,X_m\}$，$U$ 在决策属性 D 上的划分 $U/\mathrm{IND}(D)=\{d_1,d_2,\cdots,d_n\}$，原始正域 $\mathrm{POS}_B^U(D)$，如果决策表中有多个元素 $F=\{f_1,f_2,\cdots,f_m\}$ 迁移进来，先求出 F 在属性子集 B 上的划分 $F/\mathrm{IND}(B)=\{B_1,B_2,\cdots,B_{m'}\}$，再求出 F 在决策属性 D 上的划分 $F/\mathrm{IND}(D)=\{d_1,d_2,\cdots,d_{n'}\}$，从而得到元素集 F 在属性子集 B 上的正域 $\mathrm{POS}_B^F(D)=\{B_i\mid B_i\subseteq D_j\}$ $(1\leqslant i\leqslant m';1\leqslant j\leqslant n')$。然后对原等价类进行更新看是否满足正域，如果不满足删除此部分等价类元素。而原论域 U 及新增元素集 F，在条件属性子集 B 上可能是相等的，即 $X_i\bigcup Y_j=X_l'$ $(1\leqslant i\leqslant m;1\leqslant j\leqslant m')$。由于这些变化后的等价类相对于决策属性可能不再满足正域的定义，即 $\{X_l'\mid X_l'\not\subset D_s,X_l'\not\subset Z_t\}$ $(1\leqslant s\leqslant n;1\leqslant t\leqslant n')$，因此要从原正域中删除这

部分元素集。

多元素迁移进决策表后，正域的变化情况为 $\mathrm{POS}_B^{U\cup F}(D) = \mathrm{POS}_B^F(D)\bigcup \mathrm{POS}_B^U(D)$ $-\left\{X_l' \mid X_l' \not\subset D_s, X_l' \not\subset Z_t\right\}\ (1\le s\le n;\ 1\le t\le n')$。其中，$X_l'$ 表示变化的等价类。从以上可以看出，更新后的正域只是对局部变化数据进行更新，并未对所有数据进行更新，因此效率比较高。通过正域变化，可以得到条件属性子集 B 相对于决策属性 D 的近似分类质量：

$$\gamma_B\left(U\cup F\right) = \frac{\left|\mathrm{POS}_B^{U\cup F}(D)\right|}{\left|U\cup F\right|} \tag{5.4}$$

（3）多个元素变化情况下的 S 粗糙集动态知识获取。

以上分析都是多个元素在删除或增加时，在原始正域上所进行的局部更新，并非整个决策表本身，因此效率比较高。以下是多个元素同时删除或增加时的具体算法描述。

算法 5.2：多元素变化情况下的 S 粗糙集动态知识更新算法（SRSTDKAM）

输入：决策信息表 $S=(U,C,D,V,f)$，论域 U 在属性子集 B 上的划分 $U/\mathrm{IND}(B)=\{X_1,X_2,\cdots,X_m\}$，增加的多个元素记为 $F=\{f_1,f_2,\cdots,f_m\}$，删除的多个元素记为 $\overline{F}=\left\{\overline{f_1},\overline{f_2},\cdots,\overline{f_n}\right\}\in U$，原规则集设置一个更新阈值为 0.1。

输出：新决策表 S' 上的规则集。

步骤 1：将新元素 $F=\{f_1,f_2,\cdots,f_m\}$ 增加到决策表 S 中，$U^*\leftarrow F\bigcup U$。

步骤 2：根据新增加元素 F 与 $U/\mathrm{IND}(B)=\{X_1,X_2,\cdots,X_m\}$ 分别更新对应的等价类，得到新的划分 $U^*/\mathrm{IND}(B)=\left\{X_1',X_2',\cdots,X_m'\right\}$。

步骤 3：在新等价类 $\left\{X_1',X_2',\cdots,X_m'\right\}$ 的基础上，根据单个元素增加时正域的更新公式，求出新的正域 $\mathrm{POS}_B^{U^*}(D)$，并计算相应的近似分类质量 $\gamma_B\left(U^*\right)$。

步骤 4：对于 $\forall b\in B$，若 $\gamma_B\left(U^*\right)=\gamma_{B-\{b\}}\left(U^*\right)$，那么 $B\leftarrow B-\{b\}$。

步骤 5：将多元素 $\overline{F}=\left\{\overline{f_1},\overline{f_2},\cdots,\overline{f_n}\right\}$ 从原决策表中删除，即 $U^{**}\leftarrow U^*-\overline{F}$。

步骤 6：根据删除元素 $\overline{F}$ 与 $U^*/\mathrm{IND}(B)$ 分别更新相应的等价类 $U^{**}/\mathrm{IND}(B)=\left\{X_1'',X_2'',\cdots,X_m''\right\}$。

步骤 7：在新等价类 $\left\{X_1'',X_2'',\cdots,X_m''\right\}$ 的基础上，根据单个元素删除时正域的更新公式，求出新的正域 $\mathrm{POS}_B^{U^{**}}(D)$，并计算相应的近似分类质量 $\gamma_B\left(U^{**}\right)$。

步骤 8：如果近似分类质量 $\gamma_B\left(U^{**}\right)\neq\gamma_B\left(U^*\right)$，有 $\forall b\in(C-B)$，则 $\mathrm{Sig}(b,B,D)=\gamma_{B\cup\{b\}}\left(U^{**}\right)-\gamma_B\left(U^{**}\right)$，以此求出重要度大的属性加到约简结果 B' 中。

步骤 9：对 $\gamma_{B'-\{b\}}\left(U^{**}\right)=\gamma_{B'}\left(U^{**}\right)$ 中存在的冗余属性进行删除，进一步得到约简结果 B'。

步骤 10：求出 $U^{**}/D=\left\{d_1',d_2',\cdots,d_g'\right\}$，结合相应条件属性的等价类 $\left\{X_1'',X_2'',\cdots,X_m''\right\}$，求出各等价类 X_i'' 相对于决策类 D_j' 的置信度 α_{ij}。

步骤 11：有 $X_i'' \subseteq U^* / \text{IND}(B)$，$D_j' \subseteq U^* / \text{IND}(D)$ 的置信度 α_{ij}，如果此置信度大于阈值，那么 $\kappa(x \in X_i) \to \nu(D_j)$ 加到原规则集中，否则做删除处理。如此反复，最终输出新决策表 S' 的规则集。

此算法首先计算多个元素增加时的正域变化以及近似分类质量；其次计算单个元素删除时正域的变化以及近似分类质量，并通过约简消除冗余属性；最后，对每个新的等价类求出相对于决策属性的置信度，并以初步设定的阈值为标准进行规则过滤，以此获得动态决策表的新规则集。

由于此算法通过正域的动态变化一次性获得新的近似分类质量，无须将多个元素的动态变化看成单个元素的变化叠加而计算，加之新的规则集是在原规则集上进行的动态更新，这些操作使得无须对变化后的决策表进行重复求解，因此效率得到了提高。

5.1.3 模型结果

1. 实验数据选择

1）理论分析数据选择

为了验证 SRSTDKAS 算法与 SRSTDKAM 算法的有效性与性能，选择 UCI 数据库中的 6 个数据集[Iris、Glass、Balance、Yeast、Segment 以及 Chess（King-Rook vs. King-Pawn，Kr-vs-Kp）]进行对比实验。这些数据集来源于生命科学、物理科学、社会科学等不同领域。其选取原则为：按样本数递增顺序排列，以模拟样本数动态增长；类别数不超过 10，与富营养化级别数（5 或 6）接近。这些数据集都是用于分类测试，本书主要用于验证 SRSTDKAS 算法和 SRSTDKAM 算法的分类精度以及运行效率。表 5.1 总结了这些数据集的来源领域、样本数、特征数以及类别数。

表 5.1 UCI 数据库中的 6 个数据集

英文名	来源领域	样本数	特征数	类别数
Iris	生命科学	150	4	3
Glass	物理科学	214	9	6
Balance	社会科学	625	4	3
Yeast	生命科学	1484	8	10
Segment	—	2310	19	7
Kr-vs-Kp	游戏	3196	34	6

2) 动态水华分析数据选择

富营养化问题与有害藻类水华是全球面临的水域生态环境问题。随着人口的持续增长、城市化进程的不断推进以及工业化程度的逐步提高，大量的污水、生活垃圾被排入水体，造成水体中氮、磷营养盐浓度提高，再加上平静的风浪、充足的光照以及较高的水温，使得浮游植物大量生长，如果水生态系统中的浮游藻类增长异常迅速时就会产生"水华"（秦伯强等，2016）。

三峡水库自 2003 年蓄水以来，由于水环境条件、水动力的变化，多条支流出现不同程度的水华现象，水华频发。2003～2010 年三峡库区典型支流水华暴发情况见表 5.2。

表 5.2　2003～2010 年三峡库区典型支流水华暴发情况（刘德富，2013）

年份	支流	优势种	备注
2003	大宁河	小球藻、微囊藻	首次暴发水华
	抱龙河	微囊藻	
2004	大宁河	微囊藻、实球藻、星杆藻、小球藻、多甲藻	
	神女溪	实球藻、甲藻、小球藻	
	香溪河	星杆藻、小环藻	
2005	香溪河	颤藻	大宁河、抱龙河等出现水华
	梅溪河	拟多甲藻	
2006	香溪河、大宁河、草堂河等	微囊藻、隐藻、衣藻、多甲藻、小环藻	由硅藻、甲藻向绿藻、隐藻演变
2007	香溪河、大宁河、澎溪河等	微囊藻、隐藻、空球藻、多甲藻、小环藻	由硅藻、甲藻向蓝藻、绿藻、隐藻演变
2008	香溪河、大宁河、澎溪河等	微囊藻、实球藻、衣藻、多甲藻、小环藻	季节转变明显，春季水华优势种主要为硅藻门、甲藻门，夏季水华优势种为绿藻门、蓝藻门
2009	草堂河、大宁河、澎溪河等	微囊藻、束丝藻、隐藻、实球藻、空球藻、多甲藻、小环藻	
2010	香溪河、大宁河、澎溪河等	微囊藻、束丝藻、衣藻、多甲藻、小环藻	水华主要发生在春季、秋季，季节转变明显

水华会导致一系列水质问题，如水体缺氧、水体透明度低、释放藻毒素等。此外，很容易导致有毒蓝藻水华暴发，使营养级系统严重失衡，同时在嗅觉与视觉上对水体造成恶劣影响。

由表 5.2 可以看出，三峡库区香溪河水华暴发频繁，因此将香溪河作为研究区域进行水华动态研究非常有意义。本章对香溪河 2005 年春季水华进行跟踪分析。采样时间为 2005 年 2 月 23 日到 4 月 28 日。采样点为两处，在距香溪河河口约 5km 处设置 S1 采样点，每日在水下 0.5m 处采样，另外在香溪河库湾上游约 17km 处设置 S2 采样点，隔日在水下 0.5m

处采样。根据相关研究成果(Ye et al.，2006，2007)，S1 采样点主要受长江干流水体影响，特点是呈现较高的氮∶磷比值，而 S2 采样点主要受香溪河上游来水影响，特点是呈现较低的氮∶磷比值。两处采样点位置如图 5.4 所示。

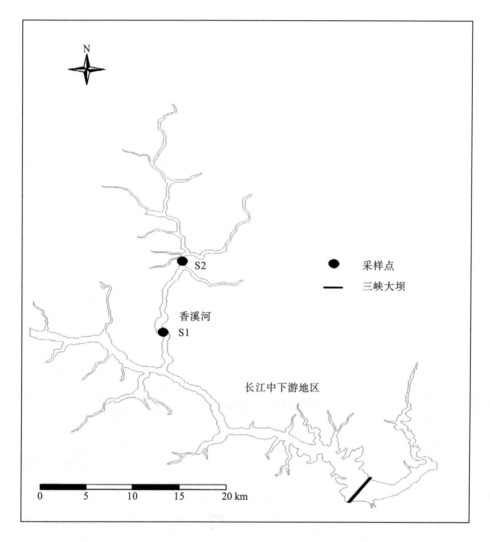

图 5.4 研究区域与研究断面

关于水华发生的临界因素与机理目前还不是十分清楚，水体中氮磷含量、温度、微生物种类、光照条件以及风浪强度等均可影响水华发生。水体富营养化的根本原因是营养物质的增加，一般认为主要是氮，其次是磷，可能还有碳、微量元素或维生素等。藻类水华暴发一般有生物学机制和非生物学机制。生物学机制包括正常和非正常功能的内在因素及化学调节、生理需求、营养竞争、食物链的生态相关性；而非生物学机制包括物理因素、化学因素的驱动作用与抑制作用。水华是人类活动干扰下，多种因素长期相互作用的结果。除营养物质以外，其他影响因子还包括气象因子、地理因子、社会经济以及水动力等。水华就是这些因素的综合作用，导致湖泊、水库等内陆水体失去原有的自然生态系统结构，破坏了水生生态系统的平衡(孔繁翔和宋立荣，2011)。发生水华必然有某些指标出现异常。

总的说来，水华前兆异常受营养盐、水动力、气象条件、理化条件、社会经济条件、地理特征、物理因子、生物群落等影响，其具体指标分类见表 5.3。

表 5.3　水华前兆异常分类

序号	影响因素	具体指标
1	营养盐	总氮(TN)、总磷(TP)、可溶性硅(Si)、可溶性无机氮(DIN)、可溶性磷酸盐(PO$_4$P)、可溶性有机碳(DOC)、总有机碳(TOC)
2	水动力	流速(FV)、换水周期(WEC)、水位(WL)、水位振幅(WLM)、径流(RO)
3	气象条件	风向(WD)、风速(WV)、光照强度(IL)、降雨量(P)、平均气温(AT)、蒸发量(EC)、日照时数(SR)
4	理化条件	溶解氧(DO)、pH、化学需氧量(COD)、电导率(Cond.)
5	社会经济条件	GDP、人口密度(PD)、土地利用类型(LUT)
6	地理特征	深度(DP)、高度(AL)、面积(AR)
7	物理因子	透明度(SD)、水温(WT)
8	生物群落	叶绿素 a(Chla)、硅藻、甲藻、蓝藻、隐藻、绿藻、裸藻、金藻

在本章中，所需要的指标主要有：pH、溶解氧(DO)、水温(WT)、总氮(TN)、总磷(TP)、可溶性硅(Si)、可溶性磷酸盐(PO$_4$P)、可溶性无机氮(DIN=NH$_3$-N+NO$_2$-N+NO$_3$-N)、总有机碳(TOC)、可溶性有机碳(DOC)、平均气温(AT)、24h 降雨量(20 时至次日 20 时)(P20-20)、小型蒸发量(SE)、大型蒸发量(LE)、平均风速(AWV)、最大风速(HWV)、最大风速风向(WDHWV)、极大风速(EWV)、极大风速风向(WDEWV)以及日照时数(SR)、水位(WL)、藻类叶绿素 a(Chla)、硅藻、甲藻、蓝藻、隐藻、绿藻、裸藻、金藻。

采样与藻类计数方法：藻类采用显微镜分类法计数。关于浮游植物种类的鉴定参照《中国淡水藻类——系统、分类及生态》。

物理、化学、生物指标测定方法：通过 SL1000 便携式多参数分析仪(Hash，美国)现场测定 pH、溶解氧(DO)与水温(WT)；通过水平 Beta^{TM} Van Dorn 采样器(Wildco，美国)进行水下 0.5m 处浅层采样，由手动真空泵过滤 400～500mL 水样并将滤膜放入 2mL 的离心管，通过冰盒保存带回实验室分析。样品根据荷兰 Skalar SAN++连续流动分析仪使用手册进行保存与分析，总氮(TN)、总磷(TP)、可溶性硅(Si)、可溶性磷酸盐(PO$_4$P)、NH$_3$-N、NO$_2$-N 与 NO$_3$-N 通过其进行分析。在现场将总有机碳(TOC)与可溶性有机碳(DOC)加 H$_2$SO$_4$ 酸化至 pH<2，再通过岛津公司 TOC-VCPH 总有机碳分析仪进行分析。由于采样水体中的无机碳浓度较高，因此采用 NPOC 的方法测定 TOC，即通过爆气 5min 除尽酸性水样中的无机碳，再测定总碳的含量得到水样的 TOC 浓度。可溶性有机碳(DOC)先通过预先处理过的 WaterMan GF/F 滤膜过滤，再按照测定 TOC 的方法测定，得到水样的 DOC 浓度。

气象数据:收集了香溪河2005年2月23日到4月28日,两个采样点的平均气温(AT)、24h降雨量(20时至次日20时)(P20-20)、最小蒸发量(SE)、最大蒸发量(LE)、平均风速(AWV)、最大风速(HWV)、最大风速风向(WDHWV)、极大风速(EWV)、极大风速风向(WDEWV)以及日照时数(SR)等指标。这些气象数据来源于中国气象数据网(http://data.cma.cn/site/index.html)。

水位(WL)数据来源于中国长江三峡集团有限公司(http://www.ctg.com.cn/)。

2. 实验过程

整个实验过程由两大部分组成:第一部分,通过 UCI 数据集的测试实验,对比分析 SRSTDKAS 算法、SRSTDKAM 算法与其他方法的性能;第二部分,分析本章提出的方法在动态水华分析中的应用效果。

对于第一部分理论方法的对比实验,分为以下步骤进行。

第一步:数据集的预处理。由于本章算法只能处理离散值,而 Iris、Glass、Yeast 等数据集在条件属性上绝大部分为连续值,因此,需要采用离散化算法对连续值进行预处理。这些非离散值通过第 3 章的可视离散化算法进行离散化处理。

第二步:数据集抽取策略。将每个数据集分成三个部分,随机选择 50%的数据作为原始数据,20%的数据作为增加数据,增加的同时删除 20%的数据,其他 30%的数据为测试数据。

第三步:验证测试。选择 SRSTDKAS 算法、SRSTDKAM 算法、朴素贝叶斯分类算法(NB)与 C4.5 决策树算法分别对相同的数据集进行对比实验的知识获取。并从分类精度与运行时间两方面进行分析,实验次数均采用 10 次,最终分类精度与运行时间取每个数据集上 10 次实验的平均值。

(1)分类精度对比实验。为了验证 SRSTDKAS 算法与 SRSTDKAM 算法的分类性能,分别从 6 个数据集中随机抽取 30%的数据作为测试集进行 10 次重复测试。由于 SRSTDKAS 算法与 SRSTDKAM 算法都是基于近似分类质量的知识获取方法,它们的分类性能是一样的。因此,采用 SRSTDKAS 算法与朴素贝叶斯分类算法(NB)、C4.5 决策树算法进行分类精度的对比实验分析。

(2)运行时间对比实验。随机抽取 50%数据作为原始数据集,分别随机抽取 20%数据作为增加和删除的数据,将这些增加和删除的数据分为 10 份,重复进行 10 次实验,即第一次动态变化数据为:增加 2%数据的同时删除 2%原始数据;第二次动态变化数据为:增加 4%数据的同时删除 4%原始数据;直到最后一次增加 10%数据的同时删除 10%原始数据,并记录每一次实验的计算时间。实验环境为 Intel(R) Core(TM) i7-6700 CPU @3.4GHz,内存 16GB,通过 MATLAB 编程语言实现。

对于第二部分的动态水华分析应用实验,分为以下步骤进行。

(1)通过两次水华期间各种与水华相关的指标之间的趋势变化发现其存在水华前兆差

异以及区域差异。由于叶绿素 a 是浮游植物现存量的重要指标,是研究水体富营养化的主要手段和指标。因此,通过相关性分析找到影响水华前兆差异以及区域差异最显著的元素。

(2)利用奇异粗糙集的动态迁移特性,结合影响水华前兆差异、区域差异最显著的元素,将基于双向 S 粗糙集的 SRSTDKAM 算法用来发现水华前兆异常(图 5.5)。利用此法能动态确定出各区域主要的水华前兆异常。

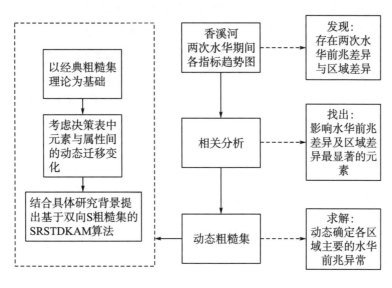

图 5.5　研究框架

3. 实验结果与讨论

1)理论算法性能分析

(1)分类精度对比实验。

表 5.4 为 SRSTDKAS 算法与朴素贝叶斯分类算法(NB)、C4.5 决策树算法在分类精度上的对比实验结果。

表 5.4　SRSTDKAS 算法与 NB 算法、C4.5 算法分类精度对比

数据集	分类精度/%		
	SRSTDKAS 算法	NB 算法	C4.5 算法
Iris	82.22 ± 2.12	80.00 ± 2.28	77.78 ± 2.44
Glass	85.94 ± 0.63	84.38 ± 0.68	82.81 ± 0.76
Balance	89.89 ± 0.46	$87,77 \pm 0.51$	86.70 ± 0.57
Yeast	71.91 ± 1.41	73.03 ± 1.39	70.79 ± 1.45
Segment	86.58 ± 0.61	82.25 ± 0.88	83.69 ± 0.78
Kr-vs-Kp	87.59 ± 0.58	83.42 ± 0.84	84.98 ± 0.69
平均精度	84.02 ± 0.97	80.62 ± 1.10	81.13 ± 1.12

从表 5.4 可以看出，三种知识获取算法在分类精度上差异不是很明显，SRSTDKAS 算法与 C4.5 算法的平均分类精度分别为 84.02%和 81.13%，SRSTDKAS 算法在平均分类精度上优于 C4.5 算法。NB 算法的平均分类精度为 80.62%，略低于 SRSTDKAS 算法与 C4.5 算法。其原因可能是由于属性间的相关性较大或者属性个数比较多，影响了 NB 算法的分类精度。

本章在经典粗糙集理论的基础上，分析传统经典粗糙集在动态处理上的不足，考虑元素与属性间的迁移与动态变化，在静态论域上拓展了双向迁移簇。同时，考虑元素迁移时的粒度大小，并且多个对象动态变化并非单个对象动态变化的累积。因此，采用两种动态知识获取策略进行动态扩展，将迁移簇细化为多个元素与单个元素，设计相应的 SRSTDKAS 算法与 SRSTDKAM 算法，并通过对比实验验证了其优越性与可行性。

(2)运行时间对比实验。

SRSTDKAS 算法、SRSTDKAM 算法、NB 算法与 C4.5 算法这 4 种知识获取算法在各个数据集上的运行时间情况如图 5.6 所示。

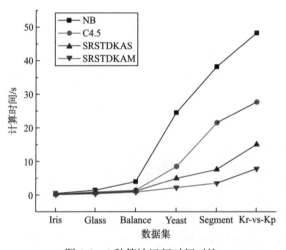

图 5.6　4 种算法运行时间对比

从图 5.6 可以看出，随着原始数据集(50%)规模的不断增加，4 种算法的运行时间也相应增加。SRSTDKAS 算法与 SRSTDKAM 算法的运行时间比 NB 算法、C4.5 算法的运行时间短，因为 NB 算法与 C4.5 算法把动态变化的数据集看作是新的数据集，并重新计算，故没有利用之前的知识，而 SRSTDKAS 算法与 SRSTDKAM 算法可以快速地实现知识的动态更新。此外，C4.5 算法的运行时间虽然不及 SRSTDKAS 算法与 SRSTDKAM 算法的快，但却快于 NB 算法的运行时间，因为它无须经多次迭代来训练分类模型。如在第五个数据集 Segment 上，SRSTDKAS 算法与 SRSTDKAM 算法对动态知识的更新所消耗的平均时间分别为 7.59s 与 3.48s，而通过 NB 算法与 C4.5 算法的平均时间分别为 38.19s 与 21.47s。因此，SRSTDKAS 算法与 SRSTDKAM 算法在平均运行时间上比 NB 算法、

C4.5 算法更快。

为进一步比较 SRSTDKAS 算法与 SRSTDKAM 算法的运行时间，选取 Yeast 与 Kr-vs-Kp 两个数据集进行比较分析。

图 5.7 是 SRSTDKAS 算法与 SRSTDKAM 算法在 Yeast 与 Kr-vs-Kp 两个数据集上的运行时间对比。从图 5.7 可知，SRSTDKAM 算法比 SRSTDKAS 算法的运行时间快得多，因为 SRSTDKAM 算法的研究对象为多个对象，它能对这些对象的动态变化进行一次性的知识提炼，而 SRSTDKAS 算法是将多个对象的动态变化视为单个对象的累积变化之和，因此需要耗费较多的时间进行重复计算才能动态更新知识。

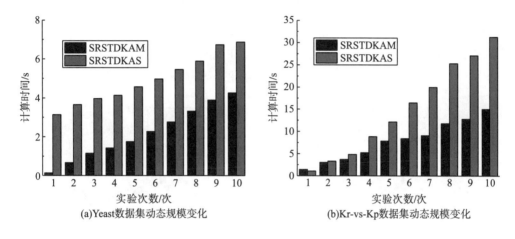

图 5.7　SRSTDKAS 与 SRSTDKAM 算法在两个数据集上的运行时间对比

通过以上 4 种动态知识获取算法在分类精度与运行时间上的比较分析结果可以看出，SRSTDKAM 算法与 SRSTDKAS 算法在保证良好分类性能的前提下，获取知识的时间快于 NB 算法与 C4.5 算法。更进一步地，SRSTDKAM 算法获取知识的时间快于 SRSTDKAS 算法。从以上实验可以看出，双向 S 粗糙集上的 SRSTDKAM 算法与 SRSTDKAS 算法是有效可行的。

2)动态水华分析应用

(1)动态指标特征。

图 5.8～图 5.14 为研究区域在水华监测时期各指标的变化情况,这些指标包括营养盐、藻类密度、化学因子、水动力、气象条件等。

从图 5.8(a)可以看出，随着时间的推移，采样点 S1 与 S2 断面的 Si 浓度值呈显著下降趋势，采样点 S1 较采样点 S2 明显。采样点 S1 的 Si 浓度值变化幅度为 0.05～3.20mg/L，其最低值出现在 4 月 14 日。采样点 S2 的 Si 浓度值变化幅度为 0.35～2.67mg/L，其最低值出现在 4 月 20 日。

从图 5.8(b)可以看出，位于采样点 S1 处的 DIN 浓度值显著高于采样点 S2 的 DIN 浓度值。TN 与 DIN 在两个采样上呈现相似的分布规律。DIN 与 TN 在采样点 S2 的第二次水华后期有显著的消耗，DIN 于 4 月 28 日出现最低值，其值为 0.06mg/L；而 TN 在 4 月 26 日出现最低值，其值为 0.29mg/L。

从图 5.8(c)可以看出，采样点 S2 处具有较高的 PO_4P 浓度值，而采样点 S1 处的 PO_4P 浓度值较低。两处采样点的 PO_4P 浓度值动态变化趋势差异较大。采样点 S1 处与 S2 处 PO_4P 浓度值的变化幅度分别为 0.05～0.16mg/L 和 0.08～0.42mg/L。采样点 S1 处的 TP 浓度值变化幅度为 0.07～0.22mg/L，均值为 0.14mg/L，而采样点 S2 处的 TP 浓度值变化幅度为 0.16～0.47mg/L，均值为 0.29mg/L，两处的变异系数(CV)分别为 23.95%与 27.14%。

从图 5.8(d)可以看出，第一次水华期间采样点 S1 处的 DOC 浓度值较高，而采样点 S2 处的 DOC 浓度值较低，但是到了第二次水华期间，情况却明显不同，原来 DOC 浓度值不高的 S2 处，其 DOC 浓度值大幅升高，使得在此期间 S2 处的 DOC 浓度值高于 S1 处的 DOC 浓度值。TOC 浓度值在两个采样点的变化趋势与 DOC 的相似。

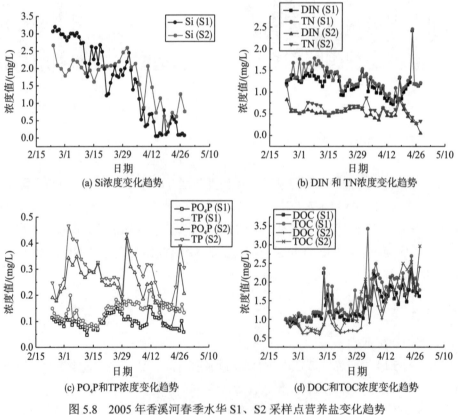

图 5.8　2005 年香溪河春季水华 S1、S2 采样点营养盐变化趋势

从香溪河春季水华期间两个采样点的藻类密度变化趋势看(图 5.9)，硅藻在采样点 S1 与 S2 的动态变化差异明显。在监测后期 S1 点的硅藻密度急剧下降。通过图 5.9(b)可以看出，采样点 S2 在春季水华期间硅藻密度有两次峰值：第一次发生在 3 月 17 日，第二次发

生在 4 月 16 日。相比硅藻的变化，其他 4 种藻类的密度变化趋势不明显。

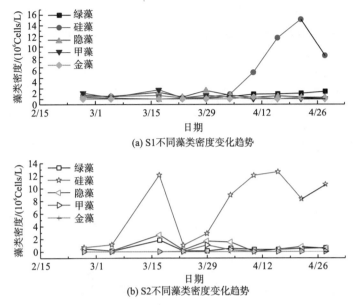

(a) S1 不同藻类密度变化趋势

(b) S2 不同藻类密度变化趋势

图 5.9　2005 年香溪河春季水华 S1、S2 采样点不同藻类密度变化趋势

　　从图 5.10(a) 可以看出：pH 的波动比较频繁，在采样点 S1 的波动范围为 7.86～9.24，而在采样点 S2 的波动范围为 8.35～9.49。采样点 S1 和 S2 的 pH 均值分别为 8.57 与 8.83，其对应的变异系数(CV) 分别为 4.51% 与 3.95%。从图 5.10(b) 可以发现 DO 浓度变化有以下规律：在春季水华早期监测中 S1 和 S2 处的 DO 浓度值无明显差异，但是随着春季水华的发生，S2 处的 DO 浓度值大部分高于 S1 处的。

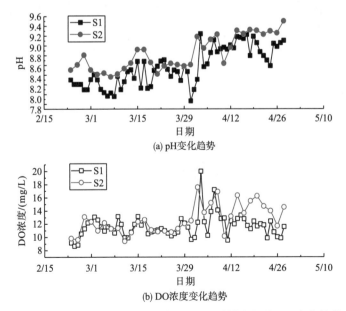

(a) pH 变化趋势

(b) DO 浓度变化趋势

图 5.10　2005 年香溪河春季水华 S1、S2 采样点化学因子变化趋势

本章中，水位(WL)与日照时数(SR)分别属于水动力与气象因素。从图5.11(a)可以看出
WL总体呈下降趋势，在4月16日达到最低水位137.88m。而SR波动比较明显[图5.11(b)]，
变化范围为0~114(0.1h)，其变异系数与均值分别为85.07%与48.58(0.1h)。

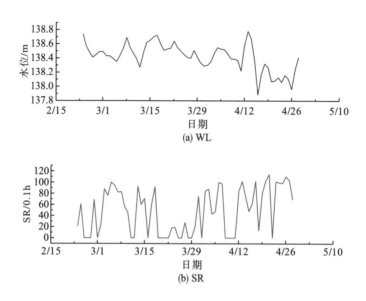

图5.11   2005年香溪河春季水华 S1、S2 采样点水动力与气象条件变化趋势

从图5.12可以看出：在春季水华期间，采样点 S1 与 S2 处的水温(WT)呈上升趋势，
水温平均值均为 14.76℃，而变异系数分别为 23.31%与 23.87%。从平均水温可以判断两
处的气温是相同的。但是，根据变异系数来看，S1 处的水温较 S2 处的水温更稳定。S1
与 S2 处的平均气温(AT)存在着两个极值点，第一次是在 3 月 10 日左右，第二次是在 4
月 6 日左右。

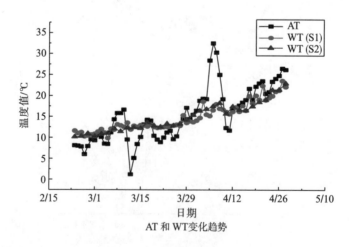

图5.12   2005年香溪河春季水华 S1、S2 采样点温度变化趋势

从图 5.13(a)可以看出，小型蒸发量(SE)在春季水华期间一直是一个稳定的常数。尽管大型蒸发量(LE)呈现一定的波动性，但其总体呈上升趋势[图 5.13(b)]。图 5.13(c)为春季水华期间 24h 降雨量(20 时至次日 20 时)(P20-20)的变化趋势，可以看出不同水华周期内的降雨量并无一个稳定的周期，而是变周期。第一次水华期间降雨量比较稳定。平均风速(AWV)波动比较剧烈[图 5.13(d)]，其波动范围为 4～27(0.1m/s)，变异系数为 35.86%。

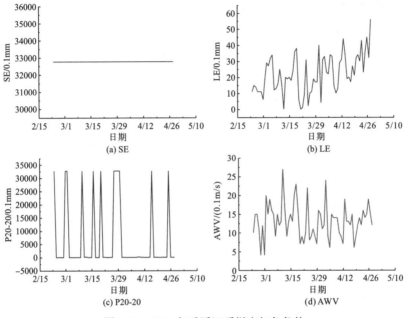

图 5.13　2005 年香溪河采样点气象条件

这里用 16 个方位表示风向来研究最大风速风向(WDHWV)以及极大风速风向(WDEWV)。由于采样点 S1 位于采样点 S2 西南不足 15km 处，因此它们的 WDHWV 与WDEWV 相同。两个采样点在水华期间的最大风速风向为南[图 5.14(a)]，而极大风速风向为东南[图 5.14(b)]。

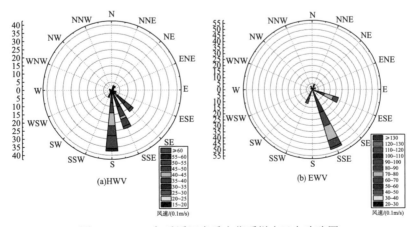

图 5.14　2005 年香溪河春季水华采样点风向玫瑰图

(2)相关性分析。

为了找到采样点 S1 和 S2 在春季水华期间叶绿素 a 浓度与外界因子之间的关系,选取营养盐、化学因子、水动力、气象条件等外界因子与叶绿素 a 浓度的相关矩阵并进行皮尔逊相关性分析。采用 SPSS 19 软件进行数据分析,结果见表 5.5。由相关研究成果可知,香溪河 2005 年春季水华总共暴发过两次;第一次为 2 月 23 日至 3 月 23 日,第二次是 3 月 24 日至 4 月 28 日。从表 5.5 可以看出 DOC、TOC、pH、DO 以及 Si 可以解释两次水华期间绝大部分叶绿素 a 浓度的变化。在采样点 S1,叶绿素 a 浓度与 pH、DOC、TOC 呈显著的线性正相关关系,而与 Si、PO_4P 呈显著的线性负相关关系。在采样点 S2,叶绿素 a 浓度与 pH、DO、DOC、TOC 呈显著的线性正相关关系。可以发现,pH、DOC 和 TOC 是第一次水华期间受正向影响最大的元素,而 pH、DO、DOC、TOC 是第二次水华期间受正向影响最大的元素。分析结果表明:两个采样点在第一次水华期间,pH 与 TOC 与叶绿素 a 浓度显著相关($P<0.01$),而在第二次水华期间,pH、DO、DOC、TOC 与叶绿素 a 浓度显著相关($P<0.01$)。

表 5.5　香溪河春季水华期间采样点 S1、S2 的叶绿素 a 浓度与其他指标的简单相关关系

指标	S1		S2	
	第一次水华($n=65$)	第二次水华($n=65$)	第一次水华($n=33$)	第二次水华($n=33$)
WT	0.416*	0.221	0.094	0.338
pH	0.560**	0.573**	0.859**	0.742**
DO	0.214	0.549**	0.647**	0.832**
Si	-0.476**	-0.526**	-0.394	-0.567*
DIN	-0.195	-0.285	-0.311	-0.178
TN	-0.135	-0.219	-0.426	0.228
PO_4P	-0.489**	-0.340*	-0.251	-0.345
TP	-0.573**	0.010	-0.461	-0.234
DOC	0.843**	0.661**	0.637*	0.699**
TOC	0.864**	0.641**	0.737**	0.672**
WL	0.119	0.131	0.186	-0.190
AT	-0.177	0.384*	-0.121	0.339
P20-20	-0.118	-0.185	-0.156	-0.274
LE	-0.019	0.132	-0.007	0.373
AWV	0.128	0.099	-0.180	0.098
HWV	0.036	0.162	-0.315	-0.124
WDHWV	0.078	-0.051	-0.138	0.126
EWV	0.094	0.282	-0.29	-0.090
WDEWV	-0.273	0.150	-0.190	0.021
SR	0.053	0.121	-0.198	0.281

注:**$P<0.01$;* $P<0.05$。

从香溪河春季水华暴发期间藻类密度组成上看(图 5.15),整个水华暴发期硅藻占绝对

优势，占 73%，隐藻和绿藻其次，均占 10%，其他四种藻类共占 7%。

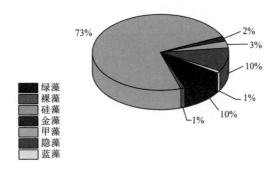

图 5.15　香溪河春季水华暴发期间藻类密度组成

从香溪河春季水华期间采样点 S1、S2 的藻类密度变化趋势看（图 5.16），第一次水华暴发期的主要优势种为隐藻与硅藻，第二次水华暴发期的主要优势种为硅藻。

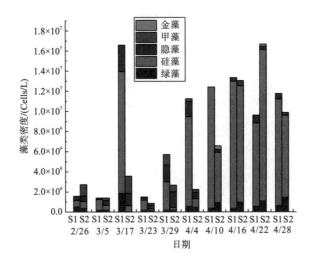

图 5.16　香溪河春季水华期采样点 S1、S2 不同藻类密度变化趋势

（3）双向 S 粗糙集 SRSTDKAM 算法分析。

设香溪河两个采样点 S1 与 S2 引起水华前兆异常的指标为 $x_1 \sim x_{28}$，根据水华前兆异常分类作为等价关系 R 的原则，设 28 个水华前兆异常项分别属于 6 个等价类，所属等价类代号分别为 A、B、C、D、G、H。各水华前兆异常项所属分类见表 5.6。

表 5.6　香溪河水华前兆异常分类

元素	指标	类别	元素	指标	类别
x_1	WT	G	x_3	DO	D
x_2	pH	D	x_4	Si	A

元素	指标	类别	元素	指标	类别
x_5	DIN	A	x_{17}	HWV	C
x_6	TN	A	x_{18}	WDHWV	C
x_7	PO_4P	A	x_{19}	EWV	C
x_8	TP	A	x_{20}	WDEWV	C
x_9	DOC	A	x_{21}	SR	G
x_{10}	TOC	A	x_{22}	硅藻	H
x_{11}	WL	B	x_{23}	甲藻	H
x_{12}	AT	C	x_{24}	蓝藻	H
x_{13}	P20-20	C	x_{25}	隐藻	H
x_{14}	SE	C	x_{26}	绿藻	H
x_{15}	LE	C	x_{27}	裸藻	H
x_{16}	AWV	C	x_{28}	金藻	H

以采样点 S1 为例，确定此区域主要的水华前兆异常步骤如下。

①给出 S1 处水华前兆异常项的论域 $U = \{x_1, x_2, \cdots, x_{28}\}$。

②根据表 5.6，将前兆异常项分成 6 类：营养盐（A 类）、水动力（B 类）、气象条件（C 类）、理化条件（D 类）、物理因子（G 类）以及生物群落（H 类）。论域 U 上的 R 等价类可以表示为：$[x]_A = \{x_4, x_5, x_6, x_7, x_8, x_9, x_{10}\}$、$[x]_B = \{x_{11}\}$、$[x]_C = \{x_{12}, \cdots, x_{20}\}$、$[x]_D = \{x_2, x_3\}$、$[x]_G = \{x_1, x_{21}\}$、$[x]_H = \{x_{22}, \cdots, x_{28}\}$。

③结合统计分析，得到 S1 样点第一次水华期间与叶绿素 a 浓度显著相关（$P<0.05$）的前兆异常项集 $X = \{x_1, x_2, x_4, x_7, x_8, x_9, x_{10}, x_{22}, x_{25}\}$，其分类有营养盐（A 类）、理化条件（D 类）、物理因子（G 类）与生物群落（H 类），具体见表 5.7。同时求出 X 上的上近似 $R^-(X)$ 与下近似 $R_-(X)$ 分别为

$$R^-(X) = [x]_A \bigcup [x]_D \bigcup [x]_G \bigcup [x]_H = \{x_1, \cdots, x_{10}, x_{21}, \cdots, x_{28}\}$$

$$R_-(X) = \varnothing$$

由于 $R_-(X) \neq R^-(X)$，因此 X 是一个粗糙集。其上近似和下近似分别表示 S1 采样点 2005 年春季第一次水华前兆异常项的最大集合与最小集合。

表 5.7　S1 采样点第一次水华前兆异常项分类

元素	指标	类别
x_1	WT	G
x_2	pH	D

续表

元素	指标	类别
x_4	Si	A
x_7	PO_4P	A
x_8	TP	A
x_9	DOC	A
x_{10}	TOC	A
x_{22}	硅藻	H
x_{25}	隐藻	H

④根据双向 S 粗糙集 SRSTDKAM 算法，求出水华前兆异常项的双向 S 粗糙集 X^{**}。假设 X^{**} 的初值满足 $X^{**}=X$，$\wp=F'\bigcup F$ 为水华前兆异常项论域 U 上的双向迁移簇。其中，迁出元素集合 $F'=\{\overline{f}\}$、迁入元素集合 $F=\{f\}$。S1 样点在第二次水华时前兆异常项指标增加了溶解氧（x_3）与平均气温（x_{12}），分别属于理化条件（D 类）与气象条件（C 类），因此通过迁入函数 f 将元素 x_3 与 x_{12} 迁入 X^{**}，而水温（x_1）、总磷（x_8）与隐藻（x_{25}）在第二次水华时前兆异常特征不明显，因此通过迁出函数 $\overline{f}$ 迁出元素 x_1、x_8 与 x_{25}，并归为-1 类。根据统计分析结果，得到 S1 样点第二次水华期间与叶绿素 a 浓度显著相关（$P<0.05$）的前兆异常项集，其分类有营养盐（A 类）、气象条件（C 类）、理化条件（D 类）与生物群落（H 类），具体见表 5.8。而论域 U 上 R 等价类可以表示为：$[x]_A=\{x_4,x_5,x_6,x_7,x_9,x_{10}\}$、$[x]_B=\{x_{11}\}$、$[x]_C=\{f(x_{12}),f(x_{13}),\cdots,x_{20}\}$、$[x]_D=\{x_2,f\{x_3\}\}$、$[x]_G=\{x_{21}\}$、$[x]_H=\{x_{22},x_{23},x_{24},x_{26},x_{27},x_{28}\}$ 与 $[x]_{\overline{f}}=\{x_1,x_8,x_{25}\}$。其中 $[x]_{\overline{f}}$ 为迁出元素集合。因此得到双向 S 粗糙集 $X^{**}=\{x_2,f\{x_3\},x_4,x_7,x_9,x_{10},f\{x_{12}\},x_{22}\}$。

⑤求解双向 S 粗糙集 X^{**} 的上近似集合 $(R,\wp)^\circ(X^{**})$ 与下近似集合 $(R,\wp)_\circ(X^{**})$。

$$(R,\wp)^\circ(X^{**})=[x]_A\bigcup[x]_C\bigcup[x]_D\bigcup[x]_H=\begin{Bmatrix}x_4,x_5,x_6,x_7,x_9,x_{10},f(x_{12}),x_{13},x_{14},x_{15},x_{16},x_{17},\\x_{18},x_{19},x_{20},x_2,f(x_3),x_{22},x_{23},x_{24},x_{26},x_{27},x_{28}\end{Bmatrix}$$

$$(R,\wp)_\circ(X^{**})=[x]_D=\{x_2,f(x_3)\}$$

X^{**} 是一个双向 S 粗糙集。其上近似、下近似分别表示 S1 采样点 2005 年春季第一次水华到第二次水华期间前兆异常项的最大集合与最小集合。

表 5.8　S1 采样点第二次水华前兆异常项分类

元素	指标	类别
$\overline{f}\{x_1\}$	WT	-1
x_2	pH	D
$f\{x_3\}$	DO	D
x_4	Si	A

续表

元素	指标	类别
x_7	PO$_4$P	A
$\overline{f}\{x_8\}$	TP	-1
x_9	DOC	A
x_{10}	TOC	A
$f\{x_{12}\}$	AT	C
x_{22}	硅藻	H
$\overline{f}\{x_{25}\}$	隐藻	-1

上近似集合 $\left\{ \begin{array}{l} x_4,x_5,x_6,x_7,x_9,x_{10},x_{12},x_{13},x_{14},x_{15},x_{16},x_{17}, \\ x_{18},x_{19},x_{20},x_2,x_3,x_{22},x_{23},x_{24},x_{26},x_{27},x_{28} \end{array} \right\}$，其具体指标集合为：$\left\{ \begin{array}{l} \text{Si,DIN,TN,PO}_4\text{P,DOC,TOC,AT,P20-20,SE,LE,AWV,HWV,} \\ \text{WDHWV,EWV,WDEWV,pH,DO,硅藻,甲藻,蓝藻,绿藻,裸藻,金藻} \end{array} \right\}$。它们是 S1 采样点在 2005 年春季两次水华期间所有出现的前兆异常项集合。在水华预测时，是否采纳其中的某些异常项数据，可以结合专家经验来确定。而下近似集合 $\{x_2,x_3\}$，其具体指标集合为 $\{\text{pH,DO}\}$。它们是 S1 采样点在 2005 年春季两次水华期间最有参考价值的前兆异常项集合。在水华预测时，专家可以重点研究它们，以此把握水华发展趋势。

从表 5.9 可以看出，S1 采样点在两次水华期间的元素数目(异常指标项)与属性类(异常指标所属分类)均不相同，说明水华期肯定存在着元素与属性的迁移。如第一次水华到第二次水华期间，有两个元素 x_3 与 x_{12} 通过迁入函数 f 迁入，其相应的属性类通过迁入函数 f 迁入了属性类 C 与-1 两类；有三个元素 x_1、x_8 与 x_{25} 通过迁出函数 $\overline{f}$ 迁出，其相应的属性类由迁出函数 $\overline{f}$ 迁出属性类 G。由此，利用 S 粗糙集的动态迁移特性能很好地解释这些异常差异现象。

表 5.9　S1 采样点水华期间元素、属性类变化情况

类别	所有前兆异常项	第一次水华	第二次水华
元素数目	28	9	8
属性类	6	4	5

表 5.10 是采样点 S2 在两次水华期间的上、下近似集合。下近似集合具体指标为 $\{\text{pH,DO}\}$，在 S2 的水华分析时需要重点考虑这两项指标。而上近似集合具体指标为 $\left\{ \begin{array}{l} \text{Si,DIN,TN,PO}_4\text{P,TP,DOC,TOC,pH,DO,} \\ \text{硅藻,甲藻,蓝藻,绿藻,裸藻,金藻} \end{array} \right\}$，是采样点 S2 在两次水华期间可能产生的水华前兆异常项集合，水华分析时需要结合经验考虑这些因素。

表 5.10　S2 采样点两次水华期间的上、下近似集合

	元素	指标
下近似集合	$\{x_2, x_3\}$	$\{pH, DO\}$
上近似集合	$\left\{\begin{array}{l} f(x_4), x_5, x_6, x_7, x_8, x_9, x_{10}, x_2, \\ x_3, x_{22}, x_{23}, x_{24}, x_{26}, x_{27}, x_{28} \end{array}\right\}$	$\left\{\begin{array}{l} \text{Si, DIN, TN, PO}_4\text{P, TP, DOC, TOC, pH, DO,} \\ \text{硅藻, 甲藻, 蓝藻, 绿藻, 裸藻, 金藻} \end{array}\right\}$

　　从以上实验结果可以看出：溶解氧与 pH 是 S1 采样点与 S2 采样点两次水华前兆异常项中最重要的两项指标。结合统计分析，溶解氧与叶绿素 a 呈显著的正相关（$P<0.01$）。溶解氧与叶绿素 a 存在双向作用（Parinet et al.，2004），由于采样时间是白天，光合作用强度高于呼吸作用，所以两者呈正相关关系。在实测中，叶绿素 a 在 S1 与 S2 采样点都呈波动趋势，溶解氧也相应地呈波动趋势，说明藻类在进行光合作用与呼吸作用。当水体叶绿素 a 平均含量高于 10μg/L 时，水体处于富营养状态，发生水华的可能性极高。当叶绿素 a 含量升高时，其溶解氧也迅速增大，说明藻类的大量繁殖使得水体中的氧气含量过饱和。S1 采样点在第一次水华期间，由于它的浮游植物含量处于较低水平，其光合作用向水体释放氧气还未成为水体复氧的主要途径，叶绿素 a 与溶解氧的相关关系还不显著；第二次水华期间，浮游植物含量有所上升，叶绿素 a 与溶解氧的相关性显著增强。S2 采样点在第一次水华和第二次水华期间浮游植物含量都比较高，特别是在第一次水华初期（2 月 26 日）出现了最大值。溶解氧是采样点 S1 和 S2 水华前兆的必然因素，与叶绿素 a 显著相关。

　　此外，pH 也是采样点 S1 和 S2 水华前兆的必然因素。pH 主要受水体化学特性的影响，特别是受水体中 CO_2、HCO_3^- 与 CO_3^{2-} 之间动态平衡的影响。在富营养化水体中，O_2 和 CO_2 主要受生物过程控制。浮游植物达到一定数量后，其生命过程对水体 pH 变化起主导作用。尤其是微生态系统中水文气象条件单一且营养盐充足时，叶绿素 a 含量较高，当含量高于 10μg/L 时，pH 主要受藻类的光合作用影响，随着藻类数量增加，光合作用所消耗的 CO_2 也随之增多，pH 因此就相应升高。S1、S2 采样点在第一次水华、第二次水华时的叶绿素 a 平均含量均高于 10μg/L，pH 在两个采样点的两次水华中均与其呈显著正相关。浮游植物通过自身的生理活动调节水体中的 CO_2 浓度从而改变 pH，使其向利于自身生长繁殖的方向发展。有研究表明：pH 或溶解氧与藻类数量存在较高的相关性，通过对 pH 或溶解氧的监测，可以对水华或赤潮现象进行预测和预警。利用 pH 和溶解氧满足下近似且显著相关这一特点相互引证，能够及时发现异常现象或监测偏差（Mao et al.，2009）。

　　氮、磷等营养元素都是浮游植物生长的必要营养，在不同的环境下，可能会不同程度地限制浮游植物的生长。传统观点认为磷一般是淡水水体中浮游植物生长的主要限制因子。在香溪河春季水华研究中，我们发现磷不是 S2 采样点两次水华暴发过程中藻类生长的主要限制因子。DOC 与 TOC 在两个断面和叶绿素 a 呈显著的正相关关系，推测香溪河水体中的碳主要来自浮游植物，当叶绿素 a 浓度较高时，水体中的 DOC 主要来源于浮游植物死亡释放出的有色 DOC；当叶绿素 a 浓度较低时，浮游植物光合作用分泌的胞外 DOC 是水体中 DOC

的主要来源。叶绿素 a 与水体中的 Si、DIN、TN、PO_4P 等营养盐存在一定程度的负相关性，推测在藻类生长的不同时期对其存在一定的限制作用，由于水体中藻类密度较高，吸收利用营养物质的相对数量较大，关系也就更密切。其中，Si 是两个采样点藻类最主要的限制因子。从第一次水华期到第二次水华期，Si 被明显消耗，而 Si 是硅藻合成硅壳必不可少的基本元素（Wehr and Descy，1998），在此期间浮游植物优势类群主要是硅藻。由于第二次水华暴发期间，隐藻不再是主要优势种，因此它不在 S1 与 S2 采样点的上近似集合里。除硅藻与隐藻外其他藻类变化不明显，因此在两个采样点的上近似集合里。在动态水体条件下，藻类数量在气温 25℃时有一定的增长，其藻类比增殖速率为 0.128，随着气温升高增殖速率也增大，但 25℃更适合藻类的生长与繁殖。S1 采样点在第二次水华期间日平均气温多次在 25℃左右，气温在 S1 断面第二次水华期与藻类有较显著的正相关关系。气象因子通过影响水体相关环境因子，使藻类的生存环境不断发生变化，从而直接或间接影响水华的发生。因此它也是水华前兆异常的可能因素之一（Yan et al.，2017）。

　　水华是学术界与工程领域普遍存在的一个实际问题。水体富营养化污染导致水华暴发的形成过程是一个多维度消长、多因素耦合，并具备内在强非线性耗散的复杂动力学体系。造成水华的外部条件（水体透明度、光照、流速与温度）、富营养化参数（氮磷浓度与比例等）、临界状态等和水华消长行为存在着密切联系的动力学机制处于一种非平衡、非稳定、无序与随机的状态。这种状态具有各种非线性作用，使水华的消长行为、暴发过程的全局态处于水环境污染场的非线性世界中。因此，传统的线性研究技术、模型还不能揭示其复杂机理。利用前兆异常数据预测水华，需要大量定性和定量知识的支持。本章提出了基于 SRSTDKAM 算法的水华前兆异常分析方法。该算法能协助专家在区域内的所有水华前兆异常项中，分析出某次水华前兆异常项的最小集合，减小了问题求解规模，为水华预测提供了客观依据。此方法有助于决策者评估水质、减少工作时间以及正确估计其发展趋势。但由于此算法是根据所有可能的水华前兆异常项数据而设计的，这些数据项对数据量的要求比较高，在实际中获得详尽的异常项数据难度很大，所以，此算法的实际应用，需完善水华前兆异常项数据的收集。因此下一步应进一步加强与环保部门和其他科研单位的合作，收集更多的监测数据，完善相应的数据库。

5.2　基于贝叶斯网络的微囊藻毒素风险评价模型

5.2.1　模型背景

　　1991 年 12 月澳大利亚墨累河（部分河段类似静止湖泊）上千公里长的河道暴发蓝藻水华，引起全澳大利亚乃至全球的震动。自此以后，澳大利亚在蓝藻水华研究领域投入巨大，已成为国际蓝藻水华研究成果产出最多的国家之一。1996 年 2 月在巴西卡鲁阿鲁发生透析中毒事件，出现急性肝衰竭患者 100 名，死亡者中的 52 人被确认由微囊藻毒素污染引起，此次事件再次引起国内外对蓝藻水华问题的关注和重视。2007 年我国太湖暴发了大规模的蓝藻水华事件，直接影响了接近 100 万人的正常用水。由此，我国政府和民众开始意识到蓝藻水华和藻毒素污染是急需解决的生态环境问题。对蓝藻水华监测和预警技术的需求，推动着与蓝藻水华相关的基础性研究和水华监测设备的发展。但是，现有的科学知识和监测手段还不能行之有效地实现对蓝藻水华及其灾害的预警预报，关于这方面的研究亟待进一步发展与提高。

蓝藻水华发生具有突然性、高度不确定性、次生危害性等特点，使管理者在执行应急决策中面临着决策时间短、应急预案少、决策复杂度高等问题(Shan et al.，2019b)。传统的水质管理应急决策系统和方法无法满足对蓝藻水华预测预警的需求。因此，基于已获取的蓝藻水华生物学及生态学过程中的信息，对其进行充分的数据挖掘分析，总结出一定的演化趋势和规律并为水环境应急方案提供快速准确的技术支持，是蓝藻水华灾害管理面临的核心问题之一。随着信息化理论和技术的飞速发展，在水环境管理和决策中耦合机器学习和人工智能理论方法越来越引起人们的关注；通过对获取的数据充分挖掘和分析，建立有效的模型对突发性环境事件的演化趋势进行预测，从而评估水环境事件的演化状态，可为相关管理工作和应急预案提供有效的科学支持。

贝叶斯网络作为人工智能研究领域的一个重要分支，结合了图论和统计学方面的知识，能够以一种自然的方法表示因果信息，具有丰富的概率表达能力、不确定性问题处理能力、多源信息表达与融合能力。因此，将贝叶斯网络与突发事件应急决策相融合，研究基于贝叶斯网络的突发事件应急决策信息分析方法具有十分重要的理论意义和现实意义(Shan et al.，2019a)。

5.2.2　模型方法

1. 贝叶斯网络定义

贝叶斯网络(Bayesian network)又称信念网络(belief network)，或有向无环图模型(directed acyclic graphical model)，于 1985 年由朱迪亚·珀尔(Judea Pearl)首先提出。它是一种模拟人类推理过程中因果关系的不确定性处理模型，其网络拓扑结构是一个有向无环图(directed acyclic graph，DAG)。一个贝叶斯网络定义包括一个 DAG 和一个条件概率表集合。DAG 中每一个节点表示一个随机变量，可以是可直接观测变量或隐藏变量，而有向边表示随机变量间的条件依赖；条件概率表中的每一个元素对应 DAG 中唯一的节点，存储此节点对于其所有直接前驱节点的联合条件概率。贝叶斯网络 DAG 中的节点表示随机变量 $\{X_1, X_2, \cdots, X_n\}$，它们可以是可直接观察到的变量，或隐藏变量、未知参数等。认为有因果关系(或非条件独立)的变量或命题则用箭头连接。若两个节点间以一个单箭头连接在一起，表示其中一个节点是"因"（parents），另一个节点是"果"（children），两节点就会产生一个条件概率值（Carvajal et al., 2015）。

此外，对于任意的随机变量，其联合概率可由各自的局部条件概率分布相乘得出。

2. 学习贝叶斯网络结构

从数据中学习贝叶斯网络结构就是对给定的数据集，找到一个与其拟合最好的网络。首先定义一个随机变量 S^h，表示网络结构的不确定性，并赋予先验概率分布 $p(S^h)$。然后计算后验概率分布 $p(S^h|D)$。根据贝叶斯定理有

$$p(S^h|D) = p(S^h, D) / p(D) = p(S^h)p(D|S^h) / p(D) \tag{5.5}$$

式中，$p(D)$ 是一个与结构无关的正规化常数；$p(D|S^h)$ 是边界似然。

于是确定网络结构的后验分布只需为每一个可能的结构计算数据的边界似然。在无约束多项分布、参数独立、采用 Dirichlet 先验和数据完整的前提下，数据的边界似然正好等于每一个 (i, j) 对的边界似然的乘积，即

$$p(D|S^h) = \prod_{i=1}^{n}\prod_{j=1}^{q_i} \frac{\Gamma(\partial_{ij})}{\Gamma(\partial_{ij} + N_{ij})} \prod_{k=1}^{r_i} \frac{\Gamma(\partial_{ijk} + N_{ijk})}{\Gamma(\partial_{ijk})} \tag{5.6}$$

式（5.6）由 Cooper 和 Herskovits（1992）提出。

贝叶斯网络建立学习算法主要包括两类：一类是基于依赖性测试的学习；另一类是基于搜索评分的学习。

基于依赖性测试的结构学习算法将贝叶斯网络看作是编码的变量间独立性关系的图结构。它的核心思想是：通过样本集 D 验证条件独立性 $I(X_i, X_j|C)$ 是否成立。若成立，则在网络 S 中节点 X_i 和 X_j 被 C 有向分割，节点 X_i 和 X_j 之间不存在边；若不成立，变量 X_i 和 X_j 是依赖的，网络中节点 X_i 和 X_j 之间存在边。然后，利用节点集之间的条件独立性，建造一个 DAG，以尽可能多地覆盖这些条件独立性。常用的独立性检验方法有 χ^2 检验和基于互信息的检验方法。

基于搜索评分的学习算法，其原理是在所有节点的结构空间内按照一定的搜索策略及评分准则构建贝叶斯网络结构。常用评分函数包括：Akaike 信息准则（AIC）、基于最短描述长度原理的 MDL 度量。

3. 贝叶斯网络学习算法

1）K2 算法

K2 算法用贪婪搜索处理模型选择问题：先定义一种评价网络结构优劣的评分函数，再从一个网络开始，根据事先确定的最大父节点数目和节点次序，选择分值最高的节点作为该节点的父节点。K2 算法使用后验概率作为评分函数：

$$p\left(D \mid B_s\right)=\prod_{i=1}^{n}\mathrm{score}\left(i, pa_i\right) \tag{5.7}$$

$$\mathrm{score}\left(i, pa_i\right)=\prod_{j=1}^{q_i}\left[\frac{\Gamma\left(\partial_{ij}\right)}{\Gamma\left(\partial_{ij}+N_{ij}\right)}\prod_{k=1}^{r_i}\frac{\Gamma\left(\partial_{ijk}+N_{ijk}\right)}{\Gamma\left(\partial_{ijk}\right)}\right] \tag{5.8}$$

K2 的出发点是一个包含所有节点但没有边的无向图。在搜索过程中，K2 按顺序逐个考察 p 中的变量，确定其父节点，然后添加相应的边。对某一变量 X_j，假设 K2 已经找到它的一些父节点 π_j。如果 $|\pi_j|<\mu$，即 X_j 的父节点个数还未达到上界 μ，那么就要继续为它寻找父节点。具体做法是首先考虑哪些排在 X_j 之前，但还不是 X_j 的父节点的变量，从这些变量中选出 X_i，它使得新家族 CH 评分 $V_{\mathrm{new}}\leftarrow \mathrm{CH}(<X_j, \pi_j \bigcup\{X_i\}>|\theta)$ 达到最大；然后将 V_{new} 与旧家族评分比较：如果 $V_{\mathrm{new}}>V_{\mathrm{old}}$，则把 X_i 添加为 X_j 的父节点；否则停止为 X_j 寻找父节点。

2）TAN 算法

树增强朴素贝叶斯(tree augmented native Bayesian，TAN)，它是在朴素贝叶斯分类器上添加边得到的。类属性是朴素贝叶斯网络中每个节点的单个父节点，TAN 考虑为每个节点增加第二个父节点。对于这类限制性网络，有一种有效算法能找出使网络似然达到最大值的边集，它是以计算网络的最大加权生成树为基础。$I(X;Y)$ 定义为互信息值，X 和 Y 定义为 2 个属性，其中互信息值越大，就代表 2 个属性关联性越大。互信息值的标准公式如下：

$$I(X;Y)=\sum_{x\in X}\sum_{y\in Y}p(x,y)\lg\frac{p(x,y)}{p(x)p(y)} \tag{5.9}$$

3）爬山算法

爬山算法的目标是要找出评分最高的模型，它从一个初始模型出发开始搜索，初始模型一般设为无边模型，在搜索的每一步，它首先用搜索算子对当前模型进行局部修改，得到一系列候选模型；然后计算每个候选模型的评分，并将最优候选模型与当前模型进行比较；若最优候选模型的评分高，则以它为下一个模型，继续搜索，否则，就停止搜索，并返回当前模型。搜索算子有三个：加边、减边和转边。加边和减边算子的使用有个前提，就是不能在网络中形成有向圈。爬山算法可以使用任何评分函数，不同的评分函数有不同的要求：贝叶斯评分要求关于先验参数分布的超参数，而验证数据似然度(holdout validation likelihood，HVL)及交叉验证似然度(cross validation likelihood，CVL)评分则要求把数据分成训练数据和验证数据。因此，需要处理的算法细节也有所不同。

4. 实验数据选择

收集的变量主要包括理化指标：水温(WT)、溶解氧(DO)、pH、电导率(Cond.)、透明度(SD)、总氮(TN)、总磷(TP)、氨氮(NH₃-N)、硝态氮(NO₂)、正磷酸盐(SRP);生物指标:浮游植物、蓝藻、微囊藻生物量和群落构成;微囊藻毒素水体浓度。

5.2.3 模型结果

1. 数据驱动的贝叶斯网络构建

通过 3 种不同的学习算法来构建贝叶斯网络,包括朴素贝叶斯(native Bayesian,NB)网络以及两种半朴素贝叶斯网络[树增强朴素贝叶斯(TAN)和基于爬山算法的增强贝叶斯信念网络(Bayesian belief network,BBN]。其中朴素贝叶斯网络父节点与子节点只有一个连接弧,而半朴素贝叶斯网络的属性间允许有两个或多个连接弧。连续变量离散化是贝叶斯网络实施的关键一步,本书设置等距和等频两种离散化方式,同时设置 4 种离散间隔(2~5)。为每一组参数组合方式设置一个模型,通过 100 次迭代随机选择一个训练和验证集,贝叶斯网络模型共计运行 2400 次迭代,通过比较模型准确度(correctly classified instances,CCI)来优化最合理的参数设置。数据集被随机划分为 10 等份,使用训练集(9/10 的数据)和测试集(1/10 的数据)进行 20 次重复采样。模型预测结果与常见分类算法,即 KNN、ID3、C4.5、SVM、Logistic 回归(LR)、随机森林(RF)、MLP 和 ZeroR 预测结果进行比较,分析相同数据下不同模型在预测微囊藻毒素(microcystin,MCs)上的有效性。

不同模型参数下贝叶斯模型预测准确性变化情况如图 5.17 所示。其中,模型预测性能显著受离散化类型的影响($P<0.05$)。基于数据等频离散化方法构建的贝叶斯网络的预测效果优于等距离散化方法的预测结果;由于构建模型的微囊藻毒素数据样本较少,因而 NB 的预测准确性要高于 TAN 和 BBN 的预测准确性。连续变量离散化数量差异对模型预测影响不显著,为降低模型复杂性,本书选取两种状态的离散化变量作为最优设置。

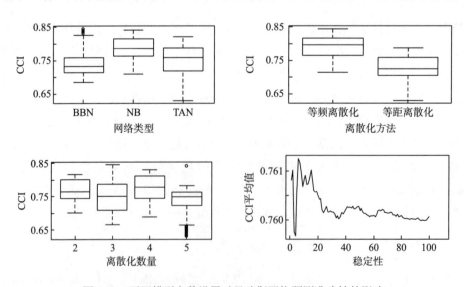

图 5.17　不同模型参数设置对贝叶斯网络预测准确性的影响

　　具有 12 个变量驱动的朴素贝叶斯网络模型如图 5.18 所示，由于朴素贝叶斯分类器减少了必须通过数据学习的条件概率数量（cp=27），所以对微囊藻毒素风险等级具有较高的预测能力（CCI= 0.83，Kappa = 0.60）。

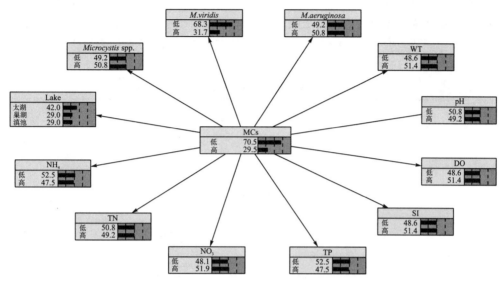

图 5.18　基于朴素贝叶斯网络的微囊藻毒素预测模型

　　为说明贝叶斯网络对微囊藻毒素的预测能力，本书选取不同分类算法作为比较。在保持离散化数据一致的前提下，通过 10 折交叉验证，计算出 4 种衡量模型性能的指示指标。根据文献 Kappa 值高于 0.4 被认为是较为有效的模型（Gabriels et al.，2007），几种测试算法基本都达到预测准确性；但是，Duncan 多重比较结果显示，贝叶斯网络、SVM 与 RF算法对微囊藻毒素的预测准确性优于其他算法（表 5.11）。

表 5.11　贝叶斯网络与常见分类算法对微囊藻毒素预测能力的比较

模型	CCI	K	RMSE	RAE
BBN	0.832 (σ=0.079)	0.598 (σ=0.188)	0.356 (σ=0.080)	0.530 (σ=0.143)
NN	0.786 (σ=0.085)	0.489 (cp=0.200)	0.409 (σ=0.090)	0.515 (σ=0.180)
2-NN	0.796 (σ=0.084)	0.526 (σ=0.189)	0.378 (σ=0.073)	0.567 (σ=0.139)
3-NN	0.812 (σ=0.078)	0.539 (σ=0.192)	0.369 (σ=0.066)	0.583 (σ=0.123)
ID3	0.770 (σ=0.090)	0.499 (σ=0.186)	0.450 (σ=0.098)	0.547 (σ=0.214)
LR	0.827 (σ=0.079)	0.576 (σ=0.193)	0.360 (σ=0.058)	0.659 (σ=0.128)
SVM	0.820 (σ=0.078)	0.552 (σ=0.195)	0.413 (σ=0.096)	0.440 (σ=0.191)
MLP	0.795 (σ=0.082)	0.496 (σ=0.199)	0.406 (σ=0.086)	0.509 (σ=0.167)
C4.5	0.810 (σ=0.079)	0.545 (σ=0.188)	0.374 (σ=0.068)	0.624 (σ=0.120)
RF	0.816 (σ=0.082)	0.549 (σ=0.195)	0.360 (σ=0.062)	0.611 (σ=0.118)
ZeroR	0.714 (σ=0.019)	0	0.452 (σ=0.009)	100

2. 知识驱动的贝叶斯网络构建

本书根据微囊藻毒素与环境因子先验知识，构建了知识驱动的贝叶斯网络模型。首先，在文献调研、数据分布规律（四分位数）及分类回归树实验结果的基础上对变量进行离散化，微囊藻毒素和微囊藻生物量离散化是依据 Izydorczyk 等（2009）推荐的饮用水中蓝藻警戒水平框架。网络结构包含 3 层 12 个变量，变量间的逻辑联系通过文献资料界定（表 5.12）。

表 5.12　解释变量和响应变量离散化阈值范围

变量	定义	单位	划分阈值	参考来源
WT	水温（Surface temperature）	°C	WT <20 20≤WT<24 WT≥24	Rigosi et al.，2015
TP	总磷（Total phosphorus at surface）	mg/L	0<TP<0.1 0.1≤TP<0.2 TP≥0.2	数据分布四分位数
TN	总氮（Total nitrogen at surface）	mg/L	0<TN<2.0 2.0≤TN<4.0 TN≥4.0	数据分布四分位数
DIP	溶解性无机磷（Dissolved inorganic phosphorus）	mg/L	DIP<0.01 0.01≤DIP<0.04 DIP≥0.04	数据分布四分位数
DIN	溶解性无机氮（Dissolved inorganic nitrogen）	mg/L	DIN<0.4 0.4≤DIN<1.5 DIN≥1.5	数据分布四分位数
SI	遮光系数（Shade index）	m	SI<6 6≤SI<18 SI≥18	数据分布四分位数
MCs	微囊藻毒素（microcystin）	μg/L	MCs<0.4 0.4≤MCs<1.0 MCs≥1.0	Izydorczyk et al.，2009
B_M	微囊藻生物量 ［Biomass of total Microcystis （1000 cells/mL = 0.3mg/L）］	mg/L	B_M< 0.6 0.6≤B_M<15 B_M≥15	Izydorczyk et al.，2009
B_{MA}	铜绿微囊藻生物量 ［Biomass of microcystis aeruginosa （1000 cells/mL = 0.3mg/L）］	mg/L	B_{MA}<0.15 0.15≤B_{MA}<1.5 B_{MA}≥1.5	Izydorczyk et al.，2009

通过多元回归分析，建立起环境因子与产毒的铜绿微囊藻和微囊藻毒素的驱动响应关系（表 5.13）。结果表明，遮光系数是影响微囊藻毒素最显著的环境变量（R^2_{adj}=0.08，P< 0.001），其次为水温和总氮。微囊藻生物量（B_M）受总磷、溶解性无机氮和水温影响，而产毒的铜绿微囊藻生物量（B_{MA}）则与总磷和水温相关。进一步分析发现，氨氮对铜绿微囊藻的影响要高于硝态氮，即水体中磷素浓度有利于控制微囊藻增殖，而水体中氮素浓度可调节微囊藻毒素的产生。最终，经验知识驱动的贝斯网络结构如图 5.19 所示。首先，水温、总磷、溶解性无机氮、溶解性无机磷、遮光系数（定义为水深与透明度比值）

被选为环境变量来预测微囊藻生物量，模型具有一定预测能力（CCI=0.81，Kappa=0.29）。其次，总磷、水温、溶解性无机氮和总氮被选为环境变量来预测产毒微囊藻生物量，由于模型复杂度降低，相对于微囊藻生物量，产毒微囊藻生物量具有更好的预测能力（CCI=0.94，Kappa = 0.55）。最后，水温、总氮和遮光系数被用来预测微囊藻毒素风险，受限于微囊藻毒素数据集数量和微囊藻毒素监测的不确定性，模型预测能力不如数据驱动的方式（CCI = 0.62，Kappa = 0.14），但是能够提供很好的生态学解释，可以通过改变输入环境条件，对未来趋势进行预测。

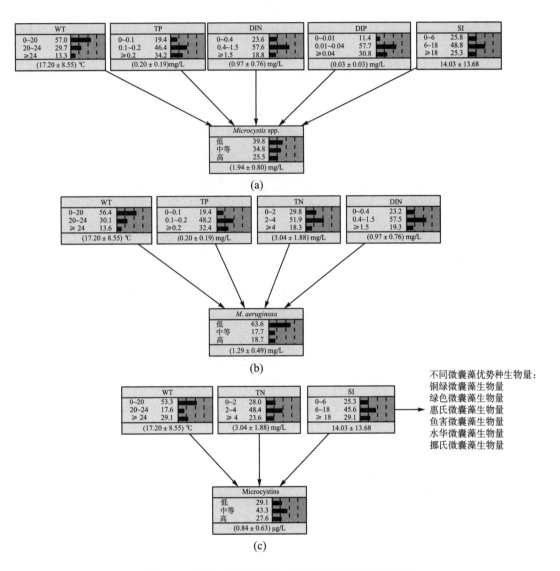

图 5.19　经验知识驱动的贝叶斯网络藻毒素预测模型

表 5.13　多元回归模型构建环境因子与微囊藻毒素（MCs）、

微囊藻生物量（B_M）和铜绿微囊藻生物量（B_{MA}）直接关系

编号	响应变量	线性模型	R^2_{adj}	AIC	F	df
1		−0.29lgSI***	0.08	126	19	201
2	lgMCs	−0.31lgSI***+ 0.25lg TN**	0.12	119	14	200
3		−0.31lgSI***+ 0.23 lg TN** + 0.19 lgWT*	0.14	115	12	199
4		−0.47***+ 1.04 lgWT***	0.19	2098	249	1088
5		0.38***+ 1.05lgWT***+1.06 lgTP***	0.36	1835	308	1087
6	lgB$_M$	0.36***+ 1.01lgWT***+ 1.07 lgTP***−0.43lg DIN***	0.42	1732	263	1086
7		−0.53***+0.98lgWT***+0.82lgTP***−0.33lgDIN*** +0.45lgSI***−0.11lgDIP**	0.46	1654	156	1083
8	lgB$_{MA}$	0.46***+0.35lgTP***	0.09	508	108	1088
9		0.18***+0.35lgTP***+0.24lgWT***	0.14	450	88	1087
10		0.18***+0.35lgTP***+0.24lgWT***−0.06lgDIN**	0.14	445	68	1086
11		0.12*+0.33lgTP***+0.23lgWT***−0.07lgDIN**+0.11lgTN**	0.15	439	48	1085

注：AIC 为赤池信息量准测；df 为自由度。通过 P 值反映回归系数的显著性，其中：***$P < 0.001$；**$0.001< P <0.01$；*$0.01 < P < 0.05$

3. 变量灵敏度分析

龙卷风图（图 5.20）展示贝叶斯网络灵敏度分析结果。通过改变概率空间上每一个属性概率来获取目标节点微囊藻毒素的变化情况。结果验证了数据驱动模型通常对输入变量变化较为敏感，而两种类型贝叶斯网络皆说明水温、铜绿微囊藻生物量和氨氮是影响微囊藻毒素变化最主要的输入变量。水体遮光系数和绿色微囊藻生物量对微囊藻毒素也有重要影响，但两者与微囊藻毒素呈负相关关系，例如在数据驱动贝叶斯网络中，当遮光系数和绿色微囊藻生物量分别处于高水平时，微囊藻毒素高风险概率分别下降 9.3%和 17.4%。

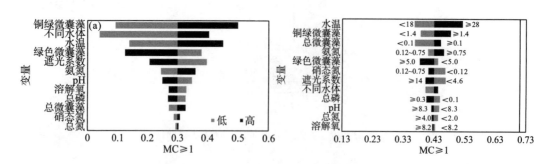

图 5.20　两种类型贝叶斯网络灵敏度分析结果

　　同时对表 5.14 中第三个贝叶斯网络模型中不同表型微囊藻生物量进行灵敏度分析，结果表明不同表型微囊藻对微囊藻毒素贡献从大到小依次为：铜绿微囊藻（B_{MA}）、绿色微囊藻（B_{MV}）、惠氏微囊藻（B_{MW}）、鱼害微囊藻（B_{MI}）、水华微囊藻（B_{MF}）和挪氏微囊藻（B_{MN}）。

表 5.14　不同表型微囊藻对微囊藻毒素贡献的灵敏度分析结果

序号	微囊藻毒素贡献灵敏度								
	WT	TN	SI	B_{MA}	B_{MW}	B_{MF}	B_{MI}	B_{MV}	B_{MN}
A	1.80	1.52	4.49	7.73					
B	2.66	1.09	1.02		1.25				
C	3.42	2.19	2.53			0.59			
D	2.72	1.87	4.96				1.05		
E	3.50	1.74	0.58					2.60	
F	3.92	0.67	1.07						0.48

参 考 文 献

崔玉泉, 张丽, 史开泉, 2010. 粗糙集的动态特性研究[J]. 山东大学学报(理学版), 45(6): 8-14.

傅荟璇, 赵红, 等, 2010. MATLAB 神经网络应用设计[M]. 北京: 机械工业出版社.

郭志林. 2013. 奇异粗糙集理论与方法[M]. 北京: 中国农业科学技术出版社.

孔繁翔, 宋立荣, 2011. 蓝藻水华形成过程及其环境特征研究[M]. 北京: 科学出版社.

李保平, 2011. 基于 S-粗集的系统规律挖掘与非线性系统输出反馈[D]. 合肥: 安徽大学.

刘德富, 2013. 三峡水库支流水华与生态调度[M]. 北京: 中国水利水电出版社.

秦伯强, 杨桂军, 马健荣, 等, 2016. 太湖蓝藻水华"暴发"的动态特征及其机制[J]. 科学通报, 61(7): 90-101.

史开泉, 姚炳学, 2007. 函数 S-粗集与系统规律挖掘[M]. 北京: 科学出版社.

王永生, 2016. 基于粗糙集理论的动态数据挖掘关键技术研究[D]. 北京: 北京科技大学.

Carvajal G, Roser D J, Sisson S A, et al., 2015. Modelling pathogen log10 reduction values achieved by activated sludge treatment using naïve and semi naïve Bayes network models[J]. Water research, 85: 304-315.

Cooper G, Herskovits E, 1992. A Bayesian method for the introduction of probabilistic networks from data[J]. Machine Learning, 9: 309-347.

Gabriels W, Goethals P L M, Dedecker A P, et al., 2007. Analysis of macrobenthic communities in Flanders, Belgium, using a stepwise input variable selection procedure with artificial neural networks[J]. Aquatic Ecology, 41(3): 427-441.

Izydorczyk K, Carpentier C, Mrówczyński J, et al., 2009. Establishment of an Alert Level Framework for cyanobacteria in drinking water resources by using the Algae Online Analyser for monitoring cyanobacterial chlorophyll a[J]. Water Research, 43(4): 989-996.

Mao J Q, Lee J H W, Choi K W, 2009. The extended Kalman filter for forecast of algal bloom dynamics[J]. Water research, 43(17): 4214-4224.

Parinet B, Lhote A, Legube B, 2004. Principal component analysis: an appropriate tool for water quality evaluation and management—application to a tropical lake system[J]. Ecological Modelling, 178(3): 295-311.

Rigosi A, Hanson P, Hamilton D P, et al., 2015. Determining the probability of cyanobacterial blooms: the application of Bayesian networks in multiple lake systems[J]. Ecological Applications, 25(1): 186-199.

Shan K, Li L, Wang X, et al., 2014. Modelling ecosystem structure and trophic interactions in a typical cyanobacterial bloom-dominated shallow Lake Dianchi, China[J]. Ecological modelling, 291: 82-95.

Shan K, Shang M, Zhou B, et al., 2019a. Application of Bayesian network including Microcystis morphospecies for microcystin risk assessment in three cyanobacterial bloom-plagued lakes, China[J]. Harmful algae, 83: 14-24.

Shan K, Song L, Chen W, et al., 2019b. Analysis of environmental drivers influencing interspecific variations and associations among bloom-forming cyanobacteria in large, shallow eutrophic lakes[J]. Harmful algae, 84: 84-94.

Wehr J D, Descy J P, 1998. Use of phytoplankton in large river management[J]. Journal of Phycology, 34:741-749.

Yan H, Wang G, Wu D, et al., 2017. Water Bloom Precursor Analysis Based on Two Direction S-Rough Set[J]. Water Resources Management, 31(5): 1435-1456.

Ye L, Han X Q, Xu Y Y, et al., 2007. Spatial analysis for spring bloom and nutrient limitation in Xiangxi Bay of Three Gorges Reservoir[J]. Environmental Monitoring and Assessment, 127(1-3): 135-145.

Ye L, Xu Y, Han X, et al., 2006. Daily dynamics of nutrients and chlorophyll a during a spring phytoplankton bloom in Xiangxi Bay of the Three Gorges Reservoir[J]. Journal of Freshwater Ecology, 21(2): 315-321.

第6章 三峡生态环境感知系统的构建

6.1 概 述

为了实现数据共享，更好地管好用好监测成果，国务院三峡工程建设委员会办公室（简称"国务院三峡办"）水库管理司和中科院资环局经过协商，于 1996 年决定依托中科院遥感应用研究所共同组建三峡工程生态与环境监测系统信息管理中心，负责建设和维护"长江三峡生态与环境监测信息系统"（简称三峡监测系统）。三峡工程生态与环境监测系统信息管理中心是三峡生态环境信息服务、信息共享、信息发布、信息综合分析和动态信息集中管理的机构，为三峡工程提供生态与环境信息服务。由于监测系统构成单位涉及中央和地方众多部门，其运行呈分布式管理，运行管理主要由国务院三峡办负责，监测工作依托于既定监测业务部门。其中，各监测单位围绕三峡工程开展生态与环境监测，在其既定部门监测业务上开展工作。

通过连续监测，三峡监测系统积累了三峡工程大量、第一手、不可重现的长时间序列生态与环境监测数据。自 1996 年至 2015 年 8 月，已存储监测数据 5.3GB，基础地理与遥感监测数据 367GB，公共数据 47MB，建立了纸质资料档案库 600 余册。工作人员在保证数据规范化与系统化管理的同时，致力于监测数据的信息化平台建设工作，于 2009 年实现了监测系统内部的数据共享，同时逐步对社会提供数据共享服务，为全面、客观、科学地分析三峡工程生态与环境问题奠定了基础。多年来，三峡监测系统充分利用多学科交叉优势，高度重视新技术、新方法的应用，使得监测工作从时间和空间维度上获得了极大的提升。在获取大量监测数据和珍贵资料的基础上，各监测子系统开展了大量科学和应用研究工作，取得了许多有价值的研究成果。三峡监测系统多年的运行发展过程中，各监测任务承担单位将监测和研究相结合，通过监测技术手段的不断提高和能力建设的投入，培育了相关专业领域的学科方向，拓展了自身专业研究深度，从而带动了整个监测系统业务水平与学术水平的提高。

三峡监测系统运行过程中，主要通过公报、综合分析报告及各类专报 3 种类型的报告以及三峡生态环境监测系统信息网站来全面、实时、客观地发布三峡库区生态与环境相关信息。中国环境监测总站连续每年编制《长江三峡工程生态与环境监测公报》，及时将监测结果向国内外公开发布，客观呈现了三峡生态与环境的真实现状，成为国内具有权威性的三峡生态与环境信息交流窗口。开展综合分析研究，编制《长江三峡生态环境监测综合分析报告》，编写了大量技术报告、监测简报、信息专报、监测快报等各种形式的技术资料，这些为三峡地区生态建设和环境管理决策提供了重要的技术支持。

　　三峡工程是治理和开发长江的关键性控制工程，是一项多目标、多功能、多效益的复杂系统工程。三峡工程综合管理涉及库区和中下游影响区，包括库区移民安稳致富、生态建设和环境保护、地质灾害防治等多项重要任务，关系防洪、发电、航运、供水等综合效益的发挥。如今三峡工程已进入运行期，然而现有的三峡监测系统主要是针对三峡工程建设期管理目标建设的，尚不能完全达到三峡工程运行对处理大尺度问题、敏感性问题和突发性问题进行综合管理、实时管理和应急反应的要求，综合效益的拓展也对监测能力建设提出了更高的要求。这些问题的解决对信息的采集、传输、处理和加工等提出了更高要求。新监测系统的建设与完善，将进一步对现有的监测系统进行整合、补充和完善，使监测系统所提供的指标更加全面，数据时效性更强，覆盖面更广，综合分析和可视化功能得到显著加强，数据的可用性得到较大改观，不仅有助于解决三峡水库蓄水出现的新问题，同时能延续前期监测工作，形成更加完整和科学的数据和资料，更好地满足三峡工程管理、公众知情和科学认知的需求。

6.2　感知系统技术要求

　　三峡生态环境感知系统建设的基本工作内容包括数据收集、整理、存储、管理、共享和分析，并在数据资源建设基础上，提供数据挖掘基础平台、数据分析专业平台、数据分析等服务；同时，依托三峡监测系统各重点监测自身领域专业知识，整合信息领域先进的大数据和云平台方法，充分利用计算机资源，为三峡水库生态调度和相关单位与上级主管部门提供决策支持，并辅助于公众信息的发布和相关学科的研究工作。具体工作内容如图 6.1 所示。

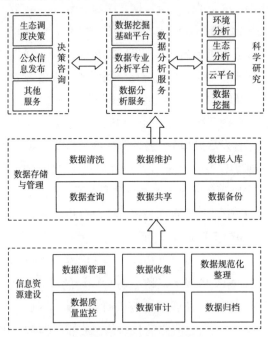

图 6.1　工作内容示意图

6.2.1 数据库资源建设

1. 数据收集

监测数据收集是三峡生态环境监测数据库的数据来源之一，是对整个三峡库区进行实时、准实时以及长期动态立体监测数据的收集。监测数据来源包括以下三个方面。

(1)重点站数据收集和校验。通过自动收集，整体收集覆盖水环境、陆生生态、水生生态、河口生态、湿地生态、土壤环境、泥沙、水土保持、气候、地震、人群健康、遥感、水库管理 13 个监测子系统和 30 个监测重点站的监测数据，并且三峡工程生态环境监测系统信息管理中心也将承担一些指标质量校正工作。

(2)历史数据收集。通过人工收集和自动收集，整体收集各监测站点的监测历史数据。历史数据包含陆生生态历史数据、水生生态历史数据、河口生态历史数据、湿地生态历史数据、土壤环境历史数据、泥沙历史数据、水土保持历史数据、气候历史数据、地震历史数据、人群健康历史数据、社会经济历史数据、遥感历史数据、水库管理历史数据等。

(3)外部数据收集。通过人工收集和自动收集，收集外部公开数据源数据，包括政府公开数据，公益组织数据，相关环保、水利等公共信息服务平台数据，其他网站公开数据，以及监测系统与全国生态环境网络之间的联网数据。

2. 数据整理

数据整理规范化是为了使一定围内的标准建立起协调的秩序，并达到规定的功能所应当具备的、具有内在联系的规范的有机整体。三峡生态环境监测数据库数据处理过程主要包括数据收集、数据整理、数据质量检查。针对三峡生态环境监测数据特点，要将各种涉及多学科、不同来源和格式的监测数据进行收集整理，并根据需求实现不同的服务效果，必须按照一定的规范才能更好地完成，从而促进三峡生态环境监测数据库的建设与扩展。

1)参考和引用的规范和标准

目前主要参考中国科学院数据应用环境建设与服务项目发布的《主题数据库建设规范》(TR-REC-001)、《专题数据库建设规范》(TR-REC-002)和《数据资源建设》中的《数据资源加工指导规范》(TR-REC-012)、《科学数据集核心元数据规范》(TR-REC-014)等行业标准规范，通过对国家、行业和国际标准规范的吸收与补充，结合三峡库区生态环境监测数据库建库需求，制订具有三峡库区特色的内部暂行标准来完成对生态环境监测数据收集整理工作的组织管理、规范监测及研究数据资源加工流程。

参照《文献著录总则》(GB/T 3792.1—1983)，建立和健全三峡库区生态环境监测数据检索体系，确定三峡库区的基本术语及其定义，保证三峡库区生态环境监测数据分类标引的质量，提高检索效果。这些对于监测数据收集和整理规范的制定和应用是必不可少的，对于著录规则标准起着基础支撑的作用。

2）数据收集要求

数据整理是通过对原始数据资料的整理，使数据库中的数据有序化，从而满足对数据的使用需要，为数据库建设提供符合标准要求的数据源，以便用户快速、准确、方便的获取。数据整理包括对数据进行相应的规整、数据资源分类、文件格式规范化整理、文件名规范化整理等。三峡库区生态环境监测数据库针对不同种类、学科所收集的数据进行分类整理。监测数据根据调查方式主要分为描述空间分布特征的剖面数据资料和描述时间序列变化的时间序列数据资料两类。而研究数据根据数据产生途径的不同分为模拟和同化数据、卫星与水体遥感产品数据、图片产品数据等。每一类数据又包括不同学科、不同格式的数据。收集数据格式中包括 ASCII 文本、Excel 表、GrADS Binary 二进制数据、NetCDF、jpg、kml、kmz 等，形成三峡生态环境监测数据库数据资源分类及格式表。监测数据收集工作重点对数据必要要素和元数据信息两方面进行规范。在进行监测数据收集工作时，考虑到获取手段与学科类型复杂多样，需要对数据来源和数据类型进行说明；根据数据的时空分布特征对数据选取范围进行约定，包括时间范围、空间范围、学科范围等；根据数据的形态与容量对收集数据的数据量、文件格式、变量指标的定义、测量方法、精度，以及数据收集所使用的样表进行说明；对数据收集的过程进行规定，保证数据收集工作正常完成所必须执行的工作过程，如每个过程的目标、执行人、设备要求等。

根据三峡生态环境监测数据库数据建设要求及总体目标，针对监测数据，对数据库数据用户的数据需求进行调研，围绕研究方向、常用的数据资源、数据来源/网址等要素，发出问卷。根据收到的反馈结果统计，并参考中国科学院数据应用环境建设和服务项目发布的《科学数据库核心元数据规范》（TR-REC-014）、《科学数据分类规范与分类词表》（TR-REC-018）、《人地系统主题数据库元数据标准》（TR-REC-015-01）、《地学领域数据资源加工指导规范》（TR-REC-07-01）及《数据跨域互操作技术规范》（TR-REC-033）等行业与国家标准规范，确定数据库所需的数据关键要素和字段。

元数据（metadata）是描述资源属性的数据，用于描述数据源内容和位置的数据元素集合。数据源元数据信息准确、描述完整是数据收集整理的重要基础。数据提供者在提供监测数据的同时要提供包含数据变量、数据格式、数据质量与控制措施、数据量等 10 项元数据基本信息的数据信息表，为元数据编著提供核心要素信息。基于核心元数据标准，根据监测数据特点对其他研究数据进行适当的扩展。

6.2.2　数据管理

1. 数据存储

三峡生态环境监测系统涵盖的数据种类多、涉及面广、信息分散，目前缺乏一套全面、系统、准确、规范的基础信息资料。通过数据存储标准体系，解决当前三峡生态环境监测数据管理分散、基础数据存储零乱、标准化低、应用服务适用性单一、难以共享等问题；整合现有三峡库区生态环境监测数据库和系统资源，深入开发新的数据库，建立和健全数据库存储标准规范体系，建立一个集中管理、安全规范、充分共享、全面服务的三峡生态环境监测数据库。

数据存储标准将统一监测数据库的库表结构、数据表示和标识，根据分类设计原则，按照 13 个监测子系统和 30 个监测重点站分类设计，如图 6.2 所示。

以工业和生活污染源监测重点站的监测数据存储标准为例，存储表结构见表 6.1，涵盖监测范围、监测频次和监测方式等信息。将继续针对其余 29 个重点站研究存储标准规范，最后形成一份《三峡生态环境监测系统数据存储规范》，该规范经过领域专家和各重点站论证后，在三峡监测系统数据管理中推广使用。

表 6.1 工业和生活污染源监测数据存储表表结构示例

序号	字段名	标识符	类型及长度	有无空值	计量单位	主键	监测范围	监测频次	监测方式
1	采样时间	SAMP_TIME	Time	N		Y			
2	水温	TEMP	N(3, 1)		℃		库区	2 次/年	温度计法
3	pH	PH	N(4, 2)				库区	2 次/年	玻璃电极法
4	溶解氧	DO	N(4, 2)		mg/L		库区	2 次/年	电化学探头法
5	化学需氧量	COD_CR	N(7, 1)		mg/L		库区	2 次/年	水质化学需氧量的测定(重铬酸盐法)
6	五日生化需氧量	BOD_5	N(5, 1)		mg/L		库区	2 次/年	五日生活需氧量的测定(稀释与接种法)
7	氨氮	NH3-N	N(6, 2)		mg/L		库区	2 次/年	纳氏试剂比色法
8	总磷	TP	N(5, 3)		mg/L		库区	2 次/年	钼酸铵分光光度法
9	总氮	TN	N(5, 2)		mg/L		库区	2 次/年	碱性过硫酸钾消解紫外分光光度法
10	铜	CU	N(7, 4)		mg/L		库区	2 次/年	2,9-二甲基-1,10-菲啰啉分光光度法
11	锌	ZN	N(6, 4)		mg/L		库区	2 次/年	原子吸收分光光度法
12	砷	AS	N(7, 5)		mg/L		库区	2 次/年	冷原子荧光法
13	汞	HG	N(7, 5)		mg/L		库区	2 次/年	冷原子吸收分光光度法
14	镉	CD	N(7, 5)		mg/L		库区	2 次/年	原子吸收分光光度法(螯合萃取法)
15	铬	HV_CHR	N(5, 2)		mg/L		库区	2 次/年	原子吸收分光光度法
16	铅	PB	N(7, 5)		mg/L		库区	2 次/年	原子吸收分光光度法
17	氰化物	CN	N(5, 3)		mg/L		库区	2 次/年	异烟酸-吡唑啉酮比色法
18	石油类	OIL	N(4, 2)		mg/L		库区	2 次/年	红外分光光度法
19	硫酸盐	SO_4	N(6, 2)		mg/L		库区	2 次/年	离子色谱法
20	氯化物	CL	N(7, 2)		mg/L		库区	2 次/年	离子色谱法
21	硝酸盐	NO_3	N(5, 2)		mg/L		库区	2 次/年	离子色谱法
22	总有机碳	TOC	N(7, 2)		mg/L		库区	2 次/年	TOC 仪
23	镍	NI	N(7, 5)		mg/L		库区	2 次/年	无火焰原子吸收分光光度法
24	多氯联苯(PCB)	PCB	N(8, 6)		mg/L		库区	2 次/年	气相色谱法
25	多环芳烃(PAH)	PAH	N(8, 6)		mg/L		库区	2 次/年	气相色谱法
26	叶绿素 a	CHLPH	N(4, 2)		mg/L		库区	2 次/年	水质叶绿素 a 的测定光度法
27	透明度	TRAN	N(4, 2)		m		库区	2 次/年	塞氏盘法
28	污水流量	Q	N(9, 1)		m³/s		库区	2 次/年	地表水和污水监测技术规范
29	动植物油	AV_OIL	N(4, 2)		mg/L		库区	2 次/年	

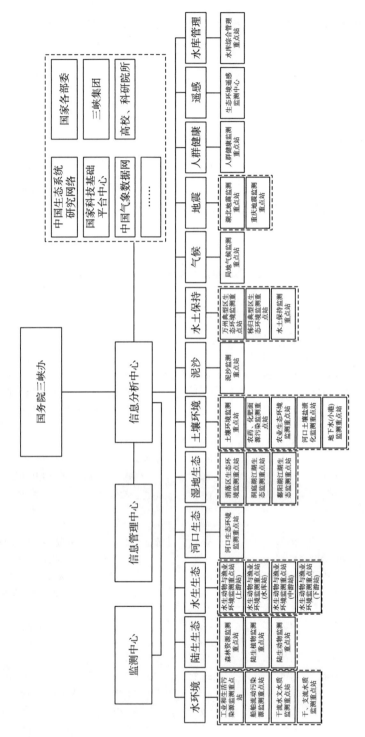

图 6.2　三峡生态环境监测系统结构示意图

2. 数据管理

通过建设数据管理办法，加强和规范三峡生态环境监测信息与数据的管理，大力推进库区生态环境监测数据在各领域的广泛应用，充分发挥其对国家安全和经济社会发展的支撑服务作用。管理办法依据国务院批准的《关于三峡后续工作规划的批复》（国函〔2011〕29号）、国务院办公厅印发的《科学数据管理办法》以及其他有关法律法规和文件规定。具体分述如下。

(1) 建立统一规范的数据质量评价体系和质量保证体系。制定和维护标准规范、监测分析的规范化、资格认证、培训与责任负责制。制定数据质量目标，数据提交表格，设置统一仪器和标准分析样品，定期进行系统内标样测定与仪器校验，定期对数据进行检验和质量评估。对存在数据质量问题的基层站和重点站追究责任。

(2) 监测信息流程化管理。监测重点站及时、完整地按照合同约定向各相关专业中心提交数据；各中心负责整编、核对、归档等，将存在的问题反馈回重点站，并将汇总整理后的监测数据分别提交管理中心。

(3) 监测信息标准化管理。制定"监测体系数据提交办法"，明确数据提交的各项要求，包括提交方式、提交时间、提交频率、数据内容、数据格式等。各监测重点站、基层站按照统一的、规范的数据格式进行原始数据的填报，以便对信息的综合分析、对比分析以及对监测数据科学性、准确性的检验。

(4) 加强网络数据库建设、数据管理与发布建设。研究并制订三峡工程监测规范；研究数据质量评估和控制的理论和方法；探讨属性数据和空间数据的复合技术；研究数据管理与共享的政策和技术方法，建立规范的网络数据库。

(5) 监测中心(重点站)围绕三峡工程重点监测问题，开展监测数据的综合分析与评价，报送监测年报、专报等；如遇到突发的重大生态与环境事件时，通过应急监测发布专报。

6.2.3　数据分析

利用监测系统中数据和信息的统一收集、存储、管理和综合应用，系统为国务院原三峡办和各重点站提供与信息相关联的分析服务。同时，信息分析系统的建设及成功应用，为三峡水库蓄水运行期间生物生态多样性结构与功能、重要水域环境现状及其动态变化规律提供数据分析和决策辅助支持。通过建设数据分析服务"云平台"，提供数据挖掘基础平台和专业分析平台，各领域专家通过登录访问信息中心平台，对局地气候、水环境、生态与生物多样性、水库库容和岸线、地震与地质灾害等生态环境监测数据以及遥感监测数据进行挖掘分析，全方位掌握三峡库区蓄水后生态环境动态变化趋势，为三峡水库安全运行提供综合决策和数据支撑。通过跨领域数据的收集、整理分析，及时跟踪监测、分析三峡工程对生态环境的影响，及时预警、预报，为以后评估大型工程建设对生态环境的影响提供了决策基础。

　　三峡生态环境监测系统涉及水环境、土壤环境、水生生态、陆生生态、河口生态、遥感、地震、气候、人群健康、水土保持、湿地生态、泥沙和水库管理 13 个监测子系统。平台可提供通用的数据分析方法和分析计算资源，具体包括：①为用户提供一些通用的数据挖掘方法，可实现数据统计、分类、聚类和回归等功能；②可根据用户的专业领域需求，集成一些通用的评价方法体系和数学运算模型，对一些特定领域模型方法进行深入定制，形成数据分析专业平台；③为用户提供数据计算资源用于复杂模型计算，快速实现领域内数据的即时运算分析、历史趋势追溯评价、未来趋势诊断评估。针对上述要求及信息中心服务定位，中心将具体提供以下三个方面的功能服务。

1. 数据挖掘

　　数据基础平台的主要功能是提供多种先进的数据挖掘方法供用户使用。用户通过登录平台，利用已获取的监测数据或平台提供的基础数据，选取适宜的数据挖掘方法进行研究实验。数据挖掘又称数据库中的知识发现，是指从数据库的大量数据中揭示出隐含的、先前未知的并有潜在价值的信息的非平凡过程，是目前人工智能和数据库领域研究的热点问题。数据挖掘常用的方法主要有分类、回归分析、聚类、关联规则、神经网络方法和偏差分析等，它们分别从不同的角度对数据进行挖掘。

2. 数据专业分析

　　数据分析不仅可提供数据挖掘方法，还可根据用户的专业领域需求，集成一些通用的评价方法体系和数学运算模型，对一些特定领域模型方法进行深入定制，形成数据分析专业平台。在信息中心服务平台上进行复杂模型计算，帮助用户节省计算成本，快速实现领域内数据的即时运算分析、历史趋势追溯评价、未来趋势诊断评估等。

3. 数据管理服务

　　通过建设大数据管理平台进行监测系统内部及外部数据的存储和高速处理。该平台主要管理各监测站监测数据、历史数据和外部数据，为应用支撑、业务服务和科学分析提供各类数据资源。大数据管理平台逻辑上由业务应用部分、结构化大数据存储系统的逻辑结构、结构化大数据存储系统三层组成(图 6.3)。其主要技术和功能如下：①具备基于 Docker 的云计算 2.0 技术框架；②具备自动监控、分配、迁移和综合管理系统虚拟机等资源的功能；③具备高级负载均衡、绿色节能等智能调度算法；④具有对大数据处理平台进行高级负载均衡、平衡加速的先进并行调度技术；⑤提供直连文件系统，大幅降低分布式文件系统的使用难度，提高文件在分布式系统中的存储效率；⑥提供多网关数据处理功能，能够满足多数据源海量同时上传数据时的高并发、高吞吐需求；⑦提供基于 HBase 的 NoSQL 数据库动态索引特性；⑧提供数据挖掘分析方法模块，集成机器学习、人工神经网络、关联分析等大数据分析算法,为平台的业务服务提供技术支撑;⑨提供图形界面化的平台管理系统、便利的综合管理功能以及多种自动化平台管理机制。

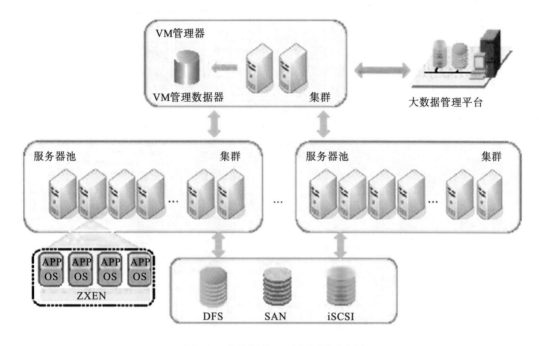

图 6.3　大数据管理平台部署示意图

6.3　感知系统建设方案

立足三峡工程综合管理需求,按三峡后续工作规划和相关标准,改善信息的利用方式,搭建具有国内先进水平的信息共享、数据综合分析应用和管理决策支持平台,实现信息化资源的有效整合与共享,提升三峡工程综合管理科学决策水平和应急反应能力,为"移民安稳致富、生态环境保护、地质灾害防治,中下游影响处理,综合管理加强,综合效益拓展"等三峡后续工作提供信息支撑,为实现"建设和谐稳定的新库区,保障三峡工程综合效益全面、协调和可持续发挥"的目标提供信息保障。感知系统包括数据采集层、基础设施层、数据中心层、应用支撑层、业务应用层、系统用户、应急能力和相应的标准规范体系等几部分,架构如图 6.4 所示。系统向下整体覆盖水环境、陆生生态、水生生态、河口生态、湿地生态、土壤环境、泥沙、水土保持、气候、地震、人群健康、遥感和水库管理 13 个监测子系统 30 个监测重点站。

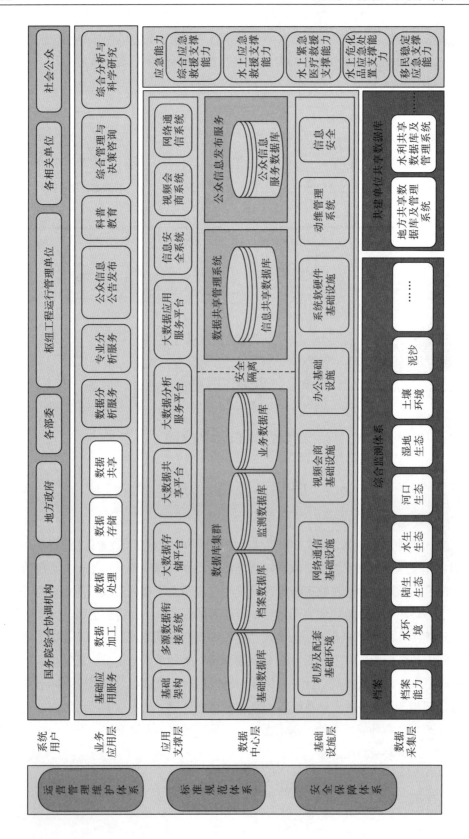

图 6.4　感知系统架构

6.3.1 信息资源建设

1. 数据库分类设计

数据库分类设计包括基础数据库、监测数据库、档案数据库、业务数据库、信息共享数据库、公众信息服务数据库 6 类(表 6.2)。

表 6.2 数据库分类设计

序号	数据库类别	主要内容
1	基础数据库	包括基础数据和空间数据。其中,基础数据包括行政区划、社会经济、基础工程、监测体系基础信息、河湖水系等自然地理要素的属性数据;基础空间数据主要包括基础地理数据、数字高程模型(DEM)、卫星遥感影像和航空影像;专业空间数据包括水利专业或与之相关的空间信息
2	监测数据库	一是在线监测数据,二是常规监测数据。其中,水文数据主要包括:实时水雨情数据、水库防汛调度数据库、基础水文数据等;水质水环境数据主要包括水质的监测、评价数据,水环境管理相关的基础数据等,水生态数据等;生态环境数据主要包括局地气候、农业生态环境、河口土壤盐渍化、陆生植物、森林生态、野生动物、土地生态与景观多样性、湿地生态与生物多样性等
3	档案数据库	包括档案数据、政务数据、专家数据、知识数据、系统数据。其中,档案数据包括三峡后续工作档案库、三峡工程前期规划档案库、三峡工程枢纽档案库、三峡工程输变电档案库、三峡工程移民档案库、三峡工程管理档案库等;政务数据包括政策法规、行政条例、管理机构基本信息、人事信息、审批流程信息以及日常办公与行政管理过程中形成的各类信息;专家数据包括所有水利工程、地质灾害、生态与环境、社会经济等领域的专家资源信息用于三峡工程管理有关领域知识的采集、整理以及提取;系统数据指各业务应用系统正常运行所需的管理数据和服务数据
4	业务数据库	具体包括数据服务数据、空间信息服务数据、虚拟仿真服务数据、视频信息服务数据、数据共享服务数据、数据综合分析数据、决策咨询数据、科学研究数据等
5	信息共享数据库	主要包括水环境、陆生生态、水生生态、河口生态、湿地生态、土壤环境、泥沙、水土保持、气候、地震、人群健康、遥感、水库管理等专业监测的共享数据,以及与其他相关部门进行交换的数据
6	公众信息服务数据库	包括社会关心的和与社会公众切身利益相关的信息,如水环境、陆生生态、水生生态、突发事件、人群健康、相关法律规定及政策制度等

2. 数据采集和清洗

数据采集和清洗是实现对原始数据资源的采集、清洗、入库和融合,整个流程主要包括以下处理。

接入:建立数据安全接入平台,使不同网络、不同来源的数据实时或定时汇入大数据平台。

结构化数据预处理:建立 ETL 工具和数据治理体系,对结构化数据开展清洗、转换等归一化处理。

半结构化数据预处理:对文本类数据开展翻译、摘要、分类处理,开展元数据和特征信息提取等操作。

非结构化数据预处理:对文件、图片、音频、视频等数据进行内容识别、元数据和特征信息提取等操作，形成结构化数据。

入库：对预处理后的数据进行建仓处理，形成原始数据库。

数据融合：按照数据结构和含义，对数据进行模式设计和存储组织优化，形成专业知识库。

1)数据流程设计

三峡生态环境监测系统综合数据库信息来源众多，从业务数据库到共享数据库需要逐级汇总，再对经过提炼和筛选得到的数据集合进行存储。各类来源的数据分别进入各自对应的数据库，通过 ETL 方法，形成三峡生态环境监测系统综合的数据模型，并在数据模型上形成各种应用主题视图，来满足系统运行过程中及信息平台信息发布中所需要的各类数据。数据采集与流向关系如图 6.5 所示，其组织管理框架如图 6.6 所示，采集的数据主要分为以下三类。

(1)动态监测数据：指通过自身系统直接采集的数据，包括实时水雨情数据、水库防汛调度数据库、基础水文数据、水质水环境数据、生态环境数据等。

(2)外部数据：主要指由其他系统采集或管理，通过数据管理平台交换接入到本系统的外部数据库。

(3)业务过程数据：指业务应用系统处理过程中产生的中间数据，或者为满足业务系统的特定处理需求所要提前准备的数据。业务过程数据统一存储到业务过程数据库中进行管理。业务过程数据通过分析与抽取，形成各类主题数据库，供各类业务应用系统调用。

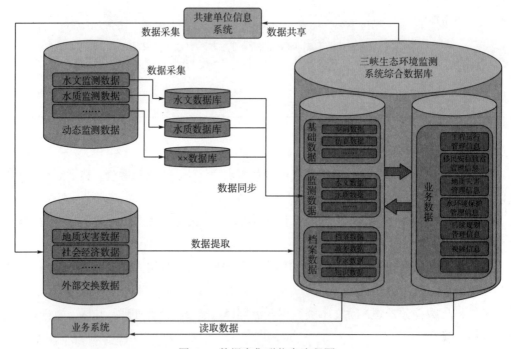

图 6.5 数据库集群信息流程图

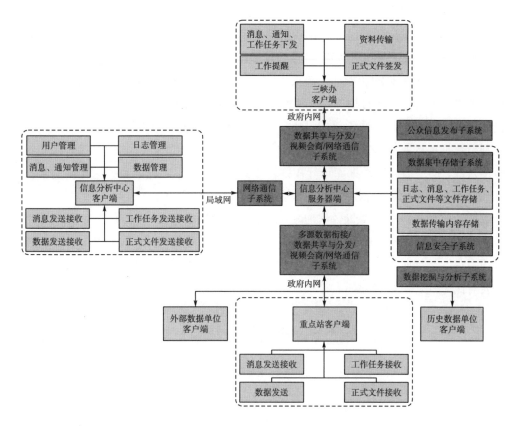

图 6.6　三峡生态环境数据收集组织管理示意图

2) 数据抽取

根据数据采集的特点，可将抽取的源数据分成三大类：结构化数据、文本数据、图片和音视频数据。结构化数据是指数据库中的记录，主要有 Oracle、SQL Server、Mysql；文本数据是指文件内容以文本形式保存的文档，包括 word、excel、txt、xml、pdf 以及其他格式的文件等；图片和音视频数据是指各类媒体文件。

数据抽取方式主要包括完全抽取和增量抽取，通常是第一次或者较长时间间隔进行一次完全抽取，在中间的过程中进行增量抽取。比如每分钟抽取速度是 200 万条数据，1 小时大概可以抽取 1 亿条数据。如果要求数据抽取在 1 小时内完成，则对于数据量不超过 1 亿条的表采用完全抽取；对于数据量超过 1 亿条的表采用增量抽取，即第一次完全抽取，之后只抽取数据增加的部分，按照业务需求每小时或者每天进行增量抽取。也可以采用混合抽取的方式，比如每隔 7 天做一次完全抽取，每天做一次增量抽取。

针对不同类型的数据采取不同的抽取方法。

（1）结构化数据抽取。

结构化数据通常保存在关系型数据库中，因此结构化数据抽取，是指从数据库中进行数据抽取，通常可以采用如下几种方式进行。

采用 ODBC、JDBC、OLEDB 或专用数据库驱动接口方式抽取数据，抽取时可以充分利用数据特性，对源数据进行相应格式处理和内容转换。

采用数据导出工具的功能抽取数据，比如 Oracle 和 SQL Server 提供了 exp/expdp 等数据导出工具，可对数据进行抽取。这种方式通常对原数据库没有任何影响，对于某些无法直接建立连接的数据源，通常采用导出导入工具抽取数据。

利用数据库的归档日志和提供的数据恢复工具进行数据抽取，这种方式对源系统没有任何侵入性，但是需要源数据库运行在归档模式，并且目标数据库也采用相同的数据库运行方式，不适合异构型数据库之间的数据抽取和清洗加载。

数据抽取的难点在于增量数据抽取。增量数据的抽取方法可分为三类：①从专门的辅助表中获取，获取完毕后删除该辅助表中的数据，如触发器方法；②通过某种方式直接从数据源中获取，如时间戳方法、日志表方式等；③通过某些数据抽取软件从数据源获取，如全表对比方式、全表删除插入方式（表 6.3）。

表 6.3　增量数据抽取方法比较

增量机制	兼容性	完备性	抽取性能	对源系统性能影响	对源系统侵入性	实现难度
触发器	关系型数据库	高	优	大	一般	较容易
时间戳	关系型数据库	低	较优	很小	大	较容易
全表删除插入	任何数据格式	高	极差	无	无	容易
全表对比方式	关系型数据库、文本格式	高	差	小	一般	一般
日志表方式	关系型数据库	高	优	小	较大	较容易
系统日志分析方式	关系型数据库	高	优	很小	较大	难
同步 CDC 方式	Oracle 9i 以上	高	优	大	一般	较难
异步 CDC 方式	Oracle10g 以上	高	优	很小	一般	较难
闪回查询方式	Oracle11g 以上	高	较优	很小	无	较容易

由于实际系统很可能要求不能对源数据进行修改，所以应尽量采用以下增量抽取方案。

①数据量小的表可以采用全表删除插入的方式抽取，这种方式较易实现。

②源数据本身有时间戳信息，且历史记录不被修改，则可以采用时间戳方式抽取，如日志信息、用户行为信息（如通话记录）等。

③Oracle 数据源可以利用 Oracle 特性抽取，采用闪回查询、同/异步 CDC 方式。

④可采用源数据库的行为日志进行数据同步检查，如可以从上次的快照点开始重新执行所有日志中的数据修改操作。

⑤上述方法都不能使用时，按照实际需求，开发增量抽取工具。

如果没有合适的抽取工具，可以采用定制化的抽取方法，源临时表定义为利用全表比对方法本次从源数据库中抽取出来的记录，目标索引表是为目标表建立的索引表，此表包括目标数据库的键值和其他列的 MD5 值，如果插入一条数据，查找目标索引表中不存在此键值，那么此数据用 insert 命令插入，如果存在键值，MD5 值不存在那么此数据已经修改，用 update 命令插入数据。

(2) 文本数据抽取。

与保存在数据库中的结构化数据抽取不同，文本数据通常采用文件系统接口和特定类型文件内容 API 处理相结合的方式抽取，抽取方案如下。

①对于数据形式是文件方式的源数据，一般采用文件系统接口进行访问，如 POSIX 的文件访问接口，或者采用文件系统的拷贝、转移，或 FTP 文件传输等命令。对于特定文件内容的抽取，则需要根据文件的类型进行特殊处理。如果为纯文本文件(如 txt、log、inf、conf 等)，且目标分析数据库使用的是 Oracle 数据库(或者其他支持外部表的数据库)，可以直接用外部表的方式进行数据抽取，或者采用自定义方法进行字段划分。如果目标库不是关系型数据库，而是分布式文件系统，或者 Key-Value 的数据库，则可以采用编程的方式，读取文本文件的特定内容(指定的数据域，如指定行列等)。如果为其他格式的文件，如 word、pdf、excel、xml 文件等，则可以采用相应的 API 库进行内容抽取。如 PDFBox 库，可以对 pdf 文件进行内容提取，随后可以按照纯文本文件数据抽取方式进行操作。

②对于业务系统性能要求较高、业务量大、不能影响系统性能的系统，一般应采用高性能的数据抽取接口，如专用数据库驱动接口、OLEDB 接口等。

③对于数据量特别大的业务系统数据的抽取，如无法采用文件拷贝和传输的方式，则必须采用高效率的数据接口(如专用的 API 接口)进行编程。

(3) 图片及音视频数据抽取。

部分业务数据可能是以图片或音视频的方式存在的。图片和音视频数据通常是按照独立的文件进行存储，在抽取时一般不会对文件进行切分和内容提取，因而通过文件抽取的后台代理程序，采用文件传输(FTP/SFTP 协议，或者 HTTP 协议进行文件读取)，或者远程拷贝(scp/rcp)等方式，抽取相应的文件内容。

(4) 网页抽取。

对于政府公开数据，公益组织数据，相关环保、水利等公共信息服务平台数据及其他网站公开数据，以及监测系统与全国生态环境网络数据等外部数据，则需要在公共网络环境中利用网络爬虫技术获取，并按照数据规范进行整理入库，作为数据分析的辅助数据，丰富大数据平台样本，提高数据分析结果的有效性。

网络爬虫的网页分析算法可以利用网页之间的链接、网页内容(文本、数据等资源)特征等进行网页分析。

对于以文本和超链接为主的静态页面，可以在网页、网站和网页块 3 种不同粒度上，根据网页拓扑结构进行分析。

对于从结构化的数据源(如 RDBMS)生成的动态页面，则需要针对网页内容，综合应用网页数据抽取、机器学习、数据挖掘、语义理解等多种方法进行网页解析。

在网络爬虫的系统框架中，主过程由控制器、解析器和资源库三部分组成。控制器是网络爬虫的中央控制器，主要负责根据系统传来的 URL 链接，给多线程中的各个爬虫线程分配工作任务，然后启动线程调用爬虫爬取网页。解析器完成网络爬虫的基本工作，主要负责下载网页的功能，对网页的文本进行处理(如过滤功能，抽取特殊 HTML 标签的功能，将一些 JS 脚本标签、CSS 代码内容、空格字符、HTML 标签等内容删除)。资源库用于存放下载的网页资源，并对其建立索引。

(5)数据抽取关键问题和技术。

①数据抽取方式。

侵入式抽取：对数据的抽取，需要在原系统中增加相应的模块或者程序，会对原有应用系统造成一定影响。

非侵入式抽取：数据抽取无须对原系统进行改造，不会对原系统造成影响，如采用日志分析的方式等。

大数据平台是各类静态数据和日常活动数据汇聚和分析的平台，是现有多个业务系统的一个补充和拓展，在进行大数据平台建设时，应尽量选用非侵入式抽取，即数据抽取不对原系统产生影响，或是采用旁路，或者导出数据或文件的方式进行离线处理。

②增量抽取技术。

由于大数据平台的数据来自多种类型不同的业务系统，这些数据是动态变化的，因此数据抽取的一个关键问题是如何进行增量抽取。增量抽取可以有效减少数据抽取量，提高数据抽取效率，同时也是为了避免数据重复。增量抽取，需要根据不同应用系统和数据的特点，采用不同的方案进行。如对于 Oracle 数据库，如果源数据库采用归档模式运行，则可以采用异步 CDC 方式进行增量抽取；如果源系统采用文件进行存储，并且数据保存带有明显的时间标识，则可以采用时间为分界进行增量抽取；也可以采用文件截断、条件抽取、日志分析等方式进行增量抽取。

3)数据转换

从多个不同数据源(不同类型的业务系统数据)中抽取的数据不一定会直接加载到大数据平台，例如数据格式不一致、数据输入错误、数据不完整，或者表结构不一致等情况，因此必须对抽取的数据进行转换和加工。数据经过转换和加工，转化成适于分析库的组织结构，作为数据加载引擎的数据输入。数据处理和转化处理功能划分如图 6.7 所示。通常数据处理需要一定的中转区，以保证处理的性能。根据具体的业务需求，数据中转区可以是一定存储容量的文件系统，或者中转数据库。

(1)数据预处理。

数据预处理包括对数据进行过滤和筛选、剔除不必要的数据行列等操作，此外还包括数据文件的合并和拆分、文件格式转换、字符集转换等处理。

　　如果采用主动抓取的方式抽取数据，则可以采用数据库的一些特性，对数据进行预处理。如采用 select 语句进行数据抽取时，可以对数据进行过滤、投影和关联抽取。此外还可以采用一些函数和计算表达式等进行处理，如提取子串函数 substr()、日期格式转换函数 to_date()、取整函数 floor()、字符串规则处理函数 to_char() 等。

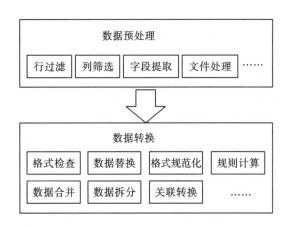

图 6.7　数据预处理和数据转换

　　如果采用被动推送的方式抽取数据，则必须首先对推送过来的文件进行处理，可能是删除不必要的文件头尾信息、小文件的合并和大文件的拆分等操作。

　　(2) 格式转换。

　　来自不同业务系统不同格式的数据，其表示形式差别很大，需要采用统一的描述方式，因此必须进行格式转换。数据格式转换包括对数据的格式检查、类型转换、数据替换、格式规范化、规则计算等操作。

　　①格式检查：主要包括空值处理、有效字符检查、字符串的长度检查、正确性检查等内容。

　　②类型转换：包括不同类型之间的数据转换，如数字、浮点、字符串、日期和时间类型之间的转换。转换时可以借助数据库的内部函数，也可以自定义转换方法。

　　③数据替换：根据业务需求，可实现无效数据、缺失数据或特定数据的替换。比如把"北京"替换成区号"010"。

　　④格式规范化：可实现字段格式约束定义，对于数据源中的时间、数值、字符等数据，可自定义加载格式。如检查"年月"字段是不是满足在"1900.1～2050.12"，如不满足，则是否可转化为区间内的相应数值。

　　⑤规则计算：由于采用不同的分析方法，同一组数据在源数据库和分析库中采用不同计算方式或者不同的计算单位，因此需要在转换时，对某些列数据按照一定的规则进行计算，将计算结果作为新的数据。如货币按照汇率计算转换等。

(3) 合并和拆分。

根据智能诊断和评估业务的需要，在对数据进行转换时，可能需要对数据列进行拆分和合并，将某几列的数据合并成一列，或者将一列的数据拆分成相关的几列数据。

①数据合并：依据业务需要，按照某种规则对数据进行合并，如分开的日期"2017-2-10"和时间"16:20:21"信息可以合并成一个统一的时间属性"2017-2-10 16:20:21"；区号"010"和电话号码"61234567"可以合并成单一的电话号码"01061234567"。

②数据拆分：依据业务需求，按照某种规则对字段进行分解。如电话号码"01061234567"，可进行区号"010"和电话号码"61234567"分解；姓名"张三"可以拆分成姓"张"和名"三"两个属性等。

③拆分或者合并转换：将拆分或者合并与数据替换组合使用，如电话号码"01061234567"拆分成归属地"北京"和电话号码"61234567"等。

④关联转换：即从原始数据集和某个规则表生成新的数据列的内容，在对每条记录进行处理时，必须查找规则表中的数据生成新的数据列。通常规则表比较小，采用特殊结构进行组织，以提高查找的效率。必要时可采用中间数据库的方式，以简化关联转换的处理。

(4) 非结构化数据特征提取。

特征提取主要是针对非结构化数据进行的转换，由于目前无法直接对图片和音视频等数据进行直接的内容检索，而是对这些文件进行特征提取后，再对特征数据进行检索和查询。

图片的特征数据包括图片分辨率、时间、采集地点、主题等。对于特定题材的图片，如卡口数据的图片，则还包含车型、车牌、颜色等信息。音视频特征数据的提取与图片类似，也是对其中的文字和内容进行识别，现有技术还只能对特定主题的音视频文件进行处理，如监控视频中的人物和车辆提取、音频材料中的文字提取等。

大数据平台不提供对采集的图片和音视频数据进行处理的组件，但支持采用第三方软件对这些特定格式文件进行提取和保存，并支持对这些提取的特征信息进行并行检索的功能，以提高数据比对、关联检索的效率。大数据应用支撑平台提供并行调度和执行的框架，支持添加对特定格式文件的处理方式。

(5) 错误处理。

由于业务系统自身的复杂性以及类型的多样性，不同的数据需要采用不同的转换方式，数据转换过程记录相应的处理流程，并详细记录每个步骤的日志信息。数据转换不成功，则将这部分异常数据写入相应处理步骤的故障数据日志中，同时记录异常信息，以进行后续分析和处理。通常某一块数据转换异常，不影响其他正常数据的转换。

4) 数据加载

从复杂业务数据采集和融合业务流程描述中可以看出，多源数据经过抽取，转换，将会被加载到集群数据库中进行分析和挖掘。按照数据量的大小和分析数据库的系统性能，数据加载可分为实时加载和批量加载两种。

(1)实时加载。

实时加载通常采用逐条写入的方式，将转换后的数据按照每条记录进行组织写入，这种方式通常写入速度较慢，适于实时性要求较高且数据量较小的情况。

实施加载可以在命令行或者客户端工具上直接运行数据库的 SQL 语句，如 Oracle 的 SQL*plus，也可以采用大数据平台提供的 API。

在默认情况下，采用大数据平台提供的加载 API 进行逐条写入时是自动提交的。同时大数据平台的数据加载服务也能够提供事务的支持，即如果一次需要写入或者修改的记录有多条时，可以将这些记录组织成事务进行处理，要么都写入成功，要么都不成功。可以采用如下方式。

$$\text{Loader.BeginTrans}();$$
$$\text{Loader.Execute}(\text{sql1});$$
$$\text{Loader.Execute}(\text{sql2});$$
$$\cdots$$
$$\text{Loader.Commit}();$$

采用事务进行处理时，任何一条记录出现异常，则所有记录都回滚(rollback)，如果所有记录都执行成功，则执行提交(commit)。

(2)批量加载。

批量加载是将转换后的数据组织成向量[也叫批(batch)]的形式，批的大小(batch size)可以设定，批量加载可以采用大数据平台的批量导入工具，或者采用 JDBC 的批量数据加载接口实现，也可以采用集群数据库的批量写入接口。批量加载的几种方式如下。

① 底层直接采用数据库的批量导入方式。

数据库导入工具通常可以设定批量提交的方式，可通过设定数据库导入的参数来定义批大小和缓存管理方式，如 buffer 参数、autocommit 参数等。

如果数据库支持外部表的形式，可以使用外部表将数据写入内部表中，即首先对文件创建相应的外部表，再采用 insert…select 语句写入。

可以使用数据库的批量加载工具，如 Oracle 数据库的 sqlload 工具，可以设定 direct 的方式，以提高数据写入的性能。

②批量写入接口。

批量加载接口主要包括 JDBC 批量写入接口和其他集群数据库的批量写入接口。如 JDBC 批量数据写入接口，主要包含 addBatch()和 executeBatch()两个函数，分别表示注册预处理语句和执行批量数据写入的功能。

③批量加载工具。

大数据系统支持对多个数据存储组件的统一存储和处理支持，可以采用其提供的批量加载工具 xldr，实现对数据的写入和划分。xldr 批量加载实现的功能如下。

a. 数据在多个平台之间的自动切分，支持按照特定的数据定义进行切分和存储。

b. 数据在多个数据节点之间的自动划分，支持 Hash、Range 和 List 等划分方式。

c. 可以设置批大小、输入文件解析参数、并行度等方式，提高数据写入性能。

各类数据经过采集后汇聚到大数据平台，数据加载流程如图 6.8 所示，执行步骤：①数据加载服务启动后在负载均衡器上注册；②负载均衡器收到数据加载请求；③负载均衡器按照均衡规则动态绑定一个数据加载服务给请求方；④请求方将加载数据发送给数据加载服务器，数据加载服务器进行以下操作，如果发来的请求为 insert 语句，则发布插入预处理(TInsertPre)消息主题，如果 insert 语句未被预处理，则在本地进行预处理并存储；⑤数据加载服务器根据中间件服务管理发布的最新数据库节点信息，根据数据的分布规则，确定数据的存储位置；⑥当某个数据的缓存中数据量超过定义的批大小时（如 batchsize=1000），数据分发部件调用并行加载接口；⑦将数据存入相应数据节点；⑧插入成功后，如果是同步接口，则将结果返回给客户端，如果是异步接口，则在步骤③，将数据写入加载服务器本地缓存时即可返回结果给客户端。

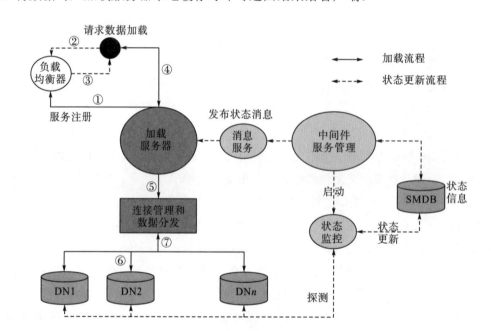

图 6.8　数据加载流程图

批量加载的性能较高，适合于一次加载数据量较大的情况。但在加载出错时，难以判断哪条记录出了问题，不容易定位到具体的记录行。

(3)索引维护。

业务数据加载到大数据平台后，必须对索引进行更新。按照应用需求和具体的数据量，可采用实时索引和延迟索引两种方式。

①实时索引。逐条写入时，由于涉及的数据量较小，写入速度较慢，通常带着索引写入，

在数据加载的同时更新索引。因此索引是实时的，新入库数据能够立即通过索引进行查询。

②延迟索引。批量加载时，通常数据量较大，为了进一步提高数据写入性能，在数据写入时，可以先将相关的索引置为无效，在数据加载完成之后，再集中进行索引更新或者重建。这种方式称为延迟索引。延迟索引能够大幅提高数据写入速度。采用延迟索引时，索引不是实时更新的，新写入的数据，在没有完成索引更新前无法通过索引进行查询，只有索引更新完成后才能通过索引进行查询。延迟索引和数据分区结合，可提高索引的可管理性。

两种数据写入方式的比较如下。

①逐条写入性能较低，适合于数据量较小的情况；批量加载写入性能高，适合于数据量较大的情况。

②逐条写入通常带着索引写入，索引是实时更新的；批量加载通常采用延迟索引的方式提高写入性能，即定期对索引进行更新和同步。

③逐条写入时数据库会记录详细的日志信息，加载出错可以看到详细信息；批量加载如果出现异常，不容易定位加载出错的信息。

(4)数据划分。

如果采用集群数据库的方式架构分析数据库，为了满足具体的分析需求，在数据加载时必须对数据进行合理的划分，以提高相应查询的效率和整个系统的吞吐率。数据划分包括垂直划分和水平划分。垂直划分即将某个含有多个列的大表按照数据列拆分成多个小表；水平划分是按照记录行来划分，常见的包括 Hash、Range 和 Round-robin 划分。每条数据写入时，必须根据数据的特性判断写到哪个数据库中，如图 6.9 所示。大数据平台支持 Hadoop 的主要组件，也支持对底层数据库集群的管理，因此图 6.9 中的 DB1、DB2 可以是一个个独立的数据库节点，也可以部署成 Hadoop 的数据节点。

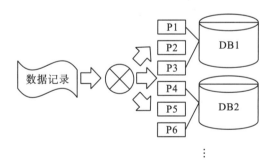

图 6.9 带数据划分的数据入库示意

带数据划分的数据加载服务，从功能上可以分为数据划分和数据分发。数据划分(data divide)：根据用户加载的内容，按照一定的数据分布策略(如 Hash、Range 和 List 划分)写入与底层数据存储相对应的本地缓存。必须为每个数据存储节点维护一个独立的缓存，当缓存中的数据量达到一定值时，则触发相应的数据分发服务。数据分发(data dispatch)：

将对应数据缓存中的数据写入数据存储节点，调用底层数据访问接口(数据库访问接口或者文件写接口)。每一个数据缓存，对应的是一个确定的数据存储节点。

对于按照某种策略进行划分(如 Hash、Range 或者 List 划分)的数据表，则在数据加载时，不直接写入相应的数据节点。加载服务器对每个数据节点维护一个缓存，每接收到一批数据，则按照数据分布策略，将数据逐条分发到相应缓存中，当其中有任何一个缓存的数据量超过预定的批大小时，则将对应的缓存数据写入数据节点(同时清空缓存)。因此待分布策略的数据加载是一种异步加载的方式，也就是客户端加载返回，只表示数据写入加载服务器的缓存队列，并不代表数据已写入数据库或者存储节点文件系统中。带分布策略的数据加载如图 6.10 所示。

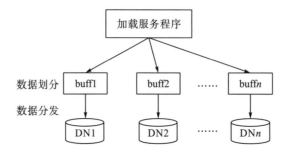

图 6.10　带分布策略的数据加载(异步加载)

异步加载的安全考虑：由于异步加载，数据并没有直接写入存储节点，因此当出现故障时，必须保证数据能够安全写入，做到不丢失数据。为了提高数据写入的效率，异步加载程序为每一个缓存维护一个文件，与缓存中的数据相对应。当数据写入缓存时，同时把数据写入相对应的文件中，文件写入成功才返回给客户端。由于写文件的带宽远高于写入存储节点的性能，因此写加载服务器的本地磁盘不会成为系统的瓶颈。当加载程序异常退出时(或者被其他程序 kill 掉)，下次启动依然可以把这部分丢失的数据写入存储节点，保证数据的完整。

(5)错误处理。

数据加载异常情况通常可以分为服务异常以及数据异常两类，加载程序将分别采用不同的处理方式。

①服务异常。服务异常通常是由于网络故障、连接丢失或者服务程序故障引起的。对于服务异常，根据具体的异常信息，可以对网络进行检查，或者对服务状态或者目标数据库状态进行检查等。由于服务异常会影响会整个的数据加载，因此故障级别较高，必须排除后再继续进行数据加载。

②数据异常。数据异常是由于加载的数据格式和目标数据库的格式不相符，或者不满足目标数据库的某些约束条件等造成的。数据异常不应该造成数据加载的中断，因此在出现数据异常时，可采用异常数据文件记录出现异常的数据信息，然后继续处理下一批数据

加载。异常数据可采用人工检查和恢复的办法，定位和解决具体的问题。

5）关键问题及方案

（1）数据抽取时进行格式转化。

对于不同形式的数据源，包括数据库、文本文件或者其他类型的文件，分别采用不同的方式进行转化。

数据库：如果数据源是数据库，则可以充分利用数据的特性，采用 SQL 语句，在 select 语句抽取数据时，进行一部分相应的格式转换和计算。select 语句可以采用投影、过滤、字符串操作，或者其他的一些函数对数据进行较丰富语义的转换。采用 select 语句对数据进行转换，处理过程简明，转化效率较高。

文本文件：如果数据源是文本文件，可以采用 linux 操作系统命令或者相关的转换函数，对数据进行过滤、抽取等转换。可以建立一个中间转换数据库，将数据导入库中，然后采用数据库的方式进行抽取。如果中间数据库采用 Oracle 数据库，并且文本以表格的形式给出，可以使用外部表的形式，将数据创建成临时表，然后进行查询抽取。这种方式不需要将数据导入中间转换数据库中，处理效率较高。

图片和音视频等媒体文件：图片和音视频等媒体文件必须通过特定的转码工具进行文件格式的转换，如可将图片统一转成 jpeg 格式、音频转成 mp3 格式、视频转成 avi 格式等。

（2）源和目的大数据系统的数据同步。

采用增量抽取和加载的方式，将源数据库中自上一次抽取后修改的数据导入目标分析数据库中，可以解决数据的同步问题。在具体实施时，可以根据源数据库和目标数据库之间不同的关联方式，选择不同的数据抽取方式，进行相应的方案选择。比如数据抽取采用主动抓取的方式，在数据同步时要充分提取源数据集的特征，如数据量较大时，利用时间特性、版本特性等进行数据同步保证。

小表的数据同步：对于数据量不大的表，数据导出和导入的时间都很短，因此可以采用全表导出的方式，然后加载到目标数据库中，加载成功后，进行在线的数据切换，以替换原先数据。这种处理方式简单，并且出错处理相对比较简单，只需重新加载即可。

根据时间标志进行同步：如果源数据中含有时间标志，可以按照时间分段进行数据抽取和加载的方式进行数据同步。采用这种方式可以简化数据抽取和加载的流程，同时在数据量较大时，可以充分利用批量加载以提高数据写入的性能。在数据写入失败时，恢复处理相对比较简单，比如可以将某个失败时间段的数据清空，进行重新加载。时间段的粒度可以根据具体的数据量和分析的时间特性进行合理选择。采用时间标志进行数据同步的一个缺点是，难以获得对时间标志之前的数据 DML 操作对数据进行的修改。

日志对比的方式进行同步：通过分析数据库自身的日志来判断变化的数据，比如 Oracle 的变更数据获取（changed data capture，CDC）技术。通常采用日志方式，在对源表进行添加、更新或删除等操作的同时就可以提取数据，并且变化的数据被保存在数据库的变化表中。源数据库和目标数据库中的数据通过日志和数据库的变化表进行同步。这种方式需要源数据库的支持，在一定程度上限制了源数据库的性能。

根据版本信息进行同步：如果被抽取的数据含有版本信息，则可以根据版本信息进行增量数据抽取和转换。这种方式适合于数据被动推送过来的数据集成，或者带有操作历史信息的数据集成，每一次操作都会带有一定的版本信息。数据抽取时，则根据当前数据集的版本信息和历史版本信息进行比对，如果发生变化，则将修改后版本数据的信息提取出来，载入分析数据库中。

无显著数据标志的数据同步：这类数据的同步检查较复杂，可采用 MD5 值比对的方式进行数据比对，如比对发现数据修改，则进行数据的同步更新。通常在大数据量时，这种方法效率相对较低。

(3) 数据加载时的关联查询。

考虑到数据来源多样化，需要对各类数据进行汇聚和融合，在某些情况下，数据加载时，需要对目标数据库进行查询，比如查询当前库中的一些规则或者配置信息等，以进行必要的数据监测判断，或者生成新的数据列等。加载时的关联查询转换主要分为两种情况：小表关联和大表关联。

①小表关联：指被关联的数据量较小，通常不超过百万条记录，可以存储在一台机器的内存中。这种情况下，可以将小表数据全部查询出来，生成一个排序表，对每条加载记录进行比对生成新数据。

②大表关联：大表关联由于涉及的数据量较大，因此可以将关联数据进行一定的划分，即采用 Hash 或者 Range 划分，不同的数据节点保存不同的分区数据。在数据关联转换时，加载数据也采用相同的数据划分，把关联分析分布到多个处理节点上。这样可以避免节点之间复杂的数据交互，同时也能充分利用所有节点的并行性，提高关联数据加载的效率。

3. 数据存储标准

为提高三峡工程管理的效率，规范资源监控能力建设的设计、实施、管理，以满足实行三峡工程管理制度及三峡工程信息化建设与管理的需要，通过数据存储标准体系解决当前三峡生态环境监测数据管理分散、基础数据存储零乱、标准化差、应用服务适用性单一、难以共享等问题；整合现有三峡库区生态环境监测数据库和系统资源，深入开发新的数据库，建立和健全数据库存储标准规范体系，建立一个集中管理、安全规范、充分共享、全面服务的数据库。

1) 数据源

根据分类设计原则，按照 13 个监测子系统和 30 个监测重点站分类设计监测数据存储标准。

2) 存储体系架构

数据库集群是对数据进行统一存储与管理的体系，完成对存储和备份设备、数据库服务器的管理，实现对数据的物理存储管理和安全管理(图 6.11)。存储内容包含监测数据、遥感数据、业务数据、共享数据、基础数据、档案数据等。完成 NAS 存储的空间扩充，实现知识库、信息共享数据专家数据库等数据的存储与备份。

数据存储系统覆盖数据的采集环节、分析环节、发布环节等，在数据采集和数据发布环节均采用关系型数据库存储和管理数据，而在数据分析环节则采用大数据平台存储数据。考虑到数据的多样性和满足应用环境与计算环境的不同需求，数据的存储体系采用数据库与大数据平台的组合模式，并采用数据集中存储方式。数据库采用磁盘阵列存储数据，而大数据平台采用基于集群化对象存储技术的分布式并行存储系统存储数据。

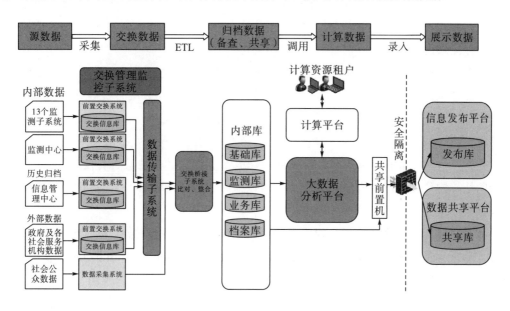

图 6.11　存储体系架构

在采集环节，用于归档备查和应用访问的数据包括结构化数据和非结构化数据(如图片、视频等)，因此在此环节需要提供对这些数据的存储，包括用于结构化数据归档的数据库及其磁盘阵列，以及用于非结构化数据归档的分布式并行存储系统。

在分析环节，主要是基于大数据平台进行数据分析作业，因此只部署大数据计算集群及其分布式并行存储系统。

基于上述两个环节的存储需求，集中存储采用磁盘阵列与分布式并行存储的组合部署方式，分布式并行存储以存储资源池方式，同时为采集环节的非结构化数据归档和分析环节的大数据平台提供存储支撑。为满足大数据分析、图像访问对高速访问存储的需要，存储系统与计算平台之间采用万兆网络连接，以获得极高的存储访问性能。

在发布环节，存储系统主要支撑信息发布平台和数据共享平台，但由于与前两个环节存在安全隔离的需求，因此发布环节的存储系统独立部署，采用高性能的磁盘阵列。

3) 并行存储架构

大数据平台采用分布式并行存储系统作为数据存储系统。

分布式并行存储系统采用了代表计算技术、网络通信技术以及存储技术发展方向的集群体系架构，是一款针对海量数据存储、高度模块化的存储系统。能提供 GB 级的高速带宽和几十 PB 的海量存储，完全能满足大规模内容管理应用的要求，适合构造全球数据共享平台。

分布式并行存储系统对外提供 POSIX 语义的标准接口。分布式并行存储系统对外展现为树形的目录结构，Linux 和 Windows 系统可以像访问本地目录一样访问分布式并行存储系统，应用程序不需要做任何修改。Unix 等系统也可以通过标准的 NFS 协议访问分布式并行存储系统。

分布式并行存储系统拥有先进的架构，使其具备超强的横向扩展能力，只需要简单地增加数据控制器，即可获得更大的存储容量和更多的数据通道，从而获得更高的系统聚合带宽和 I/O 性能。随着数据控制器的增加，所有物理资源(CPU、缓存、网络带宽和磁盘读写带宽)自动实现负载均衡，满足成千上万个客户端的数据并发存取需求。

此外，分布式并行存储系统的高可用、全冗余架构设计也使其具有及时的系统预警、准确的故障定位和优越的容错恢复能力，可以保障业务系统 7×24 小时持续可用，实现海量存储系统最高级别的可靠性。

分布式并行存储系统为用户提供了一个共享、高性能、高可靠、易扩展的 EB 级存储系统，非常容易使用和管理，有极具竞争力的总拥有成本(total cost of ownership，TCO)。分布式并行存储系统对外提供 POSIX、CIFS 等多种文件系统接口。采用"将磁盘、服务器和网络等设备失效作为常态考虑"的理念，所有部件冗余，并通过数据冗余提供很高的可靠性和可用性。它主要的技术特点：①采用对象存储技术。②采用多副本方案解决数据可用性问题。③系统中全部设备都有冗余，包括磁盘、网卡、交换机等设备和服务器；多索引控制器体系，提供几乎不受限制的单一命名空间，可轻松达到十几 PB。④索引数据也采用副本实现高可用，单个索引控制器损坏，其他索引服务器可立刻提供服务。⑤索引数据通路与应用数据通路分离，通过增加数据控制器实现性能近线性的扩展，可达数十 GB/s。⑥充分发挥各个索引控制器性能的非集中式索引数据处理，通过加速器集群实现同一个索引数据的读写操作分离进行。⑦采用弹性目录索引技术，在单个目录下高效地存储并检索千万级的子目录和文件。

(1) 标准 POSIX 接口。

目前各种 UNIX/Windows 系统种类繁多，不同版本的用户会发现，在一个系统上工作的命令在另一个系统上根本不工作或以不同的方式起作用。程序员则会发现一个相似的现象：在一个系统上使用的程序，在另一个系统上根本就不能编译或以不同的方式工作。1984年用户组/usr/group（现在是 UniForum）开始尝试规定一个"标准 UNIX"。这种尝试已经超出了发起者的想象，发展成为如今的 POSIX 系列标准。而分布式并行存储系统对外就提供 POSIX 语义的标准接口。

可移植操作系统接口（portable operating system interface of UNIX，POSIX）是一组软件标准的名称，它基于 UNIX，但不限于 UNIX，POSIX 标准同时又叫开放式系统标准。POSIX一个很明确的目标是提高应用程序的可移植性，因此这些标准只规定程序和用户接口，而不涉及具体实现。到目前为止，已有 8 个 POSIX 标准，详见表 6.4。

表 6.4　POSIX 标准

名称	描述
POSIX 1003.1 （POSIX）	C 语言的基本系统接口。它于 1988 年被采纳，之后多次进行修改。它包括实时扩展集（1003.1b）和线程（1003.1c）
POSIX 1003.2 （POSIX.2）	shell 和实用程序，包括交互式实用程序和一些 C 接口（在下一个修订本中，移到 POSIX 1003.1 中）。它于 1992 年被采纳，于 1994 年做过修改，包括了批处理（1003.2d）
POSIX 2003 （POSIX.3）	检验符合 POSIX 标准的测试方法。它于 1991 年被采纳，现正在进行修改
POSIX 2003.1 （POSIX.3.1）	POSIX 1003.1 的测试方法。它于 1992 年被采纳
POSIX 2003.2 （POSIX.3.2）	POSIX 1003.2 的测试方法。它于 1996 年被采纳
POSIX 1003.5 （POSIX.5）	将 Ada 语言捆绑到 1990 年的 1003.1 版本中。1991 年进行更新，包括了 Ada 中 1003.1 的实时功能
POSIX 1003.9 （POSIX.9）	将 Fortran 语言捆绑到 1990 年的 1003.1 版本中。1992 年通过 POSIX 1003.17（POSIX.17）X.500 目录服务的标准，它是可以在单个条目下允许搜索多个分布式目录的一种协议
POSIX 1387.2	系统管理：软件管理（主要是一个软件的安装标准）

（2）系统结构。

如图 6.12 所示，分布式并行存储系统通常包含 5 类组件：索引控制器、数据控制器、应用服务器、缓存控制器和管理控制器。其中，索引控制器用于管理存储系统的命名空间和所有索引数据，对外提供单一的全局映像。数据控制器提供数据存储空间，并实现存取操作，支持多个数据副本。应用服务器位于客户端，向上层应用提供数据访问接口，支持多种 64 位 Linux 操作系统。缓存控制器缓存索引数据，提高索引数据访问的吞吐率。管理控制器提供统一的控制管理界面，管理员通过该节点管理整个系统。

整个数据集合均匀地分散在不同的数据控制器上，用户访问索引控制器得到文件位置信息后，直接访问数据控制器读写数据。这种控制路径和数据路径分离的方式，分散了索引控制器的负载，可获得极高的聚合带宽，也大大提高了系统的扩展性。每个组件通过多条独立的网络链路相互访问，支持 1G/10G 以太网和 Infiniband 高速网络。在索引数据读操作比例很高的环境中，配置加速集群用作分担读负载。

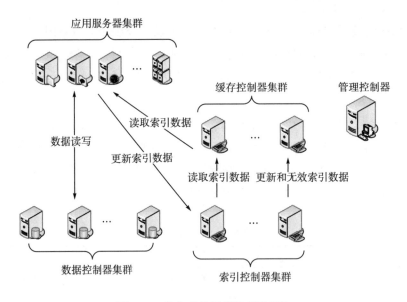

图 6.12　分布式并行存储系统架构

　　分布式并行存储系统普遍采用业界成熟的集群结构,这也是它很多优点的来源。系统内部主要包括索引控制器集群和数据控制器集群两种。

6.3.2　大数据存储平台

1. 数据集中存储系统

　　经上述数据源采集数据后,通过数据整理实现数据结构化,存入基于关系型数据库的各个功能库,作为原始数据存档备查。而后按照数据分析的要求将数据转存入大数据平台,用于查询、统计、数据挖掘等业务。原始数据及其数据分析结果也可通过数据信息共享库提供数据下载服务,或者通过公众信息库,从公众信息发布系统以网页方式实现内容发布。

　　因此在数据采集和数据发布环节均采用关系型数据库存储和管理数据,而在数据分析环节则采用大数据平台存储数据。大数据平台的存储系统采用分布式并行存储系统,为各种分布式计算平台提供数据支撑。同时采用分布式并行存储系统还可以用于存储图片、视频等非结构化原始数据,既作为归档数据备查,也可为将来引入图像分析平台提供数据支撑。为了满足大数据分析、图像访问对高速访问存储的需要,存储系统与计算平台之间采用万兆网络连接,从而获得极高的存储访问性能。存储体系架构图如图 6.13 所示。

2. 分布式并行存储系统

1) 系统架构

　　分布式并行存储系统基于一种开放式的存储架构,采用并行文件系统,将多台物理存储设备(这些物理设备可以是磁盘阵列,也可以是通用的存储服务器)的存储空间虚拟成一个具有统一访问接口和管理界面的存储池(也称为统一命名空间)。应用服务器通过统一访问接口获得所需的存储资源。用户的数据按照一定的负载均衡策略,条带化地分布到后台的多套存储设备上,从而实现数据的并行读写以获得更高的并发访问性能。分布式并行存储系统充分利用多台存储设备的性能和更大的存储容量,有效提高了存储空间利用率,并且实现了所有存储设备的统一管理和监控,大大减轻了管理工作负担。

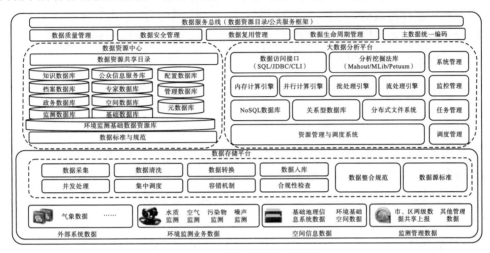

图 6.13　数据存储体系设计

通常,分布式并行存储系统具有如下特点。

(1)开放式架构(高扩展性)。开放式架构是针对分布式并行存储系统内部构成单元而言的。分布式并行存储系统通常包括元数据单元、数据单元、网络单元、客户端单元,每个单元都可以按需进行动态扩展,并且每个单元可以开放地采用其业界最新的技术,而无须改变系统架构。

(2)并行文件系统。并行文件系统是分布式并行存储系统的灵魂所在,所有对分布式并行存储系统的操作都由并行文件系统统一调度和分发,分散到分布式并行存储系统各个数据节点上完成。

(3)全局统一命名空间。全局统一命名空间在很多厂家的存储概念中都出现过,在分布式并行存储系统中全局统一命名空间强调的是同一个文件系统下的统一命名空间。

(4)易管理性。分布式并行存储系统通常能够提供一种集中的、简便易用的管理方式,不需要修改或重新编译客户端操作系统,采用文件系统提供的高速客户端软件或是业界标准的访问协议访问存储系统。而且,随着存储容量的增加,用户不需要增加额外的管理人员,可将精力更多地投向自己的应用领域。

(5)动态负载均衡。在分布式并行存储系统中,前端访问存储系统的读写操作,通过并行文件系统的负载均衡策略,将数据访问分散到存储系统的各个数据节点上,大大减轻了每个节点的负载。而后端访问数据,通过开放式的架构和存储网络,会分布在所有存储设备上进行存放和读取，每个读写操作都有更多的磁盘参与，因此大大提高了读写操作的性能。

(6)高性能。分布式并行存储系统通常能够提供比传统存储架构更优的性能和更大的存储容量(EB 级别)以及更高的磁盘空间利用率(80%以上)，尤其在存储带宽方面，分布式并行存储系统的存储带宽能够达到几十 GB/s 甚至几百 GB/s。

分布式并行存储系统设计主要由索引服务器集群和存储服务器集群组成。不同的文件均匀地分散在不同的存储服务器上，用户访问索引服务器得到文件位置信息后，直接访问存储服务器集群读写数据。这种控制路径和数据路径分离的方式，分散了索引服务器的负载，可获得极高的聚合带宽，也大大提高了系统的扩展性。在索引数据读操作比例很高的环境中，配置加速器集群用作分担读负载。

2)存储服务集群架构

(1)节点拓扑。

存储服务器集群中的节点以全对等方式，提供数据存储服务。节点间无共享设备，每个存储服务器节点独立管理本地数据。

每个节点通过多套网络直接与其他节点互联，既能增加系统带宽，又能提高网络系统的可用性。

(2)数据存储。

采用多副本方式提高数据可用性，同一个文件的多个副本存储于不同的服务器上，防止由于服务器失效引起的数据不可访问。本项目采用 2 副本方式。

用户文件采用分片存储，每个数据文件由分片大小、分片宽度、分片深度、存储带宽度 4 个参数描述，如图 6.14 所示。

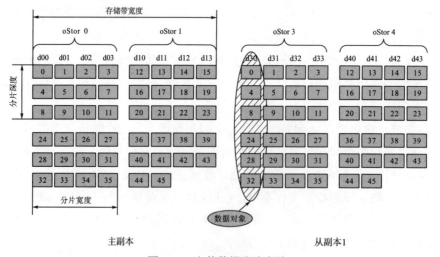

图 6.14　文件数据分片存储

每个数据对象作为存储服务器本地文件系统中的一个普通文件管理。本地文件系统可以是 ext3/4 等任意类型。

本项目采用 36 盘位的高密度 X86 服务器作为存储节点,采用主流的 4TB 的 SATA 磁盘,每个节点可提供 144TB 左右的裸容量。

3)索引服务器集群架构

索引服务器用于存储索引数据,包括目录和文件副本信息等。索引服务器主要提供索引数据的"更新"服务,当系统不配置加速器集群时,也支持"读"操作。

(1)节点拓扑。

系统采用多索引服务器架构。索引服务器节点成组使用,按组扩展,每组包含 2 台索引服务器,之间没有任何共享设备,但存储内容完全一致,互为副本备份。2 个节点之间互发心跳,一旦判断到对方失效,立即接替失效节点,使用本地存储的副本数据,对外提供服务。

(2)索引数据存储。

索引数据以普通文件的方式存储于索引服务器的本地物理文件系统中,每个服务器中同时存储 2 个数据副本,以防止磁盘失效。通过日志,实现本地主从副本以及远地副本数据的同步,以确保索引数据的可靠性。

(3)分布式索引数据。

目录文件采用分段存储方式,即一个目录项文件分段存储在多个索引服务器上,存储分布信息记录在其 inode 文件中。对于任何一个副本,一个目录或文件名的 Hash 值对应唯一的索引服务器。

利用可扩展散列(extendable hashing)技术,实现路径名称到 inode 位置的快速映射,可使每个目录支持的子目录或文件数目达到千万级,而解析时间仍在可接受范围内。

如图 6.15 所示,inode 存储在其父目录文件目录项所在的索引服务器中,即 dentry 结构与其对应的 inode 存储于同一个索引服务器中,而目录 inode 对应的目录文件则分段存储在其他索引服务器中。

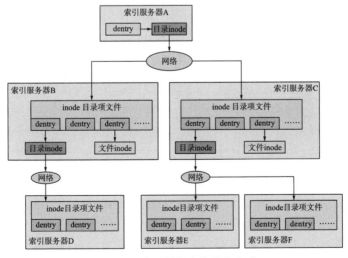

图 6.15 索引数据存储分布方式

4）加速器集群

加速器集群作为索引服务器的缓存，提供索引数据"读"服务。通过数据一致性协议，维护索引服务器集群和加速器集群之间的数据一致性。加速器集群不存储索引数据，无效数据直接丢弃，需要时再次从索引服务器读入。

大数据计算节点通过 HDFS 访问协议向并行存储系统存储及访问数据，如图 6.16 所示。大数据服务器中保留数据存储策略（layout）全部信息，可直接计算出文件偏移量与每个文件对象及其内部偏移量的对应关系。

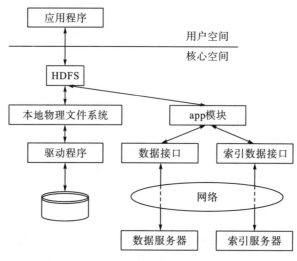

图 6.16 应用服务器架构

6.3.3 大数据分析服务平台

通过建设大数据分析服务平台，提供数据挖掘与分析服务，对三峡库区局地气候、水环境、生态与生物多样性、水库库容和岸线、地震与地质灾害等生态环境监测数据以及遥感监测数据进行挖掘分析，全方位掌握三峡库区蓄水后生态环境动态变化趋势，为三峡水库安全运行提供综合决策和数据支撑。大数据分析服务平台具体包括数据分析基础平台、数据挖掘基础平台和数据分析专业平台（图 6.17）。

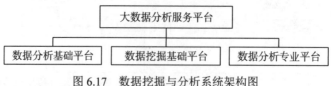

图 6.17 数据挖掘与分析系统架构图

数据分析基础平台提供数据查询分析、统计分析、数据可视化、大数据计算、决策支持等服务。

数据挖掘基础平台包括数据挖掘常用方法,主要有分类、回归分析、聚类、关联规则、特征抽取、变化和偏差分析。

数据分析专业平台集成了一些通用的评价方法体系和数学运算模型,对一些特定领域模型方法进行了深入定制。

1. 数据分析基础平台

数据分析基础平台包括信息发布平台、数据查询分析、数据可视化、大数据计算资源服务、决策支持信息服务系统平台。

1) 信息发布平台

信息发布平台以三峡生态环境监测系统数据为基础,主要发布的信息包括公共信息、共享信息、综合分析信息、动态信息以及环境信息。定期公报发布是通过融合多源数据,在综合分析各种指标的基础上,采用平面媒体和网络信息发布长江流域生态环境状况相关报告,同时面向公众展示监测系统的基本情况,以及与三峡生态环境相关的热点新闻和最新消息动态。

2) 数据查询分析

当前,环境信息领域越来越多的业务部门都需要处理海量的数据,如规划部门的规划数据,水利部门的水文、水利数据,气象部门的气象数据,其中包括各种空间数据、报表统计数据、文字、声音、图像、超文本等。对数据库查询进行优化是从大规模、没有关系的数据中查询出所需要的信息。数据库查询优化的准则是以最小的总代价、在最短的响应时间内获得所需要的数据。响应时间就是从接收查询到完成查询所需的时间。它既与通信时间有关,又与局部处理时间有关,而通信费用与所传输的数据量和通信次数成正比。数据库系统中数据的分布和冗余会引起查询总代价增加,但也提高了查询并行处理的可能性,从而缩短查询处理的响应时间,加快查询的处理速度。在实际查询中难以实现绝对的优化,只能尽可能地将不必要的操作减到最少,选择代价最小或处理速度最快的方法来执行操作。

数据库中的查询过程可分为逻辑分解、语言转换和优化组合 3 个部分。在分布式数据库系统中,用户可以用全局查询语言对多个数据库同时进行查询,即为全局查询。全局查询时一般是将全局查询逻辑分解成几个子查询,每个子查询对应一个局部数据库;若全局查询语言与局部查询语言不同,则进行语言的等价转换;最后将各个子查询的结果优化组合后返回。不同的查询分解对应不同的系统性能,因此为了达到优化系统性能,需要相应查询优化器来确定一个相对较好的执行计划,最后启动查询计划。针对生态环境数据的多样性和复杂性,使用以下方法对数据库查询进行优化。首先通过关键字处理模块,把关键字转换成系统内部关键字；然后搜索索引表而非目标数据所在的表，对 SQL 语句本身进行优化，从而提高查询效率。

针对特征分析，可分为以下 3 个模块。

（1）数据位置描述。

在描述性统计分析中，统计指标样本数、均值、中位数、众数、分位数等可用于描述样本数据位置的特征。

①样本数。在统计学中，观测样本的数量称为样本数。在统计学中，大样本一般符合正态分布的规律。

②均值。样本中所有观测值的平均值，可用于描述样本的中心位置。

③中位数。当样本按照观测值从大到小或从小到大的顺序排列时，位于中间位置的数为中位数。中位数可用于描述数据中间位置的基本信息。中位数不易受极端样本的影响。与均值相比，在含有一些异常值的数据集中，中位数对数据中心位置的描述更为可靠。中位数的确定方法为：将变量按大小排序后，当样本数 N 为奇数时，中位数为 $(N+1)/2$ 位置的变量；当样本数 N 为偶数时，中位数为 $N/2$ 和 $N/2+1$ 位置的两个变量的算术平均值。

④众数。众数是样本观测中出现频率最高的观测，可用于描述数据的集中程度。众数可以通过对样本观测的频率统计来确定。

⑤分位数。分位数描述样本的位置和分布信息。对于样本数据按照从小到大排列的观测，观测的分位数的计算公式为各观测的位置数/样本数。在分位数中有几个特殊的统计量较为常用，0 分位数为样本的最小值；0.25 分位数为 1/4 分位数；0.5 分位数为中位数；0.75 分位数为 3/4 分位数；1 分位数为样本的最大值。

（2）离散程度描述。

在描述性统计分析中，统计指标极差、方差、标准差和变异系数可用于描述样本数据的离散程度。

①极差。极差可用于反映样本数据最大的离散程度，其计算公式为：极差=最大值-最小值。

②方差。方差是最为常用的度量观测数据和均值离散程度的统计指标之一。方差小可以说明各观测样本与均值较为接近，数据的离散程度小；而方差大可以说明数据中各观测样本和均值的差异较大，数据的离散程度大。

③标准差。标准差为方差的开平方，其值与样本数据具有相同的量纲，是常用的度量数据离散程度的变量。

④变异系数。变异系数为标准差占均值的百分数，常用于不同量纲数据离散程度的比较。

（3）分布形状描述。

偏度和峰度是描述性统计分析中反映数据分布形状重要的统计参数，其具体的计算方法和统计学意义如下。

①偏度。偏度可用于反映数据的分布特征。如果数据对称地分布在中心（均值）两侧，

则偏度值为 0；如果数据向左偏，在左侧的分布更多，则偏度值小于 0；如果数据向右偏，在右侧的分布更多，则偏度值大于 0。

②峰度。峰度用于描述数据分布时尾部的分散程度。与标准的正态分布相比，如果较为接近正态分布，则峰度值近似为 0；如果尾部比正态分布更分散，则峰度值大于 0；如果尾部比正态分布更集中，则峰度值小于 0。

3) 数据可视化

生态环境信息化领域有着庞大的计算需求以及复杂的求解过程，因此具有巨大的计算规模，最终计算结果也包含了海量数据。通过在生态环境信息分析系统中引入数据可视化技术，一方面提升了应用程序的易用性，另一方面弥补了传统数据管理模式的不足，将数据以丰富的图像形式直观地表现出来，并结合人类特有的认知能力，辅助决策分析。数据分析基础平台提供了许多开箱即用的可视化形式，可以轻松地套用到数据上。可视化类型和常见用法见表 6.5。

表 6.5　可视化类型和常见方法

可视化类型	常见用法
普通表格	普通的行列式表格，展示一般的表格数据，每一行为一条数据，每一列表示一个字段，应当支持分页功能、支持行选择以及单击事件触发功能
排行榜表格	主要展示排行榜，支持行选择以及单击事件触发功能，不支持分页功能
详细信息表格	展示详细数据信息的表格
数值视图	用来展示数值，支持单一数值以及多数值比对的展示，多数值的情况下支持自适应布局
折线图	用折线图展示一组二维数据，表示数据的发展趋势，X 轴表示时间，Y 轴表示数值
饼图	用来表示一组一维数据每一项数据的分布状况
柱状图	柱状图用垂直柱展示数据的值，常常用于比较值的频率。柱状图也可以分层来强调图表中不同数据类型的重要性
气泡图	用来展示三维数据，其中 X 轴与 Y 轴表示气泡所处的位置，而气泡的大小表示具体的数值

通过 Mashup、Arcgis、虚拟现实等技术和软件将模式计算数据与现实地理信息进行服务组合，通过 AJAX、OpenGL 等图像引擎实现交互式控制数据的抽取和画面的显示，使得隐藏于数据中的现象和关联以及数据与现实之间的关系可视化，为分析理解数据和寻找数据中的规律提供了一种强有力的手段。一般的可视化过程可归结为以下执行阶段：数据预处理、数据映射、图形绘制、图形图像显示与查询(图 6.18)。

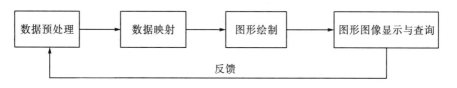

图 6.18　可视化一般过程

4) 大数据计算资源服务

大数据计算资源服务为用户提供计算资源。用户可以基于大数据平台的数据或上传的自有数据,利用大数据平台提供的计算软件或者自行开发的计算程序,从大数据计算资源池获取所需的计算能力,完成数据分析工作。大数据平台提供数据挖掘分析软件,如 SPSS、WEKA、Storm 等为用户提供软件租用服务,用户可以自主选择分析软件及其版本。大数据计算资源池提供分析计算资源服务,利用容器技术(如 Docker)实现大数据计算上云。用户可以根据对计算任务的评估,自定义租用的计算资源规模。大数据平台的数据资源根据数据共享管理办法的用户分类权限定义,按照用户所属类别,为用户分配数据访问范围,授权用户使用。服务管理系统根据用户所选择的软件和计算资源需求,自动执行数据分析集群的部署,并连接用户授权访问的数据,完成用户提交的数据分析作业。作业完成后,用户可从自己租用的私有存储空间下载分析结果数据。

5) 决策支持信息服务系统平台

决策支持信息服务系统平台基于 ARCIMS 平台,利用 ASP.NET(动态服务器网页)、HTML、JavaScript 等开发语言及环境来实现信息服务、综合查询、专题信息分析(趋势分析、统计分析和生态环境专题综合分析)等功能服务。决策支持信息服务系统平台以信息系统内多类型、多尺度、多时相、多学科的数据和信息为基础,通过集成各种分析模型,提供生态环境分析和决策支持信息服务,有效地对多时期的三峡库区生态环境变化进行动态监测和分析比较,进行空间分析、多元统计、模型分析和计算,形成面向主题的分析与决策支持信息服务体系,对生态环境的管理和建设进行快速和自动分析,便于制定决策。决策支持信息服务平台由于涉及行业面广,很多问题需要通过科学研究加以分析解决,因此对三峡库区生态与环境的变化进行决策分析必须由相关科研机构和各重点站联合完成。

2. 数据挖掘基础平台

1) 平台架构

数据挖掘是一个从不完整的、不明确的、大量的并且包含噪声,具有很大随机性的实际应用数据中,提取出隐含其中、事先未被人们获知却潜在有用的知识或模式的过程。利用已获取的监测数据或平台提供的基础数据,选取各种数据挖掘算法进行研究实验。数据挖掘到的知识表示形式可以为概念、模式、规律和规则等;它可以通过对历史环境数据和当前监测数据的分析,帮助决策人员提取隐藏在数据中的潜在关系与模式,发现生态环境数据中存在的知识和结论。

使用不同数据挖掘算法可从不同角度对环境数据进行挖掘分析。在实际环境问题中需要面对千差万别的情况,有时用一种数据挖掘工具难以解决,因此服务平台可在不同领域、

不同情境下通过构建多算法联合数据分析模型，对特定情况使用特定模型分析，因此需以
数据挖掘算法为基础建设数据挖掘基础平台，该平台架构如图 6.19 所示。

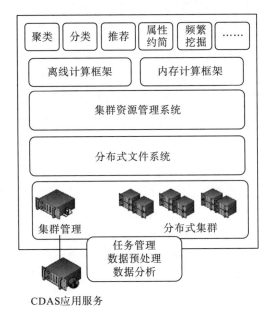

图 6.19　数据挖掘基础平台

2) 数据挖掘算法

（1）深度学习。深度学习是机器学习的一种，是指通过算法，使得机器能从大量历史
数据中学习规律，从而对新的样本做智能识别或对未来进行预测。深度学习通常构建具有
很多隐藏层的机器学习模型，而隐藏层模型的关键在于，可以建立像人脑一样分析学习的
深度神经网络。深度学习擅长处理的数据，可以通过对遥感数据识别判断污染源和污染的
分布状况，并可结合地面监测数据，得到污染分布状况图。针对空气质量预测预警，深度
学习也"表现突出"。目前空气质量预测预警多采用传统的数值模型方式，仅靠有限站点
的空气质量监测数据、污染源数据和气象数据进行预测，但由于监测点位的覆盖不够全，
加之没有考虑周边环境的影响，空气质量预测预警的准确性大打折扣。深度学习擅长多维
度数据的处理，如果一个分析对象可以作为一个场，深度学习可以对地面观测场、气象场
的各类气象要素及模型参数分别进行学习，对未来的空气质量进行精细化预测，可以大大
提升预测准确率。

（2）分类。分类是找出数据库中一组数据对象的共同特点并按照分类模式将其划分为
不同的类。其目的是通过分类模型，将数据库中的数据项映射到某个给定的类别。它可以
应用到生态环境各专业研究的分类、生态环境的属性和特征分析、生态环境满意度分析、
变化趋势预测等，这样三峡库区管理人员就可以将生态环境信息准确分发到各专业领导和

专家手中，从而大大提高专业分析的能力。

（3）回归分析。回归分析方法反映的是数据库中属性值在时间上的特征，产生一个将数据项映射到一个实值预测变量的函数，发现变量或属性间的依赖关系。其主要研究问题包括数据序列的趋势特征、数据序列的预测以及数据间的相关关系等。它可以应用到三峡库区生态环境保护的各个方面。

（4）聚类分析。聚类分析是把一组数据按照相似性和差异性分为几个类别，其目的是使同一类别数据间的相似性尽可能大，不同类别数据间的相似性尽可能小。它可以应用到生态环境各专业群体的分类、生态环境背景分析、生态环境变化趋势预测、生态环境研究专业化的细分等。

（5）关联规则。关联规则是描述数据库中数据项之间所存在的关系的规则，即根据一个事务中某些项的出现可导出另一些项在同一事务中也出现，即隐藏在数据间的关联或相互关系。在三峡库区管理中，通过对生态环境数据库里的大量数据进行挖掘，可以从大量的记录中发现有趣的关联关系，找出影响生态环境的关键因素，为生态环境影响因子寻求、细分与保持，生态风险评估等提供参考依据。

（6）特征分析。特征分析是从数据库的一组数据中提取出关于这些数据的特征式，这些特征式表达了该组数据的总体特征。如三峡库区管理人员通过对生态环境数据的特征提取，可以得到影响生态环境的一系列原因和主要特征，利用这些特征可以有效地预防环境污染和生态破坏。

（7）变化和偏差分析。偏差包括很大一类潜在有趣的知识，如分类中的反常实例、模式的例外、观察结果对期望的偏差等，其目的是寻找观察结果与参照量之间有意义的差别。在三峡库区生态与环境危机管理及预警中，管理者更感兴趣的是那些意外规则。意外规则的挖掘可以应用到各种异常信息的发现、分析、识别、评价和预警等方面。

（8）文本挖掘。文本挖掘是指从大量文本数据中抽取事先未知的、可理解的、最终可用的知识的过程。运用这些知识更好地组织信息以便将来参考。在分析机器学习的数据源中最常见的知识发现主题是把数据对象或时间转化为预定的类别，再根据类别进行专门的处理，这是分类系统的基本任务。文本分类也如此，其实就是为用户给出的每个文档找到所属的正确类别（主题或概念）。想要实现这个任务，首先需要给出一组类别，然后根据这些类别收集相应的文本集合，构成训练数据集。训练数据集既包括分好类的文本文件，也包括类别信息。

3）数据挖掘分析

数据挖掘基础平台可对数据进行异常数据去除、插值、格式变换等预处理功能，包括数据库、CSV、txt 等格式变换，数据库表变换等；数据形式整理定制预处理异常数据去除；针对算法对明确影响精度的异常值进行删除插值；根据算法和数据的需求对空值进行插值补充。其数据处理操作界面如图 6.20 所示。

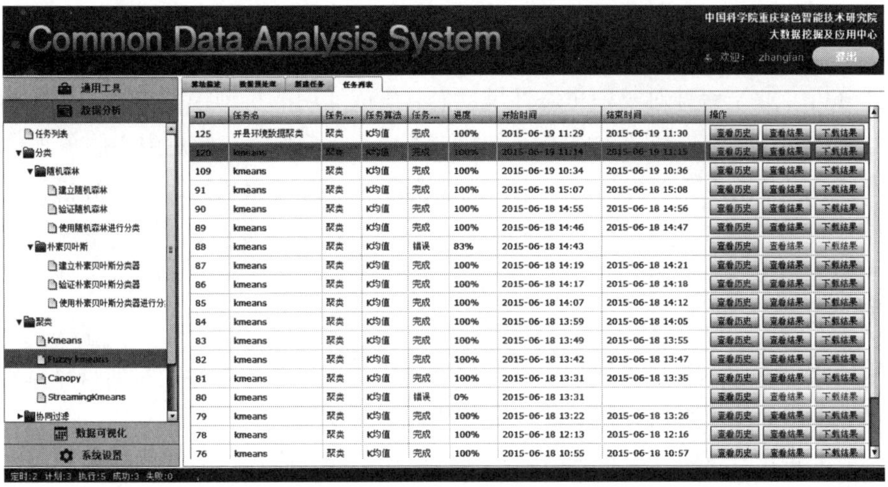

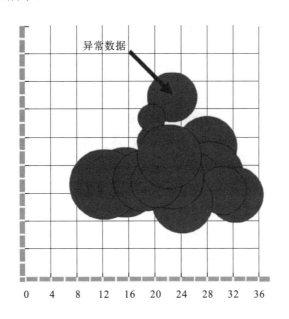

图 6.20　数据挖掘基础平台在线处理

通过对输入的多维度特征数据进行聚类分析得到聚类中心点、半径、该类成员，可实现对生态环境数据的异常点检测，聚类结果远远偏离其他聚类的可以判定为异常点。其分析结果展示如图 6.21 所示。

图 6.21　数据挖掘基础平台数据分析功能

通过数据挖掘基础平台可更加便利地使用大数据分析方法，降低大数据分析的门槛；提供更多更好的环境数据分析模型及环境数据预处理工具，优化分析效果；使生态环境领域专业人士可以更加高效地进行数据分析工作。

3. 数据分析专业平台

数据分析专业平台针对复杂生态环境问题，集成通用的机理模型方法，并且可根据用户的专业领域需求，对一些特定领域模型方法进行深入定制。在信息中心服务平台上进行复杂模型计算，帮助用户节省计算成本，快速实现领域内数据的即时运算分析、历史趋势追溯评价、未来趋势评估等。信息中心服务平台核心内容主要由以下 3 个部分构成。

1) 集成化评价方法

集成化评价方法主要指集成行业内标准的评价体系和技术方法，如水质质量评价、富营养化状态评价、生态健康评价、生物多样性指数计算等。

针对以上评价开展方法学的研究，利用信息学手段扩宽评价方法的使用范围，提高对输入指标的依赖性。以富营养化状态评价为例，传统富营养化评价方法如综合营养状态指数，需要提供叶绿素、总氮、总磷、透明度、高锰酸盐的观测值进行计算分级，但真实环境中这 5 个监测指标往往存在缺失值，同时用户更期望用一些代价较低的可在线监测指标（水温、溶解氧、电导率、氨氮等）来代替上述 5 个指标进行富营养化状态评价。通过相关模型选取研究，信息中心服务平台集成了高效的机器学习方法（如粗糙集、Perit 网、半监督学习等），对数据库中的历史监测数据进行学习，当用户输入某一个监测断面不完备的指标时，信息中心服务平台同样可实现富营养化状态等级评价。

2) 通用机理模型

机理模型有别于数据驱动的方法，是一种机理过程驱动的模型方法，是在一定假设下，根据主要因素相互作用的机理，对它们之间平衡关系的数学描述。通过对数据方程求解，可以实现复杂过程的仿真与演示。以污染物扩散模拟为例。污染物排入水体后，经过对流扩散、转化降级等多种物理化学过程而被稀释。这些过程能够用数学方程进行定量化表征。根据用户调查需求和使用习惯，信息中心服务平台集成了通用的水动力水环境计算软件，如 MIKE、EFDC 或 Delft 等，基于 GIS 开发数据前后处理界面，用户根据需求选择需要计算的区域、网格类型、边界条件、初值条件、污染物降解速率等，配置好相关文件输入信息中心服务平台后可进行污染物扩散过程计算，并可在信息中心服务平台上查看计算结果。

以环境流体动力学代码（Environment Fluid Dynamics Code，EFDC）模型为例，介绍机理模型的基本结构及可实现的功能。

EFDC 模型是一个公用的水模型，可以用于模拟河流、湖泊、河口、水库、湿地与海岸区等地表水体的三维流动、传输与生物地球化学过程。EFDC 模型最早由弗吉尼亚海洋科学研究所开发，现在由美国环境保护局（EPA）提供支持。EFDC 模型已经在上百个模型研究中得到广泛验证，目前被许多大学、研究机构、政府部门与商业公司使用。

EFDC 模型是一个先进的三维非定常模型，它在单一源代码框架下，耦合了水动力、水质、泥沙输运、有毒物质和水生植物 5 个子模型(图 6.22)。这 5 个子模型构成了独特的模型集合，避免了复合模型描述不同过程所需的复杂接口。

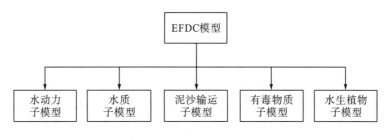

图 6.22　EFDC 模型主要结构示意图

3) 定制化计算模型

在通用机理模型基础上，用户根据自己需求可定制相应的计算模型。最常见的形式是用户在信息中心服务平台提供的机理模型基础上，提出特殊的运算要求。以富营养化过程模块定制为例。富营养化模块用来描述水中溶解氧状态、营养物循环、浮游植物和浮游动物的生长过程以及根系植被和大型藻类生长和分布等。这些过程均可以用数学方程进行刻画，通过集成通用富营养化过程模型(如 CE-QUAL-ICM 等)，提供变量选择功能，用户可对变量进行开关选择，实现研究需求。同时，针对复杂生态环境过程，用户也可以定制模型，但是需要提供一份详细的说明来帮助构建计算模型，或提供编写好的计算代码进行系统集成工作。

6.3.4　大数据应用服务平台

大数据应用服务平台作为服务窗口，对内是三峡库区管理单位及相关协作单位之间信息互通的重要渠道，对外是公众正确了解三峡库区环境状况的主要途径。

大数据应用服务平台由信息门户系统、公众信息服务系统和信息发布系统组成(图6.23)，平台由 Web 服务器、图片服务器、视频服务器等构成，采用主流 Web 应用技术提供高效、可靠的信息发布服务。

1. 信息门户系统

信息门户系统是以 Web 为表现形式的应用系统，是各种应用和数据的整合平台和用户访问入口，是在三峡库区各部门的信息化建设基础上，建立的跨部门、基于综合信息分析的综合应用系统。它可使三峡库区各部门、各协作单位都能快速便捷地接入所有相关业务应用、组织内容与信息，并获得个性化的服务，使合适的人能够在恰当的时间获得恰当的服务。

图 6.23　大数据应用服务平台

　　信息门户系统依赖于三峡库区各部门已有的信息化基础条件。但是，这种基础条件并不一定要求三峡库区各部门已经实现了网络化办公，而只要具备完善的内部办公与业务信息化管理应用系统即可。

　　信息门户系统不仅是政务信息发布平台，而且是知识加工平台、知识决策平台、知识获取平台的集成，它使三峡库区各部门办公人员之间的信息共享和交流更加流畅，通过数据挖掘、数据加工而使零散的信息成为知识，为行政决策提供充分的信息和知识支持。

　　2. 信息发布系统

　　三峡生态环境信息发布平台是以三峡生态环境监测系统数据为基础，建立起的集信息发布、决策支持、舆情公开于一体的信息发布系统。信息发布的对象为面向用户的子系统、重点站、业主单位、科学实验单位和公众。发布的信息主要包括公共信息、共享信息、综合分析信息、动态信息以及环境信息。发布的途径：一是通过网络对外发布；二是作为三峡工程生态与环境监测报告和相关信息。发布的形式可以是报告、图形图像和数据表格等。

　　1) 定期公报发布

　　可依托生态环境部、自然资源部、中国气象局、中国地震局、中科院以及重庆市、湖北省等各个实验站、监测点，融合多源数据，在综合分析各种指标的基础上，采用平面媒体和网络信息定期(月报、季报、年报)发布长江流域生态环境状况快报、专题报告、监测公报、白皮书等，涵盖污染源、水环境、农业、陆地、湿地、大气、地质灾害、人畜健康等方面。确保有关部门能够及时获取监测信息，为相关科研机构提供数据参考，为各级政府提升应急管理水平提供强力支撑。

　　2) 信息服务

　　信息服务部分将面向公众展示监测系统的基本情况，以及与三峡生态环境相关的热点新闻和最新消息动态。同时，包括三峡生态环境标准库和文献库，供用户查询使用。具体包括监测系统介绍、三峡工程的历史与进展、三峡库区上下游主要生态环境问题、三峡移民问题、监测系统历年监测成果、相关法律和标准、与三峡相关的各种论文与出版刊物。其中部分信息有权限设置，目的是保护监测系统和管理单位的知识产权。

3) 子站点区

子站点区包括业主单位、监测公报、重点站、实验站以及其他专项监测单位。内容主要为：介绍、新闻、人员组成、在研项目、研究成果和仪器设备，以及从监测系统工作角度出发设立的监测数据、报告、意见与建议和管理信息等的上传下达。在总体上介绍各单位的同时，提供网上工作平台，便于业主单位的指挥以及监测工作的统筹规划和管理。

4) 三峡专题报告区

三峡专题报告区为专题报告发布区，主要包括以下报告。

专报。长江三峡工程生态与环境专报：每年 25 期，每月 2 期，年终 1 期，电子版(线上)发行，面向大众。

简报。三峡生态环境工作简报：月报，电子版定向提供，面向管理决策者(国务院原三峡办、三峡总公司、中科院相关部门、各重点站等)。三峡生态环境信息简报：月报，电子版定向提供，面向管理决策者(国务院原三峡办、三峡总公司、中科院相关部门、各重点站等)。

季报。气候季报、水质季报、人群健康季报，每专项每年度 4 期，电子版(线上)发行，面向大众。

快报。气候、水质、人群健康、地质灾害等实时快报，不定期，电子版(线上)发行，面向大众。

特报。水质、生态、地灾等 11 个系统的特殊情况报告，不定期，定向提供，面向管理决策者。

上述部分报告针对用户级别和类型设置查看权限。

3. 公众信息服务系统

1) 公共信息发布

本着"公正、客观"的原则面向社会各界定期或不定期推送或发布监测结果。同时，开展公众意见征集和互动交流。针对公众比较关心的热点问题，如流域重要断面水质状况、区域环境大气质量、土壤环境质量、库区动植物健康状态等，通过大数据分析对受众进行分类，采取集中控制、统一管理的方式，通过新闻媒体、广播电视、网络平台、手机客户端、邮件订阅等形式针对性地推送或发布监测信息，为公众了解三峡库区和长江流域的生态环境状况提供便捷渠道，确保权威消息得到有效、及时传播。

2) 科普教育

将已经收集整理过的文本资料和监测分析结果，采用公众易于理解、接受和参与的方式进行编辑和整理，包括三峡科研数据的科普化加工、三峡科普的多样化展示平台构建，不定期在行政事业单位、公众活动中心、教育机构、街道社区等公共场所开展科普教育活动，例如举办科普系列讲座、知识技能竞赛、张贴文化宣传栏、推送科普信息等，对三峡库区生态环境的变迁过程进行详细的时间标注，以图片、动画的形式展现，以浅显易懂的方式普及三峡工程的相关科学知识，使大众客观认识三峡工程的建设运行以及周边生态环境现状，了解政府在生态环境保护方面所做的工作，认识环境监测工作的必要性以及环境保护的迫切性，赢得公众对三峡工程生态环保事业更广泛的支持和参与。

3) 舆论宣传

三峡工程是目前世界上规模最大的水力发电站，也是中国有史以来建设的最大型的工程项目。其建设运行过程中，带来了大量移民搬迁、诸多生态环境问题等，以至于在工程论证、筹建，直到顺利建成运行，始终与巨大的争议相伴。近年来，在全球气候变化背景下，世界范围内极端天气频发，民众对三峡工程更是议论纷纷，甚至还有妖魔化的趋势。而通过对相关环境指标的重点监测研究，客观发布三峡工程周边环境现状，有助于公众认识到三峡工程所具有的重要意义。通过各种渠道(如短信推送、新闻发布等)加强宣传，正确、客观引导舆论。

第7章　三峡库区水生态环境感知系统应用示范

7.1　感知示范方案设计

以三峡库区水生态动态过程的海量感知信息为基础，研究符合三峡库区复杂地理环境的数据稳健、无缝、高速传输技术，以及三峡库区水生态环境动态感知信息管理技术，构建基于云计算的动态感知信息处理平台。围绕三峡库区典型支流富营养化与水华暴发，以先进的大数据挖掘方法和天地一体化观测为支撑，针对示范区域，按照"模型分析+监测预警"的应用思路构建三峡库区水生态环境感知系统及业务化运行平台，集成 EFDC 和 ENVI 模型工具，采用 C/S 与 B/S 结构系统混合模式，研发水生态环境推演模型，实现示范区内水质变化推演、富营养化状态评价、水生态指标遥感反演、水华暴发与成灾风险评价等功能，在三峡工程生态环境监测系统在线监测中心搭建示范平台，为库区水污染防治提供技术支撑。

7.1.1　示范区域选择

根据上述思路，本课题组选择澎溪河、草堂河、大宁河、香溪河 4 条典型支流开展研究与工程示范。4 条支流在三峡库区具有一定典型性和代表性，位置如图 7.1 所示。

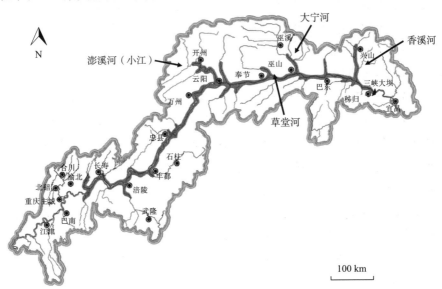

图 7.1　4 条典型支流在三峡库区的位置示意图

1. 澎溪河

澎溪河，又名小江，流域介于北纬 31°00′～31°42′，东经 107°56′～108°54′，位于三峡库区中段左岸，流域面积 5172.5km²，干流全长 182.4km。澎溪河发源于重庆开州区白泉乡钟鼓村，于云阳县新县城(双江镇)汇入长江，河口距三峡大坝约 247km，河道平均坡降 1.25‰。澎溪河属典型支状流域，东河为澎溪河流域正源，自北向南流，于开州城区与南河汇合后，始称小江，再于开州渠口与平行于南河流向的普里河汇合。东河流域面积为 1469km²，河长 106km，河道平均坡降为 5.92‰。南河发源于四川省开江县广福镇凤凰山，东北流经长岭乡，入重庆市开州境在汉丰镇汇入澎溪河，是澎溪河右岸最大的支流，河流全长 91km，流域面积 1710km²，河道平均坡降 3.74‰。普里河为澎溪河右岸支流，流域面积 1150km²，河长 121km，河道平均坡降 1.98‰，含关龙溪、岳溪 2 条主要支流，流域面积分别为 145km²、211km²。澎溪河下游云阳段汇入支流甚少，仅有双水河和洞溪河，流域面积分别约为 284km² 和 172km²。

澎溪河流域呈东西长、南北短的扇形，总的地势北高南低，地貌属典型的叶形丘陵山地。澎溪河上游以大巴山南麓中石灰岩山区深丘溶蚀地貌为主。东河温泉以北属大巴山南坡，地势高峻，海拔 200～2000m，最高点大垭口高程为 2626m，多为石灰岩山地，岩溶发育，地下水沿暗河集中泄出。山岭之间河谷深切，河道呈"V"形。相对高差超过 1000m，河宽多为 50～200m，水流湍急、落差较大。东河温泉以南至开州为低山丘陵地形，山势较缓，砂页岩底层，河流下切能力不强，河床多为砂卵石，河床平均坡度为 1.3‰。南河、普里河因铁峰山分割而相互平行，上游皆为浅丘台地，河流落差主要集中在上游台缘与中下游段的结合部位。南河、普里河及开州下游流域地貌多为低山丘陵、平坝地区。低山为东北走向，海拔 800～1500m。丘陵分布于平行的低山之间，海拔 200～500m。平坝主要集中在中下游开阔河谷地带，如开州城区、厚坝、白家溪，云阳养鹿、高阳等。河流冲击阶地居多，海拔 150～250m。主要为砂页岩红层地区，河床质为沙和淤泥。

澎溪河流域气候条件受太平洋、印度洋季风及西风环流和青藏高原气旋的影响，气候类型属亚热带湿润季风气候，总体表现为气候温和、雨量充沛、四季分明、冬暖春早的特点，有利于农业生产。澎溪河流域年平均气温 10.8～18.5℃，多年平均太阳辐射量 3709.81MJ/m²，年均日照 1463.1h，多年平均水面蒸发量 584.6mm，年内分配 7～8 月大，12 月至次年 1 月小。澎溪河流域多年平均降雨量为 1100～1500mm，在长江流域属多雨区。受地势影响，流域北部为大巴山暴雨区，降雨量自东北向西南可从 1700mm 递减至 1200mm。汛期(5～9 月)降雨量占全年的比重可达 72.5%，其中 7 月的降雨量最大，占全年的 19%以上；枯期(12 月至次年 3 月)降雨量约占全年的 4.1%，其中 1 月的降雨量最小，占全年的 1.2%以下；月最大降雨量为月最小降雨量的 16.5 倍，流域年降雨量的年内分配变化显著，变幅较大。

2. 草堂河

草堂河是长江北岸的一级支流，位于三峡库区腹心的重庆市奉节县境内，东经109°31′03″~109°45′20″、北纬 31°02′40″~31°10′06″，由汾河、石马河两大支流组成，干流全长 33.3km，平均比降为 6.65‰，流域面积 394.8km²，平均流量 7.51m³/s，年径流总量 2.37 亿 m³。该流域水系十分发育，河网密度大，平均达 0.79km/km²。

3. 大宁河

大宁河为长江左岸一级支流，古称盐水、昌江、高峰河，又名巫溪，自宋代置大宁监后称大宁。大宁河流域处于重庆市东部，东邻沿渡河，北连汉江水系，西接梅溪河、汤溪河，南与长江干流相邻，发源于重庆市巫溪县西北大巴山南麓，于巫山县城东汇入长江。流域呈不规则的斜长形，地跨重庆市巫溪县、巫山县。河长 162km，流域面积 4170km²，总落差 1648m，多年平均流量 136m³/s。大宁河有流域面积大于 400km² 的支流 4 条：左岸的东溪河、杨溪河、马渡河，右岸的后溪河；流域面积 100~400km² 的支流 4 条：左岸的汤家坝河，右岸的柏杨河、长溪河、桥头河。

流域上游位于渝、鄂、陕交界处大巴山西南坡，下游处于巫山山脉，呈高中山峡谷地貌。中上游又大致可分为构造溶蚀(侵蚀)地貌和溶蚀—构造地貌两个亚区。域内地势高峻，山峰起伏，层峦叠嶂。干支流除少数河段河谷较宽，在下游有少量沿河平坝外，大部分为狭窄的峡谷，河谷深切，临河山岭相对高差一般在 1000m 以上。地势由北向南倾斜，东部高于西部。在中段西南，由北向南为各条呈东—西走向的平行山脉。各支流相间于山脉，山岭顶部一般存在侵蚀平坝。流域内的山脊大都有风化侵蚀的漏斗状溶洞，坡脚、山腰随处可见地下水露头，雨洪季节飞瀑奔流，枯水季节潜入地下。

大宁河流域处于亚热带湿润季风气候区，低山区冬暖夏热，中山区夏秋多暖，高山区夏凉冬冷，具有典型的"一山兼四季，十里不同天"的立体气候特征。年平均气温 13~18℃，极端最高气温 42.1℃(1990 年)，高山区极端最低气温-25.8℃(1977 年)。巫溪气象站多年平均气温 17.5℃。流域降水量随地势垂直梯度分布明显，高山地带多年平均年降水量大于1400mm，而河谷地带为 1000~1200mm。巫溪县建楼站实测多年平均降水量 1744.8mm，最大年降水量 2708.6mm(1963 年)，最小年降水量 652mm(巫溪站 1997 年)。4~10 月降水量，占全年降水量的 90%左右。其中 7 月降水量最大，占全年降水量的 16%左右。流域处于大巴山暴雨区，暴雨中心分布在上游一带。大暴雨多集中在 6~7 月。流域上游植被较好，水质能达到Ⅱ类水质标准。中下游植被遭破坏，水土流失加剧，多年平均含沙量 56.6kg/m³，年均输沙量 178 万 t。

4. 香溪河

香溪河又名昭君溪，位于西陵峡口长江北岸，是长江三峡西陵峡段北岸汇入川江最大的支流，流域面积约 3100km²，河长约 90km，自然落差约 1540m，流域呈扇形。河口距重庆市区 572km，距离三峡大坝约 30km，是距三峡大坝最近的长江左岸一级支流。

香溪河流域位于大巴山东南坡余脉的巫山山脉，三峡山地西陵峡谷北岸。域内地形复杂，主要由震旦系至三叠系的碳酸岩、砂岩、变质岩等沉积岩组成的许多条背岭，构成雄伟高屹的山体，山峦重叠，沟谷深切呈峡谷地貌。地势高峻，由西北向东南倾斜，从海拔约 3000m 的中山神农架降至海拔 1000m 以下的低山，北部以大巴山同汉水分界，西部大神农架主峰与龙船河分界，东部庞家山主峰与沮河分界；干流西侧马营乡山峰与良斗河分界，东侧天宝山山峰与百岁河、乐天溪分界。香溪河主源东河，沿程纳溪流支沟，至兴山县郑家坪右岸纳咸水河后才称香溪河，流经古夫镇(现兴山县城)、高阳镇、岩口峡谷以及屈原乡、香溪镇，在北岸兵书宝剑峡口汇入川江。

香溪河落差大，坡陡、滩多，古董口(古洞口)以上河长约 40km，两岸悬崖峭壁，东河有地势最凶险的狗儿滩，落差 3～4m。古董口以下香溪河干流河长约 50km，坡降约 3.5‰，大小险滩多达 10 处，其中古董口至高阳镇河长约 17km，坡降约 5‰，2km 峡谷中有上、中、下三滩相连的满天星险滩、深渡河滩、响滩；高阳镇至河口段河长约 30km，坡降变化较大，有长 300～400m 最险的白马滩、西未滩、王雀嘴滩、礁巴石滩、三猪滩。

香溪河流域上源神农架林区地势较高，冬季较寒冷，多雨、潮湿、气温变化大，常常是风雾似云烟，高山积雪期较长，一般 9 月到次年 4 月底为冰雪期。常有冰雹。地形对气候影响很大。流域内降水量由西北向东南递减，年降水量一般为 1440～1000mm，雨季除源地集中在 7～9 月外，大都集中在 6～9 月。河源神农架林区多年平均年降水量 1440～1200mm，进入香溪河谷一带，多年平均年降水量约 1100mm，最大年降水量兴山站 2131.9mm(1935 年)，最小年降水量郑家坪站 561.5mm(1966 年)，最大 24h 雨量兴山站 289.8mm(1935 年)。

香溪河控制站兴山水文站，集水面积 1900km²，多年平均年径流量 12.7 亿 m³，最大年径流量 21.5 亿 m³(1983 年)，最小年径流量 5.70 亿 m³(1966 年)，调查历史最大洪水发生在 1935 年，推算洪峰流量为 2770m³/s。兴山站实测最大流量 1930m³/s(1971 年)，多年平均流量为 40.3m³/s，最小流量 7.17m³/s(1967 年)；实测多年平均年输沙量达 80.9 万 t，年最大输沙量 195 万 t(1984 年)。

三峡成库后，受回水顶托影响，三峡库区长江干支流水文情势发生了显著改变。自 2010 年蓄水至 175m 以来，三峡水库总体呈现干流水质稳定，支流水华频发的态势。支流水华特征的基本认识如图 7.2 所示。支流富营养化加剧与频繁发生的水华成为当前三峡库区较为显著的水生态环境问题，备受关注。

在三峡库区支流富营养化与水华方面，上述 4 条支流的典型性和代表性具体体现在以下两个方面。

(1)4 条支流分别位于三峡水库不同区段，流域自然地理背景、水文水动力条件等方面具有一定的代表性。

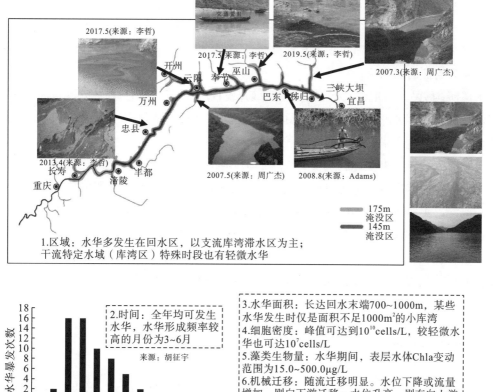

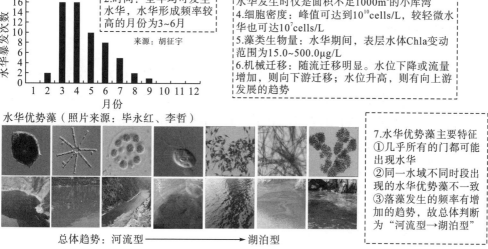

图 7.2　三峡水库支流水华特征的基本认识

澎溪河：发源于大巴山，在一定程度上代表了三峡库区库中段位于川东丘陵区的支流流域特征。尽管其具有较长的回水区，但因离大坝较远，对大坝水位波动的敏感性低于坝前支流(如香溪河)。

草堂河：流域较小且回水长度较短，但因其河口位于瞿塘峡口，故受长江干流倒灌、顶托的影响显著。

大宁河：因高山峡谷对峙，形成了相对独立且封闭的气候气象条件，也形成了非常独特且有代表性的深水峡谷型回水区特点，能够在一定程度上代表三峡库区巫峡段部分支流回水区。

香溪河：发源于神农架，位于坝前，受大坝运行、水位波动影响显著。

(2)4 条支流回水区水华特征、氮磷营养物来源、形成机制各不相同，各具特点，但它们涵盖了库区大部分支流出现的水华类型，不同优势藻种在三峡库区支流形成的水华现象在这 4 条支流的回水区均有发生。

澎溪河：移民人口重镇，人口密度和流域开发程度高，营养物主要由陆源点面源输入，大量淹没区和消落区产生的污染负荷贡献不可忽视；支流回水区受干流回灌影响较小；近年来水华多为蓝藻水华。

草堂河：营养物来源可能主要受长江干流影响。

大宁河：营养物既有上游点面源输入，也有长江干流回灌顶托等影响。

香溪河：上游磷矿，本底含量高；干支流交汇产生的异重流对水华形成影响显著。

正是基于上述两个方面的原因，4 条支流均被纳入"三峡工程生态与环境监测系统信息网"的支流重点站体系中。目前，在三峡水库水华相关的公开文献报道中，在上述 4 条支流开展的相关研究文献占比超过 80%，当前研究积累相对丰富，对水华形成的认识也正逐渐形成共识。

7.1.2　感知系统整体方案

本书拟综合运用理论研究与探索、文献资料分析、现场调查研究、数理统计分析等多种方法开展研究。以国内外文献研究、现场调查、资料收集为基础，以三峡水库示范流域为研究对象，开展数据、资料的收集和分析；采用数理统计分析等方法，运用水库感知的科学原理，分析水库感知系统构建的理论方法，明确水库感知系统的功能与作用。基于水库生命特征演变研究，提出构建耦合生态过程动态表征、数据适时传输、数据分析的三峡库区水生态环境感知技术与方法体系。

三峡库区水生态环境感知系统主要包括环境信息的感知监测系统和数据中心控制平台两部分。具体框架如图 7.3 所示。

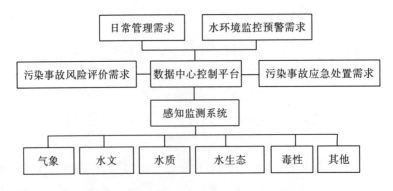

图 7.3　三峡库区水生态环境感知系统框架

对于水环境信息获取，需要建立完善的监测方案，构建覆盖广泛的监测网络，开发环境信息的监测技术方法。基于物联网、地面监测网络以及遥感等多种水环境信息监测网络，充分发挥各种监测手段优势，协同各种应用，构建天、地、空一体化的环境信息实时感知与监测系统。

数据中心控制平台是支撑感知系统与其他系统的链接，实现环境感知控制与本地管理的实体，并根据水环境管理需求实现对监测数据的有效分析和利用，实现诸如统计分析、报警管理、决策支持、方案储备等功能。

1. 水生态环境感知系统

水生态环境感知系统，主要考虑 3 个问题：①监测方案的确定，包括监测指标、监测频率和检测设备筛选；②监测数据的标准化，在监测数据集完整性和正确性的前提下，实现监测数据表达方式、处理方式以及存储方式的标准化；③监测数据安全传输的实现。

1) 监测方案的确定

(1) 监测指标。自动监测指标的选取应遵循以下原则。

①可测性：所选指标的具体数值可以通过监测、统计或计算等方法获得。

②可比性：所选指标可使三峡库区不同时空的评价结果相互对比。

③敏感性：所选指标能够比较灵敏地反映三峡水库水环境的变化。

④综合性：所选指标体系应尽可能涵盖三峡库区气象、水文、水质和水生态等方面的指标，以综合反映三峡库区生态系统的健康状况。

三峡库区水生态环境感知系统监测指标体系包括常规指标、特征指标和综合毒性指标 3 类共 21 项 (表 7.1)。其中常规指标包括气象指标、水文指标、水质指标和生态指标。具体指标可根据实际情况进行增删调整。

表 7.1　三峡库区水生态环境感知系统监测指标体系

指标类别		指标
常规指标	气象指标	风速、风向、气温、气压
	水文指标	水位、流速
	水质指标	水温、浊度、电导率、透明度、pH、溶解氧、高锰酸盐指数、氨氮、总磷、总氮
	生态指标	叶绿素 a、藻细胞密度
特征指标		微囊藻毒素、水体 CO_2 变化速率
综合毒性指标		水质综合毒性 (发光抑制率/%)

(2) 监测频次。自动监测频次一般为 1h/次，最小监测频率为 24h/次，对于出现特殊情况，应根据实际情况进行调整。

(3) 监测设备选配。选择设备时，要充分考虑仪器设备的性能及其在监测区域的适用性。注意根据设备检测器的检测原理、方法和适用条件，选择满足工作需求的设备。

自动监测仪器性能指标一般应符合或优于表 7.2 中的要求，同时还应符合以下技术要求。

①检出限：监测设备的各项水质参数检出限应符合水质定量分析的基本要求，对于地表水环境质量标准(GB 3838—2002)中规定监测因子的检出限应优于一类标准限值浓度的 1/5 或设置点位水质近三年监测最低值的 1/10；对检出限达不到上述要求的监测设备，不能作为自动监测站的组成。

②测定范围：对于 GB 3838—2002 中规定监测因子的检测范围一般能够覆盖Ⅰ～Ⅴ类地表水浓度测定范围；对于属于劣Ⅴ类的点位，上限应为近三年内最高检测值的 3～5 倍。

③监测仪器稳定性：自动监测站的监测设备在 5～10 月生物生长旺盛季节期间，每次校准和维护后，能够保证稳定运行 14d 以上。

表 7.2　三峡库区水生态环境感知系统仪器性能指标技术要求

分析项目	测量范围	检出限	分辨率	准确度	加标回收率
水位	100～200m	—	0.001FS	—	—
流速	0～30m/s	—	0.01 m/s	—	—
风速	0～49m/s	0 m/s	0.11 m/s	0.7998 m/s	—
风向	0～360°	—	—	±4°	—
气温	-39.2～60℃	—	—	±0.2℃	—
气压	800～1100mb	—	—	—	—
总氮	0～10mg/L	500 μg/L	10 μg/L	小于读数15%	90%～110%
总磷	0～2mg/L	200 μg/L	10 μg/L	小于读数15%	90%～110%
氨氮	0～5mg/L	250 μg/L	10 μg/L	小于读数15%	90%～110%
水温	-10～80℃	—	—	0.1℃	—
溶解氧	0～50mg/L	—	0.01mg/L	±2%～±6%	—
电导率	0～200mS/cm	—	0.001 mS/cm	±2%	—
浊度	0～1000 NTU	—	0.1 NTU	读数的±2%	—
pH	0～14	—	0.01	±0.2	—
叶绿素 a	0～400 μg/L	—	0.1 μg/L	读数的±2%	—
高锰酸盐指数	0～20mg/L	—	0.01mg/L	±2%	—
水质综合毒性(发光抑制率/%)	可将毒性判断为高、中、低	—	—	—	—
藻毒素	0～0.01mg/L	1μg/L	—	15 %	90%～110%
藻细胞密度	(1×10^4)～(1×10^{12}) cells/L	—	100 cells/L	20%	—
水体 CO_2 变化速率	60～15000 ppm/min，CO_2 量程：0～5000 ppm	—	10 ppm	—	—

备用监测设备的性能配置参照日常监测使用的设备性能配置进行。考虑监测区域水质情况及日常监测设备的使用频率，整装设备按照现场使用设备的 10%备用(不足 1 台，按照 1 台备)；每种参数监测设备的易损配件按照 20%备用。

2) 监测数据的标准化

水环境信息数据表现形式各不相同，而且环境数据在监测、采集、处理过程中缺乏标准化监管流程，数据质量受到多种因素干扰，监测数据往往存在可靠性低、质量低的现象。尤其是自动监测数据具有实时、海量特点，所以必须对环境数据进行标准化处理，推动水环境管理的智能化。

监测数据标准化，首先需要保证水环境监测数据集的完整性和正确性，对不同来源采集的数据源进行格式检查、质量检查和分析，检验方法、检验原则和检验结果需要编制数据集说明文档，文档格式按照相关的标准进行编制；当同种监测指标有多种数据源时，应根据要求选择合适的数据源，并详细记录选择数据源的理由。

监测数据标准化，选取相应的工具和方法对原始数据源进行加工，形成监测数据集实体数据文件；同时在数据集说明文档中对数据处理工具和方法进行说明。数据处理工具包括 Excel 等数据处理软件，以及管理数据文件系统的数据库系统。

监测数据标准化，还包括数据存储格式的标准化。监测数据文件的存储格式选择通用的数据格式，如文档格式、数据库格式以及图像文件格式。

为提高管理效率和满足精细化管理要求，规范自动监测能力建设的设计、实施、管理，数据存储与分类参考《三峡水生态环境监测数据存储标准》(T/CQSES 01—2017)。

3) 监测数据安全传输的实现

环境监测数据分布在不同地域、不同部门、不同系统，数据形式包括文字、数字、符号、图形、图像和声音等，需要安全传输到交换中心，并实现不同交换节点对环境监测数据的调用和交换。在安全管理上，不仅包括感知设备物理安全管理、网络安全管理，同时也要兼顾数据安全管理、系统安全管理、安全测评与风险评估。

(1)数据采集。自动监测设备获得的监测数据，根据自动监测设备配置的数据传输协议，包括但不限于 RS-232、RS-485、SDI-12，选用低功耗、高可靠的数据采集器进行数据采集工作。数据采集器的性能及参数应满足以下要求。

①工作电压为直流电压 12V。

②数据接口类型应完全满足使用的自动监测设备数据传输协议要求，每类数据接口数量应多于对应的自动监测设备数量。

③采集的数据应当实时通过通信端口向数据中心控制平台传输。数据采集器应当具有存储数据的功能，存储时间应当不低于 2 个月。

(2)数据传输。三峡库区水生态环境感知系统原位获取的数据，通过因特网、移动通信网络以及北斗卫星通信网络进行组网传输。由数据采集器、通信模块及中心控制平台数据存储模块构成，实现数据的传输与接收。数据传输速率上行速率不低于 5.76Mbps，下行速率不低于 21.6Mbps。

①数据表设计与定义。

三峡库区水生态环境感知系统包含在线监测数据库、地理信息数据库两个部分。在线监测数据库为存储通过巡测或设置监测站获取的数据的数据库，包括通过定点监测、巡测、在线监测等方式获取水位、流量、水量、水质、水生态等动态变化的数据；地理信息数据库是存储地理信息数据的数据库，包括照片影像信息和遥感影像信息，存储获取图片的位置坐标、图像来源等内容。

②水质自动站监测信息表。

本表存储水质站水体监测参数信息，是自动监测站常监测内容；本表允许各单位根据实际情况进行扩展，所采用的字段名、标识符、类型及长度等应与本标准一致。其中 pH、水温、电导率和浊度信息来源于《水质数据库表结构及标识符》（SL 325—2014）表"WQ_PCP_D"；溶解氧、化学需氧量、总磷、总氮和氨氮信息来源于《水质数据库表结构及标识符》（SL 325—2014）表"WQ_NMISP_D"。

表标识：WR_QS_9PARA_R。

表编号：WR_R03_0001。

③通信协议。

通信包由 ACSII 码字符组成，通信协议数据结构如图 7.4 所示。

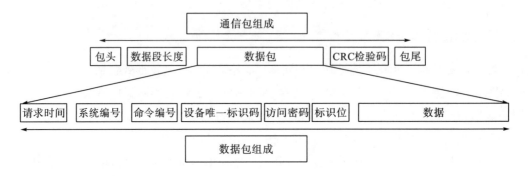

图 7.4 通信协议数据结构

通信包包括包头、包尾、数据段长度、数据包、CRC 校验码（表 7.3）。数据包由请求时间、系统编号、命令编号、访问密码、设备唯一标识码、标识位和数据组成（表 7.4）。设备唯一标识码由用户机构统一管理，各个在线监测设备传输数据时使用此标识码作为凭证。

结构说明如下。

a. 字段与其值用"="连接；在数据区中，不同字段之间用"；"分隔。

b. 时间格式。YYYY 表示年，如 2005 表示 2005 年；MM 表示月，如 09 表示 9 月；DD 表示日，如 23 表示 23 日；HH 表示小时；MM 表示分钟；SS 表示秒。ZZZ 表示毫秒。

表 7.3　通信包结构构成

名称	类型	长度	描述
包头、包尾	字符	2	固定为##
数据段长度	十进制整数	4	数据段的 ASCII 字符数，例如：长 255，则写为"0255"，最大为 1024
数据包	字符	0≤n≤1024	#&变长的数据#&
CRC 校验码	十六进制整数	4	数据段的校验结果，如 CRC 错，即回复 CRC 错误到发送方(crc16-CCITT)

表 7.4　数据包结构构成

名称	类型	长度	描述
请求时间(QT)	字符	20	精确到毫秒的时间戳：QT=YYYYMMDDHHMMSSZZZ，用来唯一标识一个命令请求，用于请求命令或通知命令，基于该消息的回复都用此时间
系统编号(ST)	字符	5	01:毒性分析仪；02:藻毒素原位检测；03:原位水体 CO_2 变化速率监测；04:水质多参数监测；05:CR1000_120；06:CR1000_10；07:设备物理参数
命令编号(CN)	字符	4	1：请求连接；2：传送数据；3：修改密码；4：回复；5：发送心跳
访问密码(PW)	字符	9	默认密码 sanxia
设备唯一标识码(MN)	字符	14	MN=监测点编号，这个编号下端设备需固化到相应存储器中，用作身份识别
是否拆分包及应答标志(Flag)，第二位为包号	字符	5	FG=标识，0：不拆包不需要应答；1：需要应答不拆包；2：不需要应答拆包；3：需要应答拆包
数据(DT)	字符	0≤n≤968	DT=&&数据&&

2. 数据中心控制平台

1) 数据中心控制平台功能

数据中心控制平台功能主要是支撑感知系统与其他系统的链接，实时监控和远程控制自动监测站的设备运行情况，获取、存储、管理和分析处理自动监测站监测数据，评估水生态环境安全状态，并进行决策分析、信息发布和会商支撑等。

2) 数据中心控制平台组成

数据中心控制平台组成总体框架如图 7.5 所示。

(1)水生态管理运行模块包括水环境事件预警平台和智能管理平台。

(2)水生态推演模拟模块包括富营养化评价模型、水质预测模型、水生态健康评价模型、生物生态综合毒性模型。

（3）水生态感知模拟与可视化推演平台系统包括基础设施层、数据采集层、应用支撑层和业务功能层。

（4）可视化展示与会商决策平台包括可视化展示系统、会商系统和会商室网络。

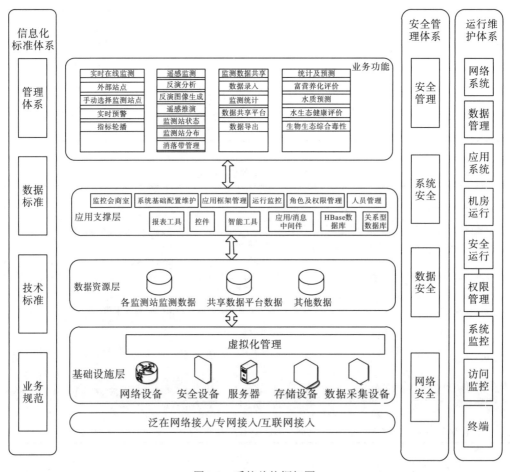

图 7.5　系统总体框架图

3. 平台业务化运行维护

运行维护系统包括信息系统相关的主机存储设备、网络安全设备、操作系统、数据库、权限管理、系统监控、访问监控、资料检索服务以及应用系统的运行维护服务，保证现有的信息系统正常运行，降低整体管理成本，提高信息系统的整体服务水平。同时根据日常维护的数据和记录，提供信息系统的整体建设规划和建议，更好地为信息化发展提供有力保障。

1) 网络系统运行维护

网络节点和拓扑管理。保持全网拓扑结构的自动生成及实时更新，便于直观的观察和监控。拓扑图包括骨干线路的拓扑图、基于设备物理连接的物理拓扑图、按照地理位置的网络分布图、楼宇的网络结构视图、重要网络设备的管理视图、核心网段的网络拓扑图、根据网络管理员日常工作的维护视图等。

网络性能管理。根据被管理对象的类型及属性，定时采集性能数据，如流量、延迟、丢包率、CPU 利用率、内存利用率、温度等，自动生成统计分析报告；可对每一个被管理对象，针对不同的时间段和性能指标进行阈值设置，通过设置阈值检查和告警，提供相应的阈值管理和溢出告警机制；监控网络系统节点之间的网络时延，搜索从源节点到目的节点的网络路径和从目的节点返回源节点的网络路径，并把沿途线路带宽和设备状态直观地显示出来。

网络故障管理。实时监控网络中发生的各种事件，根据需要定制监控的对象和内容，当出现预定义的故障或超出性能阈值时，将按照管理员指定的处理方式自动报警或动作处理；使用网管系统的连通性故障自动定位和诊断功能，对于故障事件能进行自动关联，得出最直接的故障原因，并将明确的故障发生位置信息通过告警系统发送给网络管理员；告警系统提供多种报警方式，包括电子邮件、声音、告警信息、手机短信等；管理员定期完成网络连通可用性分析报告；通过与帮助台联动，实现故障处理的规范化。

2) 数据处理与数据库运行维护

(1) 服务器系统维护。

硬件系统管理。实时监控主机内温度、风扇状态、电源状态、主机板、Cell 状态、盘阵状态；实时监视系统 CPU 的利用率，显示 CPU 运行队列的长度；对内存使用情况进行管理；观察硬盘及磁盘阵列的使用率，统计用于文件读或写操作的磁盘 I/O 利用率以及虚拟内存的使用率。

系统进程管理。实时监控系统进程的运行状况，并在系统进程出现异常时给出告警，针对出现异常和长时间占用内存或 CPU 的用户进程进行重点监控。

网络性能管理。监控服务器网络通断、冲突和错误的情况及其网络流量的情况。

性能报告管理。监控系统资源的实时变化，设置异常门限值，当正监测的系统性能参数达到门限值时给出告警，并按时间段生成系统资源的历史性能报告。

文件系统空间管理。实时监控文件系统空间的使用情况，并在文件系统达到一定的阈值时给出告警；对系统中的重要文件进行管理，监控重要文件的存在与文件的大小变化情况，监控文件系统的挂载情况，出现不能正常挂载文件系统时给出告警。

群集管理。实时监控 Unix 服务器群集和包的运行状态信息。

(2) 数据库系统维护。

监控数据库的状态、系统全局区 (SGA) 的各种参数、日志事件 (警告)、侦听器状态、进程状态、可用性 (如死锁)、资源争用、不一致性以及会话和 SQL 活动、等待状况、数据库碎片情况等。

监控关系型数据库归档日志和可用空间量,以及关系型数据库归档日志目的地中可用空间的百分比;监控转储目的地目录的使用空间百分比。

监控并警告当前分配的扩展数据块数超出指定阈值的数据库对象。

对表空间的使用情况和增长情况进行定期分析和预警。

针对数据库中的 I/O 情况进行实时监控。

定期提供数据库运行性能的分析、帮助提出诊断和优化调整建议。

将监控到的数据库性能指标保存下来,生成性能趋势报告,为管理者提供决策依据。

定期检查系统日志和备份作业日志,根据日志解决潜在问题。

3)数据存储备份运行维护

对 IT 环境中的存储和备份资源集中监控,统一管理,实时得出设备性能参数,如 I/O 请求的数量、物理 I/O 读写响应时间和数据传输峰值、高速缓冲存储器(Cache)使用的统计数据等;规划总体存储空间,分析数据量随时间增长的趋势图表,合理分配资源,并对系统性能进行优化。

对应用进行数据迁移前,进行风险分析和评估,制订应用迁移方案,提交风险回退方案;数据迁移后对数据一致性、完整性和可用性进行测试,确认移植成功。

制订主机操作系统、文件系统和应用软件系统数据备份策略,制订自动或人工备份介质管理规范。

检查日常备份任务的完成情况,确保数据按要求成功备份。

定时进行备份恢复演习,保证操作系统、文件系统和数据库出现异常时能够迅速解决。

4)应用系统运行维护

日常基本维护。实时监控应用系统服务和进程的运行状态,对关键进程占用系统资源的情况进行管理;在服务出现异常时给出告警,并能在进程终止时给予自动重启该进程的操作;定期针对应用系统运行中生成的记录文件进行监测,从而判断应用中的重要错误、警告以及性能等问题;实时监控关键服务的响应时间,当服务响应时间不正常时予以排查处理。

专项高级维护。配合应用系统建设工作,完成应用程序的 bug 修改和功能拓展;针对应用程序特点,完成网络、数据库、主机内核参数、存储设备的调整和优化,提高应用系统性能。

5)机房运行维护

机房管理方案分为设备运维和人员管理两部分。设备运维:主要设备运转状况、环境参数实时监控;设备故障及环境参数报警信号实时通报。人员管理:主要是通过门禁系统对进出机房的工作人员进行授权,限定人员工作区域,杜绝人员随意走动造成的安全隐患。

6) 安全运行维护方案

在网络上建立比较完整的安全防护体系,为业务应用系统提供安全可靠的网络运维环境。

实现多级的安全访问控制功能。

重要信息的传输实施加密保护。

建立安全监测监控系统。

建立系统网络全方位的病毒防范体系。

建立数字证书认证服务基础设施和授权系统。

建立系统网络安全监控管理中心,加强集中管理和监控,及时了解网络系统的安全状况、存在的隐患,技术上采取"集中监控、分级管理"的手段,发现问题后及时采取措施。

建立有效的安全管理机制和组织体系。

7) 权限管理维护方案

用户权限管理主要实现不同用户在系统中具有不同的权限,系统按照业务内容与组织机构的不同,给不同角色赋予不同的权限。主要包括系统管理员、管理者、业务员以及普通公众用户。

用户管理。有权限的后台管理人员能对系统进行添加用户、编辑用户、删除用户的操作。

角色管理。有权限的后台管理人员能对系统进行添加角色、编辑角色、删除角色的操作资源管理。系统中的各种功能称为资源,资源管理是对系统中各类资源进行管理,实现对资源的添加、查询、编辑、删除操作。

角色资源管理。角色资源管理是对角色能操作哪些资源进行管理,有权限的后台管理人员能对角色进行资源的分配和移除操作。

用户角色管理。用户可以拥有多个角色,一个角色也能对应多个用户,有权限的后台管理人员能对用户进行角色的分配和移除操作。

8) 系统监控维护方案

系统状态监控。主要针对系统运行交换过程中出现的错误进行统一监控,如对网络断网、排队、流量超标、标准不统一等一系列问题进行统一监管。同时监控系统资源使用情况。

日志查询浏览。平台日志包括系统日志和业务日志。系统日志是指记录系统各模块的运行状态,用户对系统运行情况进行跟踪,在系统出现故障时能根据日志快速进行问题排查。系统日志完成各类系统信息的记录,分为一般信息、警告、错误和严重错误 4 个级别来记录。

9) 计算机终端运行维护

网络客户端运行维护方案主要从终端的状态、行为和事件 3 个方面着手解决 10 大类功能,分别为:终端运行状态管理、终端资产管理、终端补丁管理、终端防毒管理、终端联网行为管理、终端安全事件处置、终端桌面行为审计、终端桌面安全审计、终端访问控制和终端安全报警。

针对三峡库区水文水质、库区富营养化、污染源和分区入库污染物总量等水环境监测要求,结合水质自动监测技术、水质预报模型技术、水质监测点位优化技术、通信网络技术、物联网与互联网技术的发展趋势,实现感知层水质监测数据采集接口的异构数据规范化技术、监测数据的实时网传技术、水环境监测预警系统多模块无缝对接技术、多平台自适应组网技术;数据通信与传输系统同计算机网络系统相集成,构建水环境在线监测系统。最终形成由水环境监测传感器系统、信息通信系统构成的多网络水环境在线监测系统,实现三峡工程监测预警业务管理的自动化、信息化、智能化、业务化。

在三峡库区建成由固定监测站、浮标监测站为主体的一体化监测网络,并在库区干流重要河段、支流生态敏感区域建设智能化水环境监测预警系统监测站,在库区重要断面关键区域建设多平台在线监测站点,在分区总部建成智能化水环境监测预警中心平台,实现三峡库区水环境立体智能感知、多种数据远距离传输、有效信息标准规范等的水环境监测预警与预报服务功能。

7.2　水生态环境安全在线感知系统示范工程

7.2.1　示范平台设计

1. 设计总则

三峡库区水生态环境是一个开放的高度复杂系统,要实现对水生态环境的污染控制、富营养化治理和水生态系统推演,精确监测和动态感知水生态环境就必须对水生态环境信息进行定量检测。本示范工程将集成自主开发的综合生物毒性在线检测仪、藻毒素在线检测仪器、大量程且高分辨率的水体 CO_2 变化速率检测传感器以及能够在线传输图像的藻细胞显微观测仪、水质多参数传感器、气象参数传感器、水文参数传感器,构建集数据采集、传输、控制于一体的三峡库区水生态监测浮标,为三峡库区的生态监测提供依据,实现对水生态环境参数的原位、在线和连续监测。

2. 总体设计

水生态环境安全在线感知系统示范工程建设的主要内容是集成自主开发的水质综合毒性检测仪、藻毒素原位检测仪、原位藻群细胞观察仪、水体 CO_2 变化速率检测仪以及水质多参数传感器,以浮标作为水环境监测仪器的承载平台,搭载包括自主开发设备在内的可监测水文、水质、水生态和气象方面共 20 个参数的仪器,分别运用光学、电化学、声学等技术,获取环境中的物理量和化学量,将其转换为电信号予以收集、分析、处理。

数据采集与传输系统从水环境监测设备读取监测数据并通过无线传输方式进行数据的远程传输。由太阳能和风能发电设备组成的供电系统保障各仪器设备运行所需的电能,进而实现浮标原位系统对该片水域环境的实时监测。由此,组成一套完整的水生态系统原位感知体系。环境原位监测系统包括环境感知系统、供电系统、数据采集与传输系统。该系统实时获取的环境感知数据通过无线传输方式传输至监控指挥决策平台进行分析和处理,如图 7.6 所示。

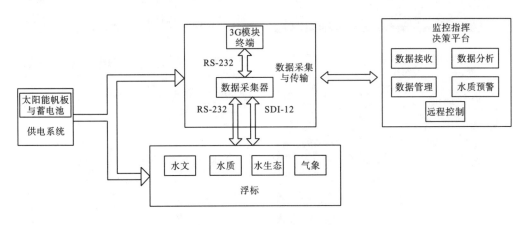

图 7.6   在线监测系统示意图

7.2.2   示范工程的建设

在三峡库区重点水域与典型支流建立水生态环境原位监测系统,在完成浮标本体设计和制造的基础上,依次完成太阳能电池板支架、电子仓、蓄电池、数据采集器、风力发电机、水质多参数监测仪、营养盐监测仪、超声多普勒等设备的安装,形成可稳定、长期、连续运行的原位在线监测系统。

项目组先后于 2015 年 4 月和 2017 年 4～5 月分别在重庆市云阳县(北纬 31°06′,东经 108°40′),湖北省宜昌市兴山县(北纬 31°08′,东经 110°50′),重庆市巫山县(北纬 31°08′,东经 109°50′)和重庆市奉节县(北纬 31°03′,东经 109°30′)完成 5 套浮标原位监测系统的安装。浮标本体上完成安装可检测水文、水质、水生态和气象方面 20 个参数的检测设备。

1. 水生态环境原位监测系统的安装

2017 年 4 月,项目组开始在香溪河安装水生态环境原位监测系统。首先利用吊车将浮标体从货车上卸下,放入水中;然后在浮标体上安装太阳能板支架、太阳能板等部件;再运用船舶将浮标拖运至指定安装地点,固定于河中;最后,安装各个仪器、电池等,直至调试完毕。其安装过程如图 7.7 所示。水生态环境原位监测系统在大宁河、草堂河和澎溪河的安装步骤同香溪河,安装过程如图 7.8～图 7.11 所示。

图 7.7　水生态环境原位监测系统在香溪河的安装过程

图 7.8　水生态环境原位监测系统在大宁河的安装过程

图 7.9　水生态环境原位监测系统在草堂河的安装过程

图 7.10　浮标船水生态环境原位监测系统在草堂河的安装过程

图 7.11　水生态环境原位监测系统在澎溪河的安装过程

2. 仪器的维护

由于使用的仪器长期存放于野外，项目组将定期对仪器进行校准和维护，以保证仪器测量的环境参数的准确性。

图 7.12 展示的是长期放置在水中的仪器，外表被泥沙、贝壳之类的物质附着，因此，有必要定期将仪器从水中取出进行清洗和校准。

图 7.12　仪器的安装与固定

7.2.3　自动监测数据验证

为验证自动监测设备在野外运行所获取的环境数据的准确性和稳定性,制定监测实施方案。检验机构根据该监测实施方案,对自动监测设备进行校验。

1. 监测点位布置

本次监测工作涉及的 4 个监测断面,分别位于重庆市云阳县澎溪河、奉节县草堂河、巫山县大宁河和湖北省兴山县香溪河。断面设置在野外监测感知系统所在浮标船 3m 范围内。其位置示意图如图 7.13 所示,其具体的位置信息及坐标见表 7.5。

图 7.13　断面位置示意图

表 7.5　断面位置信息及坐标

断面	位置	经纬度
澎溪河	重庆市云阳县高阳镇高阳平湖	N: 31°6′11″; E: 108°40′21″
草堂河	重庆市奉节县白帝镇	N: 31°03′11″; E: 109°35′11″
大宁河	重庆市巫山县双龙镇下湾村东南方向	N: 31°11′14″; E: 109°52′15″
香溪河	湖北省宜昌市兴山县峡口镇白鹤村三组	N: 31°08′23″; E: 110°46′37″

2. 监测指标及对应的监测方法

监测指标包括:水位、流速、风速、气温、气压、水温、pH、电导率、溶解氧、浊度、高锰酸盐指数、总磷、总氮、氨氮、叶绿素 a、浮游植物数量(藻细胞密度)、微囊藻毒素、水质综合毒性(发光抑制率/%)、水体 CO_2 变化速率。

监测参数有国家标准的,按照国家标准执行;若无国家标准,按照行业标准或业内公认方法进行监测和分析。其中,主要的水质及微生物指标分析方法及最低检出限见表 7.6。监测时间及频次:2018 年 1~6 月,每月 1 次,共 6 次。

表 7.6 主要监测指标监测方法

序号	项目名称	分析方法	标准	最低检出限
1	水温	温度计法	GB/T 13195—1991	
2	pH	玻璃电极法	GB/T 6920—1986	
3	电导率	电导仪法	SL 78—1994	
4	溶解氧	电化学探头法	HJ 506—2009	
5	浊度	分光光度法	GB/T 13200—1991	0.5NTU
6	高锰酸盐指数	高锰酸钾法	GB/T 11892—1989	0.5mg/L
7	总磷	钼酸铵分光光度法	GB 11893—89	0.01mg/L
8	总氮	流动注射分析法	HJ 668—2013	0.03mg/L
9	氨氮	气相分子吸收光谱法	HJ/T 195—2005	0.020mg/L
10	叶绿素 a	荧光法	SL 88—2012	
11	浮游植物数量 (藻细胞密度)	显微镜计数	SL 167—2014	
12	微囊藻毒素-LR	水中微囊藻毒素的测定	GB/T 20466—2006	0.01μg/L

监测所采用的仪器设备见表 7.7。

表 7.7 主要监测仪器

序号	项目名称	监测仪器
1	水位	水尺
2	流速	流量计
3	风速、风向	六合一风速仪
4	气温	温度计
5	气压	气温仪
6	水质综合毒性	生物毒性仪
7	水体 CO_2 变化速率	滴定管
8	水温	水银温度计
9	pH	便携式水质多参数仪 HQ30d
10	电导率	便携式水质多参数仪 HQ30d
11	溶解氧	便携式水质多参数仪 HQ30d
12	浊度	浊度仪
13	高锰酸盐指数	25mL 滴定管
14	总磷	UV-9600 紫外可见分光光度计
15	总氮	LACHAT QuikChem8500 流动注射仪
16	氨氮	GMA3380 气相分子吸收光谱仪
17	叶绿素 a	HYDROLAB DS5 型哈希多参数测定仪
18	浮游植物量(藻细胞密度)	Olympus BX53 显微镜
19	微囊藻毒素-LR	ThermoFisherUltimate 3000 液相色谱仪

3. 监测流程

(1)布点采样和现场测定。在距离监测平台 3m 内采集水样,并测定气象指标及现场理化指标。水样采集平台周围(探头相同深度)混合样。现场理化指标在平台周围采集水样处测定。

(2)样品的运输保存和样品的预处理。水样品用车载冰箱低温冷藏(4℃)保存或及时运回实验室低温冷藏保存。

(3)监测项目的实验室分析。除气象指标及现场理化指标外,其余指标相关参数均带回实验室按国标、行业标准或业内公认方法进行分析。

(4)数据的处理和填报。填入 Excel 表格,并形成监测报告。

4. 测试结果

本课题组邀请长江水利委员会水文局长江上游水文水资源勘测局在 2018 年 1～6 月,采用国家或行业发布的标准方法进行传统监测,与原位监测系统中自动监测设备采集的环境数据进行比对和分析,以分析和验证自动监测设备监测结果的准确性。

依据两个监测单位对两套系统所提供的检测报告,得到所需的数据,整理出各监测指标的结果,将这些数据按照监测参数分组,并绘制成折线图,得到图 7.14～图 7.31(图中虚线为传感器数据,实线为传统方法)。

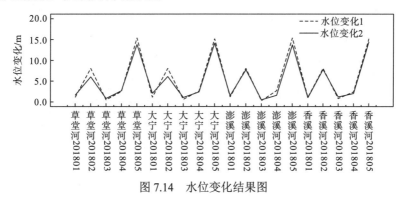

图 7.14　水位变化结果图

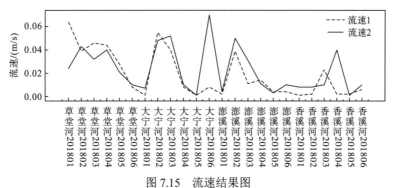

图 7.15　流速结果图

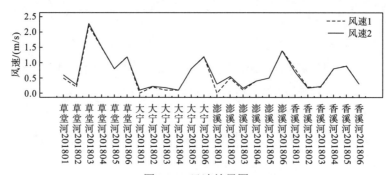

图 7.16　风速结果图

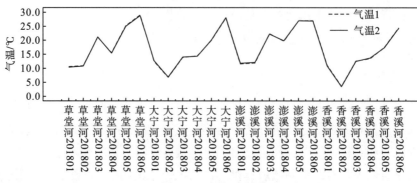

图 7.17　气温结果图

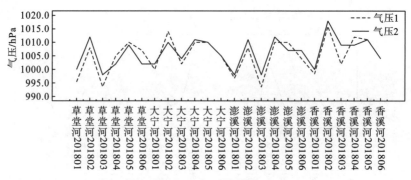

图 7.18　气压结果图

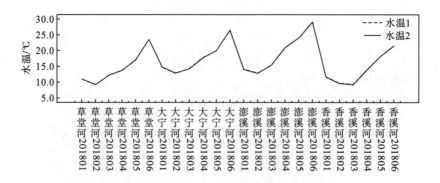

图 7.19　水温结果图

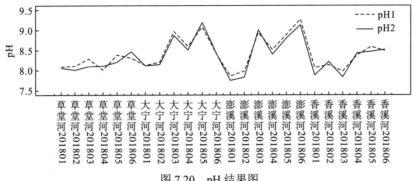

图 7.20　pH 结果图

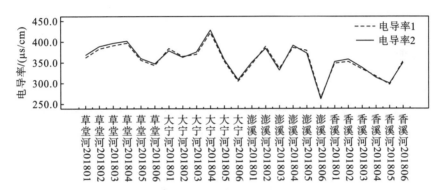

图 7.21　电导率结果图

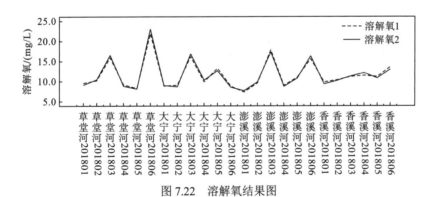

图 7.22　溶解氧结果图

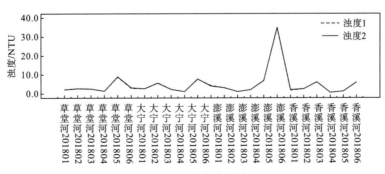

图 7.23　浊度结果图

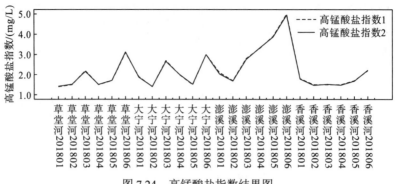

图 7.24　高锰酸盐指数结果图

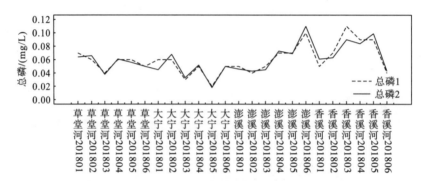

图 7.25　总磷结果图

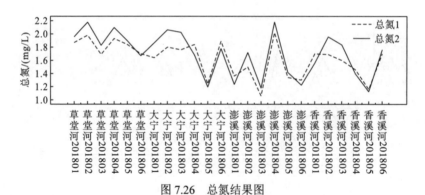

图 7.26　总氮结果图

图 7.27　氨氮结果图

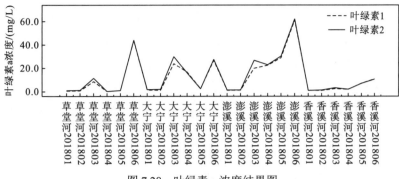

图 7.28　叶绿素 a 浓度结果图

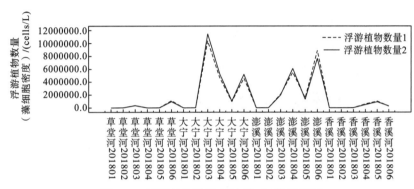

图 7.29　浮游植物数量(藻细胞密度)结果图

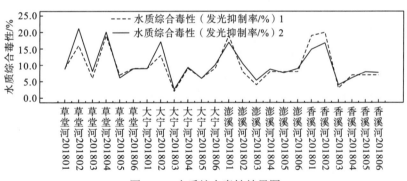

图 7.30　水质综合毒性结果图

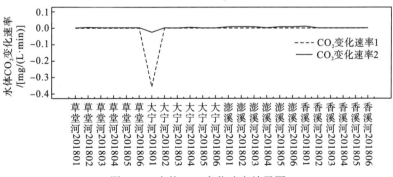

图 7.31　水体 CO_2 变化速率结果图

由于两组风向数据的监测尺度不一致，藻毒素数据均未检出，因此，风向和藻毒素数据均未做相关性分析。由数据结果分析可知，从相关性的结果看，Sig.<0.05，表示配对的自动监测系统获得的数据与第三方机构获取的数据不存在显著相关性的概率小于 0.05，即两组数据显著相关。因此，参与统计分析的 18 个配对组的结果均显示，这些配对组数据之间存在显著的相关性。即各配对组自动监测和传统监测的数据有显著的相关性。

在 pH、总氮、氨氮、叶绿素 a 浓度这几组数据之间，存在较显著的差异性。因此，对这些指标做了偏差分析，以检验其差异的大小。叶绿素 a 浓度的比对中，出现了偏差结果较大的情况。在叶绿素 a 浓度的 24 对数据中，有 3 对出现了偏差大于 15%但小于 22%的情况。其余几个指标，比对所测得的数据其偏差均在 15%内。pH、总氮、氨氮、叶绿素 a 浓度这几个指标，除了叶绿素 a 浓度指标有少数情况出现偏差至 21.8%的情况外，其余指标的数据偏差均在 15%以内，处于可以接受的范围。

7.3　水生态环境感知模拟与可视化推演平台示范工程

7.3.1　系统架构设计

三峡库区水生态环境感知系统及业务化运行平台通过将先进传感技术，将物联网、云计算、移动互联网、大数据、人工智能、知识管理、分布式存储、非结构数据库、信息可视化、GPS 定位等技术应用于水环境监测服务中，建设集数据获取、传输、存储、管理、处理、分析、应用、表征、发布全过程于一体的水环境监测信息管理服务平台；基于数据驱动方式构建水环境推演模型，结合水动力和遥感反演模型开发系统业务化应用场景模块；系统 5 个功能模块分别为实时在线监测、统计查询与分析、推演模型、水动力水质模型、遥感反演模型。应用系统应符合云平台要求，可移植部署于云平台上。三峡库区水生态环境感知系统业务化功能上主要由模型分析平台和监测预警平台构成，如图 7.32 所示。

7.3.2　功能模块设计

围绕三峡库区典型支流富营养化与水华暴发的生态学问题，以先进的大数据挖掘方法和天地一体化观测为支撑，立足 4 条示范支流，按照"模型分析+监测预警"的应用思路构建三峡库区水生态环境感知系统及业务化运行平台，集成 EFDC 和遥感反演模型，采用C/S 结构系统与 B/S 结构系统混合模式，研发水生态环境推演模型系统，实现示范区内水质变化预测预警、水污染事故追踪、富营养化状态评价、水华暴发和成灾安全风险评价和生态健康评价等业务化功能，在三峡工程生态环境监测系统在线监测中心搭建示范平台，为库区水污染防治提供技术支撑。

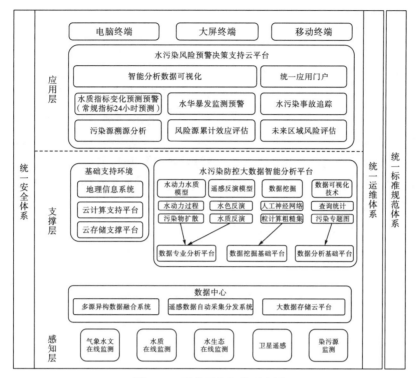

图 7.32 示范平台架构示意图

7.3.3 三峡库区水生态环境模型分析平台

1. 概述

系统不仅集成高级水动力水质模型-环境流体力学代码(EFDC)作为计算内核,同时集成遥感反演模型,利用先进大数据挖掘方法,如粒计算求解、模糊时序列预测、粗糙集知识提取、密度峰值聚类和半监督分类等算法,融合并改进传统水质、富营养化评价模型方法,实现水质指标精确预测、富营养化缺失指标评价、水华暴发风险判断等。

2. 系统设计

1)总体结构

根据需求分析,通过自上而下的设计思想,本项目决定采用 C/S 与 B/S 两种结构进行设计开发。本项目桌面客户端基于 Windows x64 操作系统,在 Visual Studio 2013 环境中采用 C#编程语言进行开发。基于目前流行的轻客户端设计理念,桌面客户端主要实现 5大子系统的 UI 层功能,分别为水华暴发预警子系统、污染扩散模拟子系统、生态调度运行子系统、外源污染控制子系统和外源数据通信传输及存储子系统。桌面客户端采用 WPF框架进行开发,在此框架下集成 GlobeControl 等控件,以实现运算结果的三维图像显示。采用 LiveCharts 图表控件显示数据库数据。Web 前端展示遥感数据分发系统,采用

BiaduMap API 实现遥感数据的地图索引。在 Web 前端可以进行遥感数据的上传、下载和相关信息的发布。

　　本项目服务器由应用服务器、Web 服务器和数据层组成。应用服务器与 Web 服务器包含各自的业务逻辑层和数据访问层。应用服务器需要实时进行外源数据的处理，并存储到数据库。同时，应用服务器接收桌面客户端的控制命令，执行相应的业务处理，并将处理结果返回到桌面客户端。Web 服务器接收网页端的遥感数据分发请求，进行相应处理，同步更新数据层的相关文件和数据库信息，然后返回给 Web 前端。数据层主要包括数据库和大量数据文件，实现数据的存储功能。采用以上设计便于系统的后期扩展，包括实现广域范围内的图形显示、实现其他计算模型的快速集成等。

　　图 7.33 展示了本项目的软件总体结构设计。

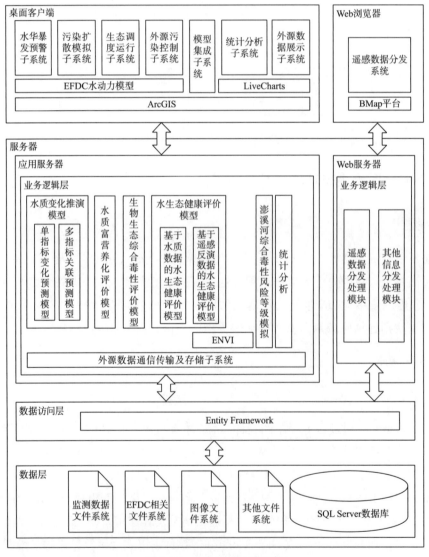

图 7.33　软件总体结构设计

2) 功能模块

(1) 桌面客户端视图模块。采用 WPF 框架实现软件界面，采用 ArcGIS MapControl 控件进行数据可视化展示。采用 LiveCharts 控件对统计分析结果、外源数据等进行图形化展示。

(2) 桌面客户端控制模块。实现桌面端各业务子系统的逻辑控制功能，可调用业务相关模块，实现各业务的具体功能。

(3) 遥感图像处理模块。采用影像处理软件 ENVI 进行遥感图像处理。包括从环境一号卫星四波段多光谱影像数据反演叶绿素 a、藻蓝蛋白(PC)。

(4) 客户端通信模块。实现向服务端发送请求，并能够解析服务端的应答数据。

(5) 服务端通信控制模块。实现解析客户端请求，调用相关业务模块完成相应任务，并将结果返回给客户端。

(6) 生态环境计算模块。通过对水质变化推演模型、水质富营养化评价模型、水生态健康评价模型、生物生态综合毒性评价模型进行编程，并设计相应的接口，对相关数据进行计算。

(7) EFDC 水动力计算模块。采用 EFDC 计算模型进行定制开发，实现水华暴发预警子系统、污染扩散模拟子系统、生态调度运行子系统及外源污染物控制子系统进行相关水动力计算。

(8) 毒性风险等级模块。根据实测数据，计算澎溪河流域综合毒性风险等级。接收外部环境参数，判断出风险等级变化的概率。

(9) 统计分析计算模块。采用 C#编程实现对数据库数据的增、删、改、查功能；实现统计报表的分析功能。

(10) 外源数据实时处理模块。采用 C#编程实时进行外源数据解析并存储到数据库。

(11) 遥感数据前端分发模块。基于 BaiduMap API 实现遥感数据定位显示，并在前端显示数据列表。可进行遥感数据上传、下载操作。

(12) 遥感数据后台处理模块。对遥感数据信息进行处理，记录到数据库。

(13) 数据库操作模块。采用 Entity Framework 对 SQL Server 数据库进行操作，实现相关数据的增、删、改、查。

(14) 文件数据管理模块。采用 C#编程实现数据文件的读写操作以及相关文件路径的管理。

(15) 数据模型管理模块。采用 C#编程实现数据类型的定义。

3) 数据流

数据流设计如图 7.34 所示。

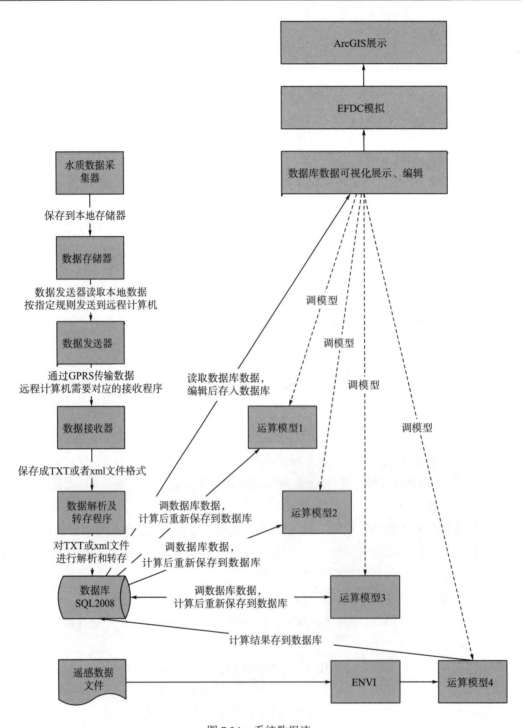

图 7.34　系统数据流

4) 业务流

(1) 外源数据通信传输及存储子系统如图 7.35 所示。

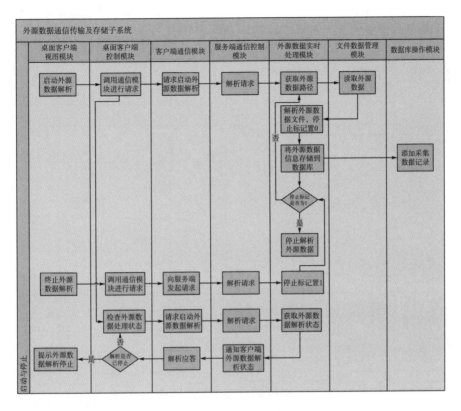

图 7.35　外源数据通信传输及存储子系统

(2)统计分析子系统如图 7.36 所示。

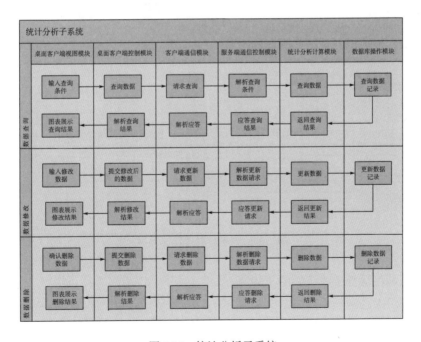

图 7.36　统计分析子系统

（3）水华暴发预警子系统如图7.37所示。

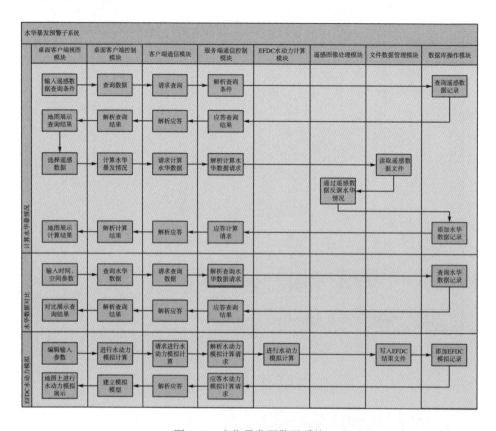

图7.37　水华暴发预警子系统

（4）污染扩散模拟子系统如图7.38所示。

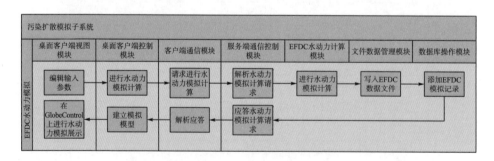

图7.38　污染扩散模拟子系统

（5）生态调度运行子系统如图7.39所示。

（6）外源污染控制子系统如图7.40所示。

（7）模型集成子系统如图7.41所示。

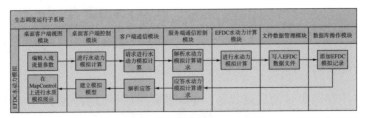

图 7.39　生态调度运行子系统

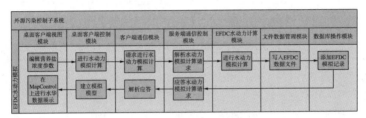

图 7.40　外源污染控制子系统

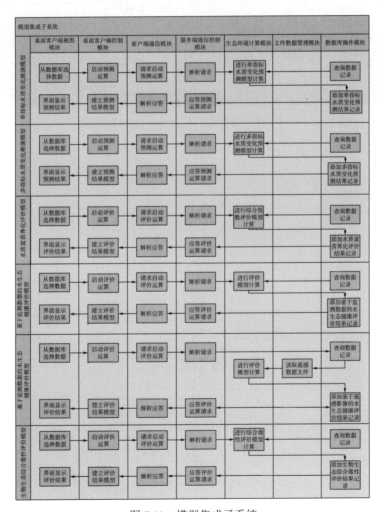

图 7.41　模型集成子系统

3. 模型分析平台系统功能

1) 外源数据通信传输与存储

系统从文件中读取实时的监测数据,将数据解析后存储到数据库中。管理员在外源数据通信与存储模块的管理界面可查看解析后的外源数据显示。

如图 7.42 所示是实时数据的可视化展示,左边四副小图分别对应 4 种在线监测指标的实时监测信息,可以通过菜单设置来实现不同指标的可视化展示。

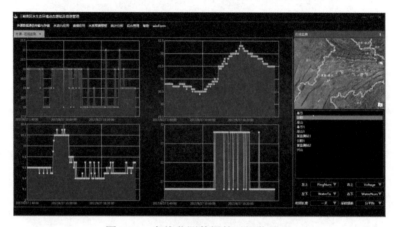

图 7.42 在线监测数据的可视化展示

2) 水动力-水质模型计算应用

(1) 网格操作。

基于 ArcGIS 在系统内部开发网格划分工具,其操作的整体逻辑如图 7.43a 所示。

图 7.43a 水动力-水质模型网格生成步骤

　　图 7.43b 是网格操作的对话框。点击"导入"，显示如图 7.43c 所示的由河流文件所形成的网格矢量数据。

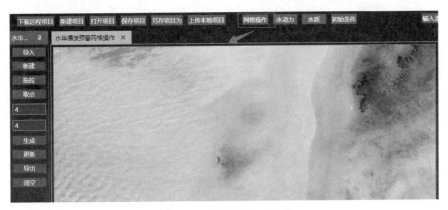

图 7.43b　网格操作对话框

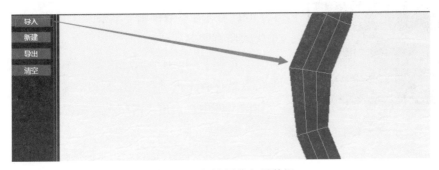

图 7.43c　河流网格矢量数据

　　点击"新建"后，出现网格段数、网格列数、生成、设值标签（图 7.43d），可以在图层取点，然后输入段数与列数来生成面区域（图 7.43e）。

图 7.43d　网格生成的设置界面

图 7.43e　输入网格行列数后自动生产的网格

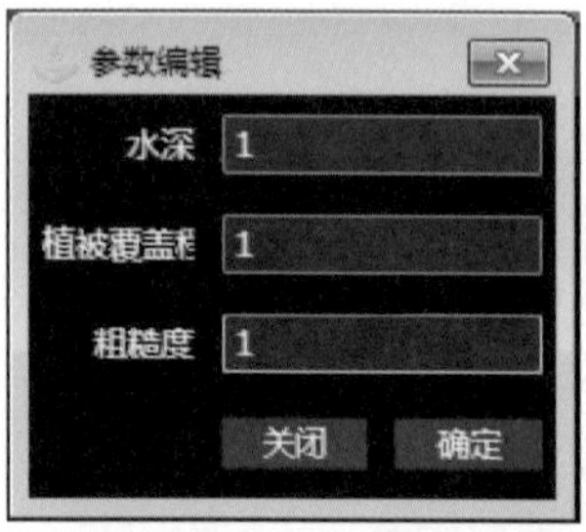

图 7.43f　水深、植被覆盖与粗糙度设置

鼠标右键点击如图 7.43e 所示的方格，可以在图 7.43f 中进行参数编辑，然后点击"生成"，就可以生成所有网格的值。

在图 7.43g 对区域进行设值后，点击"更新"，将区域保存下来了；点击"导出"，可将图中区域保存到文件中；点击"清空"，图中区域会被清除。

图 7.43g　网格预设值的更新与保存

图 7.43h 是重新点击"导入"时，即将之前保存下来的区域更新展现出来。

图 7.43h　网格的重新导入

在新建点过程中，需要沿着水域点击，不要随机点击，否则产生的图形非常不规则。图 7.43i 是随机选择的点生成的图形。

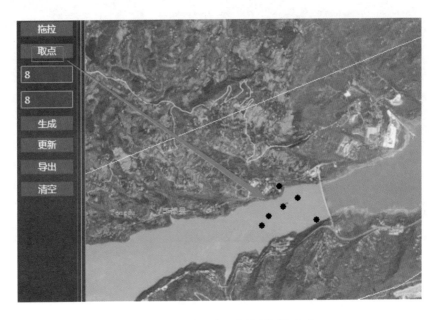

图 7.43i　通过手动取点控制网格生成

(2) 水动力模型参数设置。

图 7.43j 是水动力模型参数设置对话框，可以修改和删除卡片中的值，设置与水动力学过程相关的各类参数。

下载远程项目
新建项目
打开项目
保存项目
另存项目为
上传本地项目
网格操作
水动力
水质
初始条件
水动力--水华爆发预警
C1
C1A
C2
C3
C4
C5
C6
C7
C8
C9
C9A
C10
C11

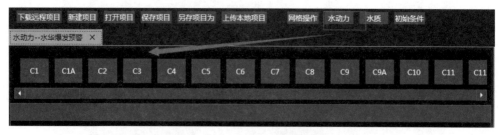

图 7.43j 水动力模型参数设置

(3) 水质模型参数设置。

图 7.43k 是水质模型参数设置对话框，可以修改和删除各种水质相关的数据。

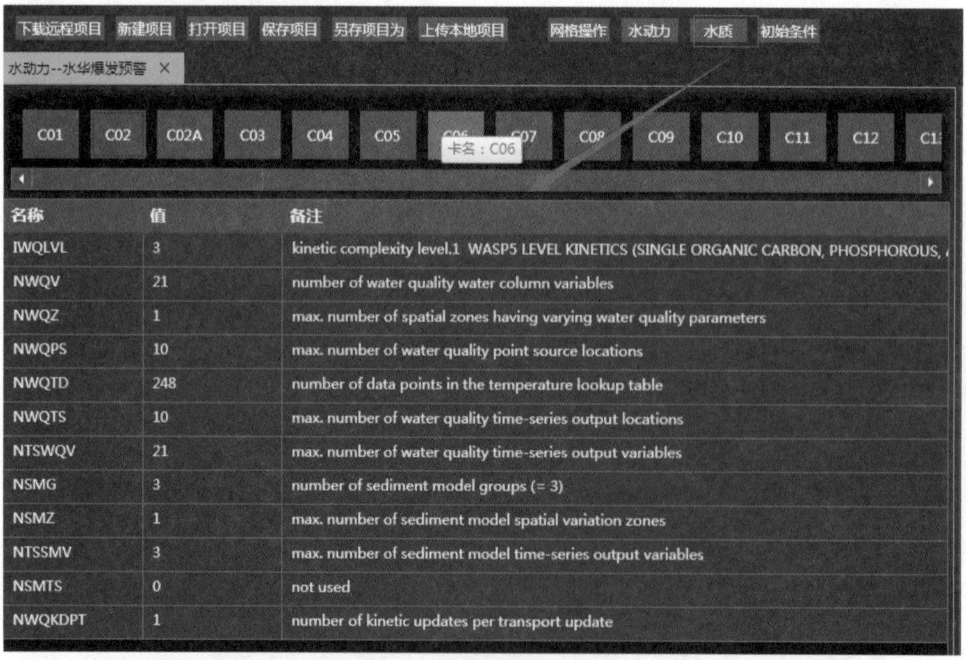

下载远程项目
新建项目
打开项目
保存项目
另存项目为
上传本地项目
网格操作
水动力
水质
初始条件
水动力--水华爆发预警
C01
C02
C02A
C03
C04
C05
C07
C09
C10
C11
C12
卡名：C06
名称 值 备注
IWQLVL 3 kinetic complexity level.1 WASP5 LEVEL KINETICS (SINGLE ORGANIC CARBON, PHOSPHOROUS,
NWQV 21 number of water quality water column variables
NWQZ 1 max. number of spatial zones having varying water quality parameters
NWQPS 10 max. number of water quality point source locations
NWQTD 248 number of data points in the temperature lookup table
NWQTS 10 max. number of water quality time-series output locations
NTSWQV 21 max. number of water quality time-series output variables
NSMG 3 number of sediment model groups (= 3)
NSMZ 1 max. number of sediment model spatial variation zones
NTSSMV 3 max. number of sediment model time-series output variables
NSMTS 0 not used
NWQKDPT 1 number of kinetic updates per transport update

图 7.43k 水质模型参数设置

(4) 初始条件。

图 7.43l 是初始条件对话框，可以对各种初始条件进行修改。

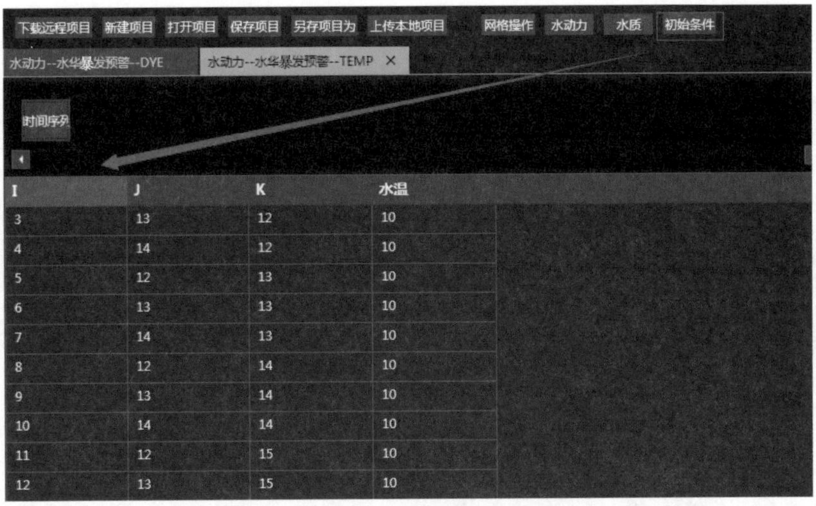

I	J	K	水温
3	13	12	10
4	14	12	10
5	12	13	10
6	13	13	10
7	14	13	10
8	12	14	10
9	13	14	10
10	14	14	10
11	12	15	10
12	13	15	10

图 7.43l　水动力-水质模型的初始条件

(5) 输入汇总。

输入汇总是对数据的输入进行统计并且汇总，图 7.43m 是输入汇总对话框。

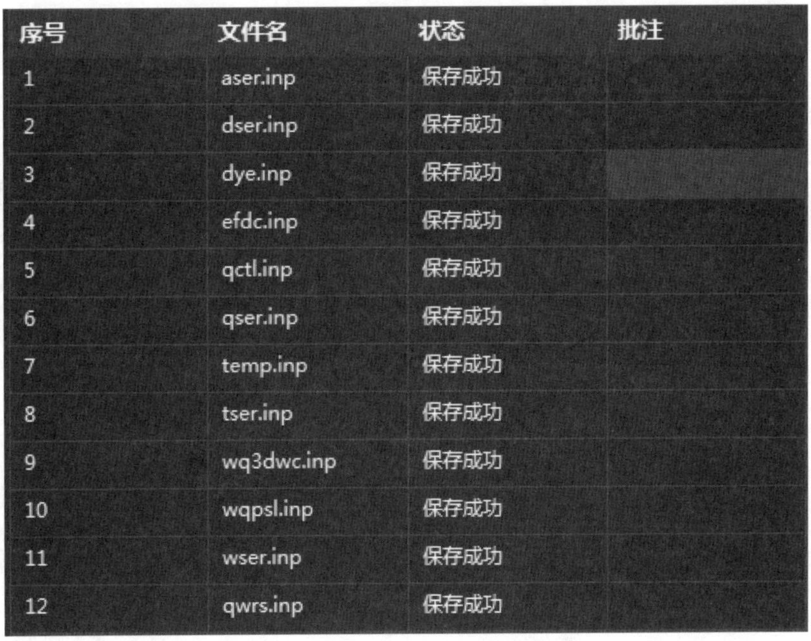

序号	文件名	状态	批注
1	aser.inp	保存成功	
2	dser.inp	保存成功	
3	dye.inp	保存成功	
4	efdc.inp	保存成功	
5	qctl.inp	保存成功	
6	qser.inp	保存成功	
7	temp.inp	保存成功	
8	tser.inp	保存成功	
9	wq3dwc.inp	保存成功	
10	wqpsl.inp	保存成功	
11	wser.inp	保存成功	
12	qwrs.inp	保存成功	

图 7.43m　水动力-水质模型输入完成的汇总与检查

(6) 运行计算。

如图 7.43n 所示，点击“运行计算”出现 3 个按钮，分别是“运行模型”“终止运行”和“清除日志”。点击“运行模型”，界面将会出现很多字符不断刷新显示；

点击"终止运行"，界面会停留在那一瞬间；点击"清除日志"，界面会清空。

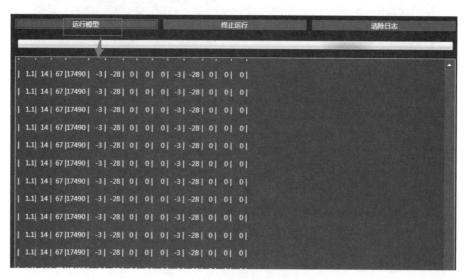

图 7.43n　水动力-水质模型的运行计算界面

(7) 结果展示。

可以在 ArcGIS 地图上查看模型计算的二维结果（图 7.43o）。

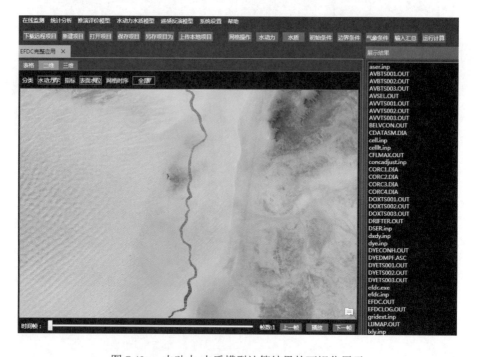

图 7.43o　水动力-水质模型计算结果的可视化展示

3) 遥感反演模型的应用

系统可以通过卫星图片分析水生态相关问题。遥感应用包括 4 个模块，分别是叶绿素 a 反演、藻蓝蛋白反演、微囊藻毒素反演及遥感对比。基于影像处理软件 ENVI 的遥感反演模块，采用国产环境一号卫星 CCD 影像数据，系统开发了水体叶绿素 a(Chla)、藻蓝蛋白(PC)以及微囊藻毒素(MCs)浓度的遥感反演模型。在此基础上，利用 Chla 与 MCs 间的相关关系，建立综合毒性评价模型；利用 PC/Chla 与 Chla 不同风险等级阈值，建立水生态健康评价模型；水色遥感结合聚类算法，能够快速生成水华风险等级的时空分布结果。

(1)叶绿素 a 反演。

①下载远程项目。

②新建项目。新建项目对话框如图 7.44a 所示，可以选择项目路径与影像文件以及波段 TIFF 文件。注意，四个波段文件都必须选取。

③打开项目。打开项目对话框如图 7.44b 所示，可以点击"浏览"，选择项目路径。

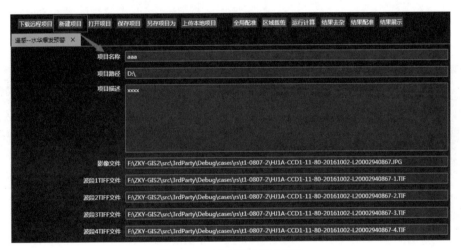

图 7.44a　新建遥感反演模型

图 7.44b　打开已建立的反演模型

④保存项目。点击"保存项目"，如果文件保存成功，对话框左下角会出现保存"成功"(图 7.44c)。

⑤另存项目。点击"另存项目"出现如图 7.44d 所示对话框，可选择其他路径另存项目。

图 7.44c　遥感反演模型的保存　　　　　　图 7.44d　模型另存

⑥上传本地项目。点击"上传本地项目"，会出现如图 7.44e 所示界面。

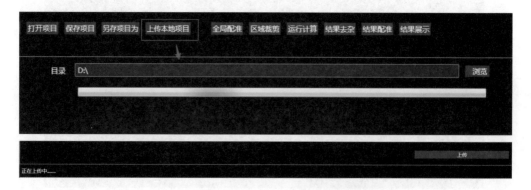

图 7.44e　模型的本地上传

⑦全局配准。全局配准使输入的影像图片拥有地图相应的空间关系，以便我们下一步对影像图片进行分析应用，进而对水华暴发进行预警。如图 7.44f 是全局配准的对话框，全局配准需要两个点来定位，点击完地图 A 点和 B 点后，再在相同位置点击影像 A 点和 B 点，点击"配准"，即得到图 7.44g 所示界面。从图中可以看出影像的黑边趋于水平，说明配准效果很好。如果配准不好，在左下角会通知请重新配准。

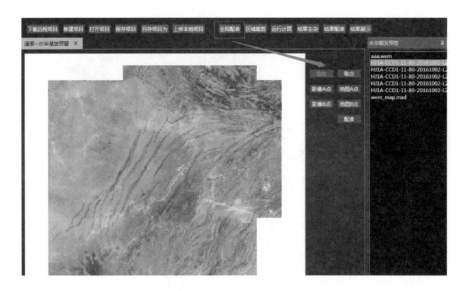

图 7.44f　遥感影像的全局配准

图 7.44g　全局配准的取点

⑧区域裁剪。在此之前一步系统已经对影像进行了重定位，影像可以定位到在线地图上，我们可对感兴趣的区域进行裁剪，以便更好地分析。如图 7.44h 所示，点击右侧的区域设置及裁剪，再点击框中相应名称后，地图显示会定位到已裁剪区域。系统也可以自定义区域并进行裁剪，点击开始自定义区域，即可在图中自行拉框确定区域，然后裁剪需要的地区。当点击"裁剪"时，会弹出裁剪框，可以在其设置区域名称以及区域描述等(图 7.44i 和图 7.44j)。

图 7.44h　遥感影像的区域裁剪

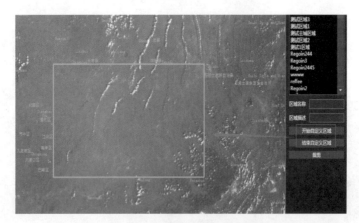

图 7.44i　区域裁剪的范围框选

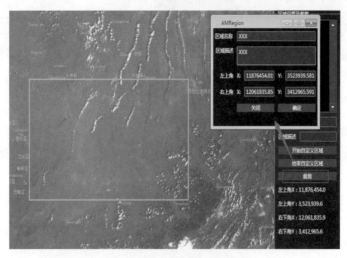

图 7.44j　选取区域的命名

⑨运行计算。在图 7.44k 中可以看到算式 A：931.82*b3/b2-801.54，式中 b2、b3 分别对应图片中的 2 波段和 3 波段。计算结果为水华暴发预警分析图。

图 7.44k　遥感反演模型的选取

模型中存在多种模型，点击下拉框(图 7.44l)，可以自行选择模型。阈值可以自行选择，点击运行即可根据模型生成运算数据。

图 7.44l　预设的遥感反演模型

⑩ 结果去杂。图 7.44m 是水华暴发预警显示图片，在图中可以看到图片的填充色是绿色，本书用颜色来区分不同的预警等级以及危险程度(图 7.44n)。

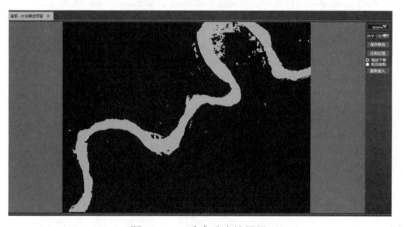

图 7.44m　遥感反演结果展示　　　　　　　　图 7.44n　反演的区域

图 7.44o 是结果去杂中选择的区域，结果去杂的区域都保存在其中。

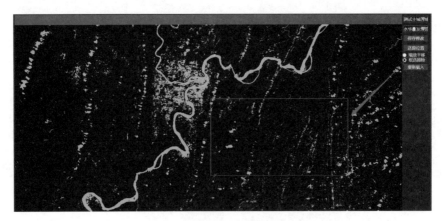

图 7.44o　遥感反演模型的结果去杂

点击"框选擦除"，可以将图中的图斑擦除，如图 7.44p 所示。

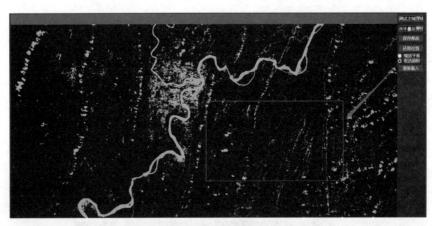

图 7.44p　图斑的擦除功能

当选择"重新载入"时，系统会将之前保存的区域图片重新刷新到图片中，如图 7.44q 所示。

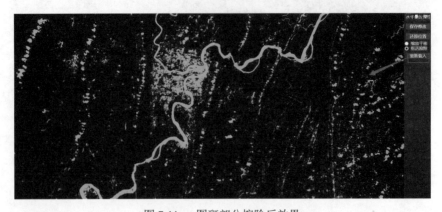

图 7.44q　图斑部分擦除后效果

⑪结果配准。图 7.44r 是结果配准图，可以看到图片在地图中显示。图中右边框的渲染界面有多种颜色，分别对应着不同的危险等级以及数值。

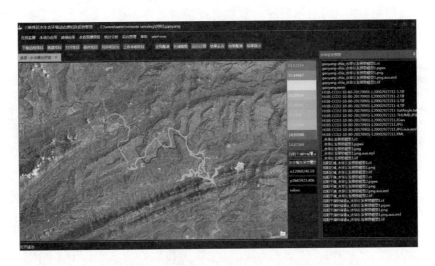

图 7.44r　遥感反演模型结果的可视化

(2)藻蓝蛋白反演和微囊藻毒素反演。

两个模块与叶绿素 a 反演模块的逻辑窗口一样，采用之前的图说明。反演公式为内置，已经过原位实测验证。

(3)遥感对比。

如图 7.44s 所示是遥感对比时根据计算模型，计算一定时间内区域的图片。因为没有上传数据，所以无相关显示。

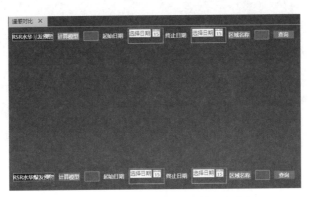

图 7.44s　不同遥感反演结果的对比分析

4)推演评价模型

系统集成本书所开发的多粒度水质变化推演模型、基于半监督分类的水质富营养化评价模型、基于综合健康指数的水生态健康评价模型和基于贝叶斯网络的藻毒素风险预测模型，通过定制化输入，在系统上实现 4 个模型计算结果的可视化展示。

（1）水质变化推演模型。

基于在线监测数据，可对水质各个参数进行模型运算，可以展示水质数据未来变化的预测结果（图 7.45a 和图 7.45b）。

图 7.45a　水质变化推演模型的数据导入

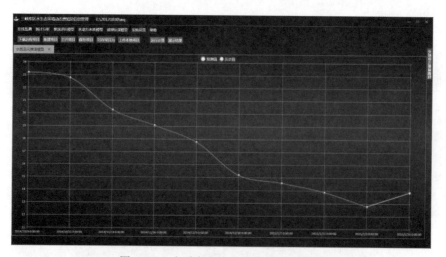

图 7.45b　水质变化推演模型的计算结果

（2）水质富营养化评价模型。

基于在线监测数据，对缺失指标进行富营养化模型运算，计算结果可与国标指示法计算结果进行比较，展示水质富营养化程度的分布状况（图 7.45c 和图 7.45d）。

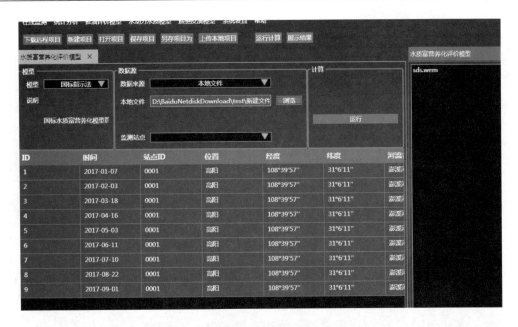

图 7.45c　水质富营养化评价模型的数据导入

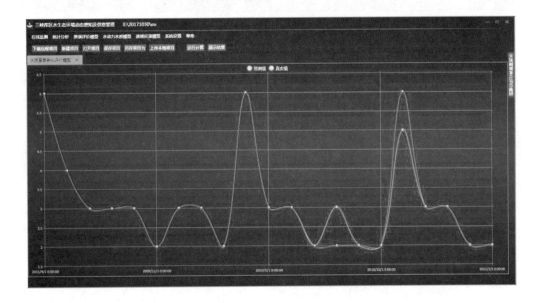

图 7.45d　水质富营养化评价模型的计算结果

(3)生物生态综合毒性评价模型。

基于在线监测数据,预测微囊藻毒素的风险等级,并与实际藻毒素监测结果进行对比分析,实现水质毒性的提前预警(图 7.45e 和图 7.45f)。

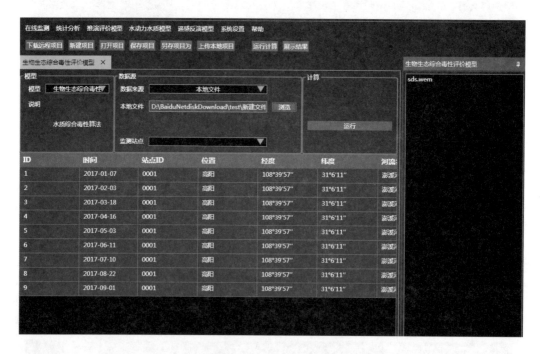

图 7.45e　微囊藻毒素风险评价模型的数据导入

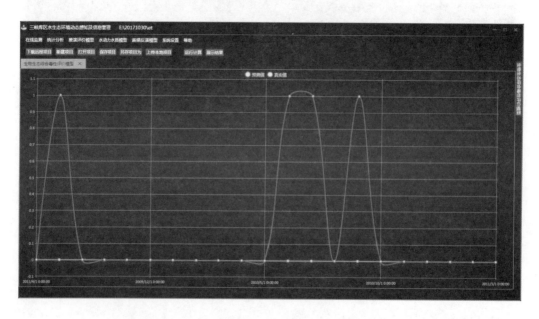

图 7.45f　微囊藻毒素风险评价模型的计算结果

(4)水生态健康评价模型。

通过在线监测指标输入，实现水生态健康等级快速评价，并展示水生态健康的统计情况(图 7.45g 和图 7.45h)。

图 7.45g 水生态健康评价模型的数据导入

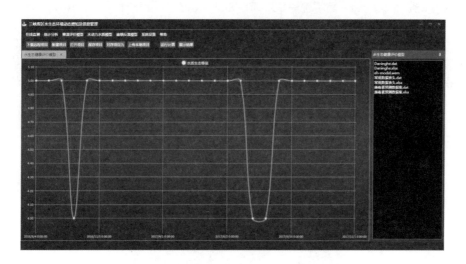

图 7.45h 水生态健康评价模型计算结果

5）统计分析

可利用饼状图和柱状图等形式，对监测指标进行统计分析，功能上可实现指标异常值诊断及分布区间的直方图显示（图 7.46）。

6）后台管理

本项目采用身份认证机制，实现安全的三峡库区生态环境动态感知及信息管理。系统通过基于登录用户的认证方法来确认用户的身份，提供基于登录用户的授权控制来实现对信息资源和应用的访问控制，通过对用户登录的验证来提供完整性保护。

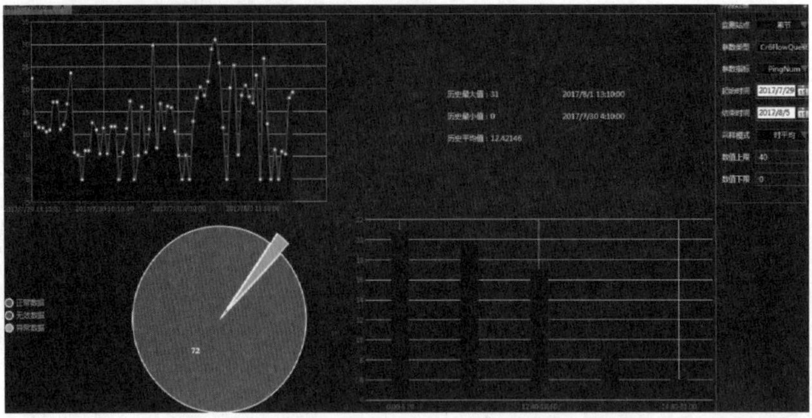

图 7.46　数据统计分析

(1)用户。

图 7.47a 是本系统的后台管理程序，在图中可以看到用户管理分别有 4 个属性：ID、用户名、昵称、角色。

ID	用户名	昵称	角色
99203180-636d-4ac5-91f1-5e76fb2e37a9	test	ass123	操作员
ddcdb9a4-6405-4c84-9829-9819e5be1e69	testadd	wow	操作员
bb972016-bf1e-48fd-a4be-bcf9aad92cd5	admin	超级管理员	管理员

图 7.47a　后台用户管理

用户管理不能直接编辑，必须通过如图 7.47b 所示的界面进行编辑，分别为添加、修改、密码重置、删除。图中最上方是每页数目，可以调整显示的最多数目；当前页数为当前显示的页数。

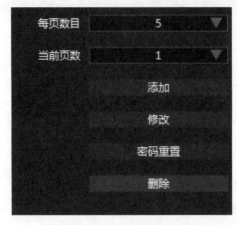

图 7.47b　后台管理程序设置

（2）预警等级。

如图 7.47c 所示是预警类型，可以在下拉框中选择各种需要预警的类型。指标分别对应着预警类型下的各种属性指标。

图 7.47c　指标预警设置

如图 7.47d 是预警模块中的预警阈值设置，系统需要给予其值域，一个最大值和一个最小值，然后分别判断属于哪种类型。

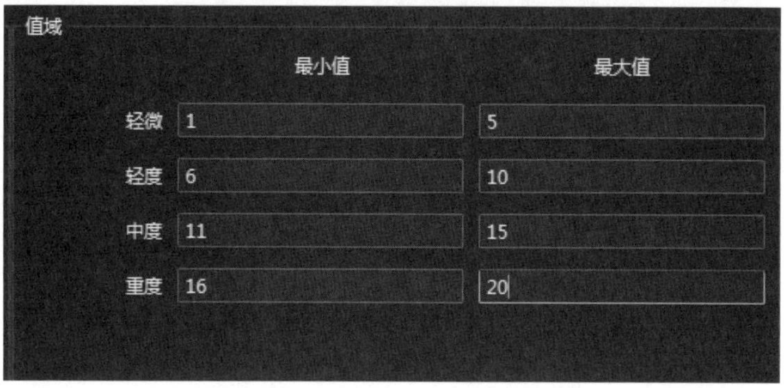

图 7.47d　预警阈值设置

（3）项目数据。

如图 7.47e 是本系统的项目数据，具体描述了项目的各种属性，可以修改或删除对应的项目数据条目。

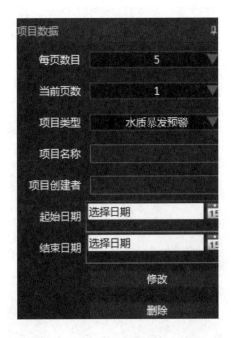

图 7.47e　项目数据

如图 7.47f 是项目数据的各种属性，分别为 ID、时间、项目类型、项目名称、创建者以及描述。可以通过修改以及删除按钮对项目进行修改以及删除。

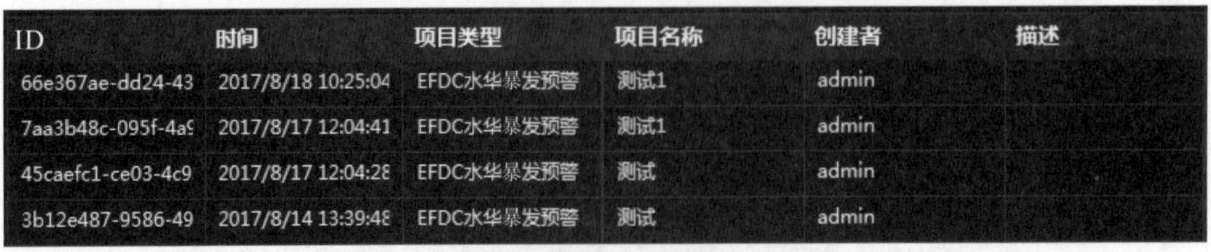

ID	时间	项目类型	项目名称	创建者	描述
66e367ae-dd24-43	2017/8/18 10:25:04	EFDC水华暴发预警	测试1	admin	
7aa3b48c-095f-4a9	2017/8/17 12:04:41	EFDC水华暴发预警	测试1	admin	
45caefc1-ce03-4c9	2017/8/17 12:04:28	EFDC水华暴发预警	测试	admin	
3b12e487-9586-49	2017/8/14 13:39:48	EFDC水华暴发预警	测试	admin	

图 7.47f 项目数据属性

（4）计算模型。

本系统的计算模型如图 7.47g 所示，包括 ID、项目类型、名称、算式 A、算式 B、时间、创建者和描述等属性。

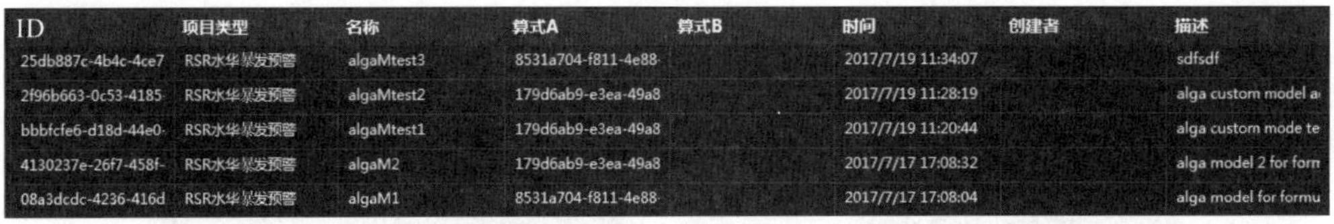

ID	项目类型	名称	算式A	算式B	时间	创建者	描述
25db887c-4b4c-4ce7	RSR水华暴发预警	algaMtest3	8531a704-f811-4e88		2017/7/19 11:34:07		sdfsdf
2f96b663-0c53-4185	RSR水华暴发预警	algaMtest2	179d6ab9-e3ea-49a8		2017/7/19 11:28:19		alga custom model a
bbbfcfe6-d18d-44e0	RSR水华暴发预警	algaMtest1	179d6ab9-e3ea-49a8		2017/7/19 11:20:44		alga custom mode te
4130237e-26f7-458f-	RSR水华暴发预警	algaM2	179d6ab9-e3ea-49a8		2017/7/17 17:08:32		alga model 2 for form
08a3dcdc-4236-416d	RSR水华暴发预警	algaM1	8531a704-f811-4e88		2017/7/17 17:08:04		alga model for formu

图 7.47g　后台算式的预设

如图 7.47h 所示，是计算模型中的编辑框，可以通过添加、修改和删除来编辑计算模型表格。

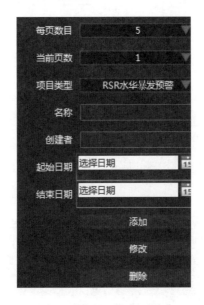

图 7.47h　计算模型编辑框

（5）反演算式。

如图 7.47i 为反演算式，包括 ID、类型、名称、算式、时间、创建者和描述等属性。

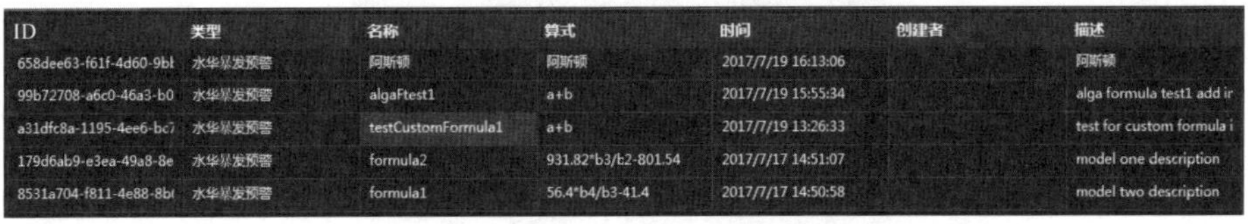

ID	类型	名称	算式	时间	创建者	描述
658dee63-f61f-4d60-9bl	水华暴发预警	阿斯顿	阿斯顿	2017/7/19 16:13:06		阿斯顿
99b72708-a6c0-46a3-b0	水华暴发预警	algaFtest1	a+b	2017/7/19 15:55:34		alga formula test1 add ir
a31dfc8a-1195-4ee6-bc7	水华暴发预警	testCustomFormula1	a+b	2017/7/19 13:26:33		test for custom formula i
179d6ab9-e3ea-49a8-8e	水华暴发预警	formula2	931.82*b3/t:2-801.54	2017/7/17 14:51:07		model one description
8531a704-f811-4e88-8b	水华暴发预警	formula1	56.4*b4/b3-41.4	2017/7/17 14:50:58		model two description

图 7.47i　遥感反演模型的后台管理

如图 7.47j 所示，是反演算式中的编辑框，可以通过添加、修改和删除来编辑反演算式表格。如图 7.47k 是反演算式的添加框。

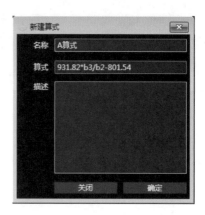

图 7.47j　反演算式编辑框　　　　　　　图 7.47k　反演算式添加框

（6）反演区域。

图 7.47l 所示为反演区域界面，系统可以自行设置每页显示数目以及当前页数，并且在下方显示左上角点与右下角点的经纬度，系统可以通过动态添加框选修改删除，实现动态添加、修改和删除。首先点击开始自定义，用鼠标在屏幕框选感兴趣区域，然后结束自定义。再在区域名称以及区域描述中添加需要的字符串，最后点击添加即可。修改与删除是在已有的区域中进行。

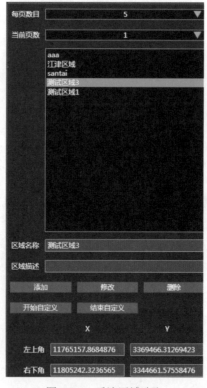

图 7.47l　反演区域选取

如图 7.47m 是系统反演区域的显示，用红线框起来的区域就是框选区域。

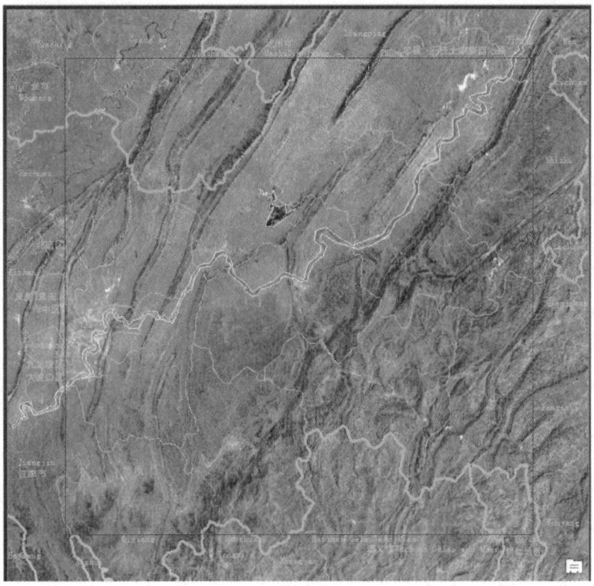

图 7.47m 反演区域显示

7.3.4 三峡库区水生态环境监测预警平台

1. 概述

1) 建设背景

在模型分析平台基础上，结合监测原始数据，综合研发了三峡库区水生态环境感知及信息管理系统 C/S 结构系统。为进一步提升模型分析带来的数据价值，在现有 C/S 结构系统基础上，拟结合 B/S 结构系统和数据可视化科学手段，将模型分析结果以更丰富、直观的形式展示出来，为系统管理者提供更好的决策支撑。

2) 建设目标

充分吸收现有 C/S 结构系统的成果，综合考虑未来更多模型在平台上灵活扩展，借鉴数据可视化的科学方式，研发与现有系统形成有利互补的平台。

成果充分展示：对现有的在线监测数据、历史统计数据、模型分析成果进行展示。

平台可扩展性：本系统设计要着眼于未来更多模型的展示，系统设计要具有良好的可扩展性和科学性。

数据展示要直观、突出重点：借鉴数据可视化的科学方式，对数据进行准确的业务定义，基于业务定义在展示形式、色彩构成等方面进行合理设计，提高数据产生的辅助决策效果。

3) 术语定义

术语定义见表7.8。

表 7.8   术语定义

名称	释义
C/S	客户/服务器结构(client/server)。一种软件系统体系结构,由客户端和服务器端两部分组成,应用程序必须下载客户端才能使用,类似于个人电脑上安装的 QQ
B/S	浏览器/服务器结构(brower/server)。一种软件系统体系结构,由浏览器端和服务器端两部分组成,应用程序只需要浏览器就可以使用
GIS	地理信息系统(geographic information system)。它是提供对地球表层空间有关数据进行采集、存储、管理、运算、分析、显示和描述的技术系统
数据可视化	借助图形化手段,清晰有效地传达与沟通信息,它是关于数据视觉表现形式的科学技术研究

2. 监测预警平台系统设计

1) 项目建设范围

本项目建设内容是在已有的 C/S 系统基础上,对模型分析结果数据进行展示。对现有侧重于基层用户操作的 C/S 端提供领导和专家辅助决策展示的界面,形成功能操作与成果多元化展示的互补。

本项目建设范围包括:监测预警、地图展示、统计分析和系统管理展示 4 个功能模块。

2) 建设思路

三峡库区生态环境动态感知及信息管理系统建设本着高效、及时、智能的原则,从监测、数据传输、模型分析入手,依托先进的智能感知设备和网络传输设备,借鉴成熟的软件系统,充分发挥数据整合再现能力,结合人工智能技术,提供高效精准的决策辅助支撑功能。

系统采用 C/S 与 B/S 结构系统混合模式,既解决了应用运行过程中运行数据与服务器频繁交互,以及模型预算对服务器的高消耗,又解决了系统访问的便捷性、丰富多元的展现形式和升级的平滑性。

B/S 结构系统的开发旨在提升数据可视化的价值,结合业务,利用多元数据展现方式,充分发挥结果数据的应有价值,从而为领导和专家提供辅助决策支撑。

3. 平台关键技术

1) J2EE

Java2 平台企业版(java 2 platform enterprise edition,J2EE)开发平台实质上是一个分布式的服务器应用程序设计环境,它提供了基于组件的、以服务器为中心的多层应用体系结构，允许 J2EE 应用组件暴露为基于 SOAP/HTTP 的 Web 服务；与原有的 Web 服务进行整合；使用 JAX-RPC、JAXR 和 SAAJ 等 Web 服务的关键技术；为企业应用系统提供了一个具有高度的可移植性和兼容性、安全的平台。

J2EE 多层体系结构的设计特点极大地简化了开发、配置和维护企业应用的过程，它最大的优点在于将企业的业务逻辑同系统服务和用户接口分开，放在它们之间的中间层。它提供了一系列的底层服务，如事务管理、缓冲池等，使得开发者能够将精力集中于企业的业务逻辑，而无须过多关心与业务逻辑不太相干的系统环境等。采用多层结构，系统中同时会有多台服务器在工作，这样不仅能提高系统的整体运行效率，而且一旦某一台服务器出现故障，应用程序会自动转移到另一台服务器上接着运行，有效保障了系统整体运行的可靠性(图 7.48)。

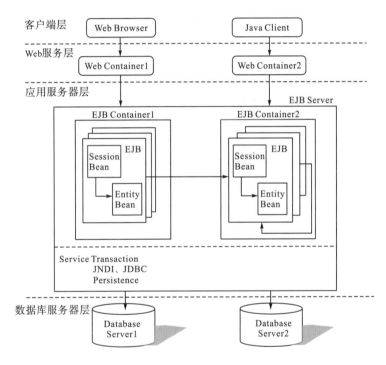

图 7.48　J2EE 结构

2) GIS 技术

本书采用多维 GIS 融合技术，将"时间维、空间维和仿真技术"相结合的三维 GIS 平台，实现"物联网前端感知、应用时态分析、多维 GIS 空间分析 "一体化的 GIS 可视化应用创新模式。

本书通过对矢量数据、栅格数据、遥感影像数据、三维数据等地理信息资源的整合利用、分析共享，结合环境信息，实现三峡库区动态监测信息在电子地图上的可视化展现、地理信息的更新管理以及一体化运维。

4. 总体架构

系统总体架构如图 7.49 所示。

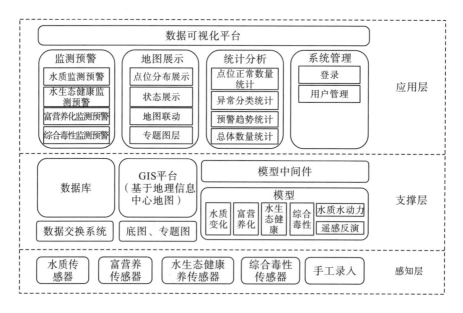

图 7.49　总体架构

5. 监测预警平台建设内容

1) 建立数据模型

为保障系统的扩展性和独立性,本系统将结合后续平台规划和 B/S 结构系统特征进行模型优化设计。

建立数据模型包括建立数据标准规范、元数据设计、数据模型设计三部分,其中,数据模型设计是后续数据库设计、内部程序逻辑设计、外部程序接口设计的基础。

2) 算法模型结果封装

对现有的推演评价模型分析结果进行服务封装,使分析结果数据能在 C/S 系统和 B/S 系统上共享调用。

算法模型封装包括模型内部逻辑重构和外部接口设计两部分。

3) 中间件开发

在模型技术对接方面初步采用中间件进行对接的方案。模型访问中间件屏蔽了模型底层的通信、交互、连接等复杂又通用化的功能,可以面向业务应用系统,以标准的 Web 服务形式提供模型的功能。任何系统在需要使用模型时,直接与模型访问中间件进行连接和交互即可，避免了大量重复的代码开发，节约了人工成本。

4) 数据可视化展示

为便于模型分析结果直观展示、突出重点，产生应有的价值，系统借助数据可视化手段，将结果数据以形式多元、色彩丰富、数据汇集的方式进行综合展示，便于领导与专家快速、准确、全面地掌握宏观数据，进而提升辅助决策的效果。

6. 监测预警平台系统功能

本系统分为 5 大功能模块：系统登录、监测预警、综合评价、数据分析、遥感影像。其中遥感影像在系统中位于数据分析菜单下。各模块详细介绍如下。

1) 系统登录

由于本系统与数据模型分析系统实为一个大的平台(图 7.50a)，互为补充，因此本系统登录分为两步，第一步进入系统选择界面，第二步选择系统并进入本系统的登录界面。在登录界面(图 7.50b)输入用户名和密码即可。

图 7.50a　平台界面

图 7.50b　平台界面

2) 监测预警

监测预警模块主要针对末端感知设备传回的数据进行甄别，如有数据超标则报警（图 7.51a）。

监测预警模块实现了实时监测数据定时抓取甄别、监测数据中断传输甄别、监测数据异常甄别、各监测点实时状态呈现、整体监测预警情况汇总、各子类型监测预警数量、未清除的实时预警信息列表、近 30d 监测预警数量趋势、近 30d 各类型监测预警数量占比、预警最多的 5 类监测指标排名公示及概念地图的监测点位数据传输模拟展示情景。

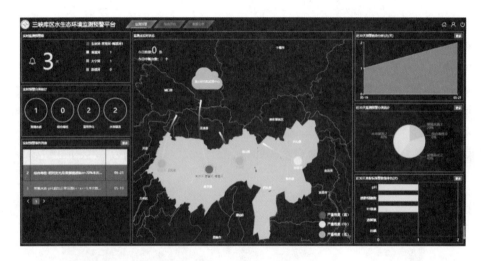

图 7.51a　监测预警模块

（1）监测预警列表综合查询详细页面。监测预警列表综合查询详细页面，可通过监测点位、指标、时间进行筛选查询（图 7.51b）。

图 7.51b　监测预警模块

　　(2)监测预警趋势分析详细页面。本页面由监测预警平台首页点击近 30d 监测预警数量趋势详情进入，可通过监测点位、指标及时间进行筛选查询(图 7.51c)。

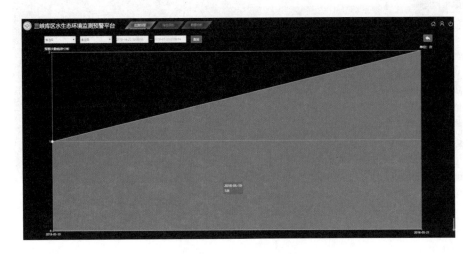

图 7.51c　监测预警模块

　　(3)预警分析统计详细页面。本页面可查询任意时间段的监测预警统计比例情况(图 7.51d)。

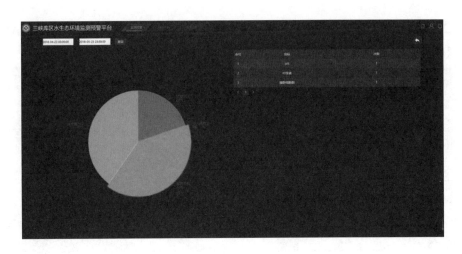

图 7.51d　监测预警模块

　　(4)指标预警次数排名详细页面。监测预警平台首页只能看到近 30d 各监测指标预警数量的前 5 名，在本页面，可以查看各监测指标预警数量的全部排名，并能通过时间段进行筛选查询(图 7.51e)。

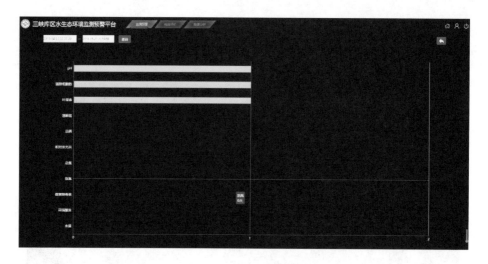

图 7.51e　监测预警模块

3) 综合评价

综合评价模块主要是对模型分析结果进行统计、分析、展示。C/S 端进行模型分析预算得出结果，B/S 端对结果数据进行展示。由于 B/S 端基于浏览器，随时随地都可以访问，解决了 C/S 端需要安装系统才能查看数据的问题(图 7.52a)。

图 7.52a　综合评价模块

(1)模型预警数量排名详细页面。本页面通过点击预警模块模型预警排名板块详细按钮进入，提供了按时间筛选查看模型预警数量排名，并提供了详细的预警数量是由哪些点位产生的(图 7.52b)。

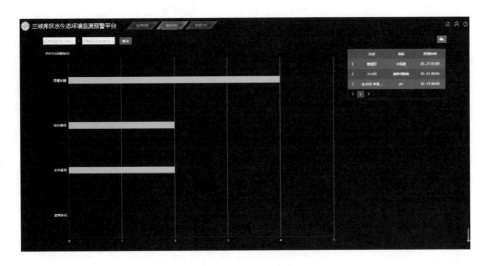

图 7.52b　综合评价模块

(2)模型预警数量历史趋势详细页面。本页面提供了模型预警数量历史曲线图,并可选择时间查看指定时间段模型预警数量及趋势(图 7.52c)。

图 7.52c　综合评价模块

4)数据分析

数据分析模块提供地理辅助分析和多曲线对比功能。地理辅助分析可基于地图,结合周边污染源和敏感点数据,进行辅助决策分析;多曲线对比功能提供参考对比,辅助分析不同测点的关联性和差异性问题(图 7.53a)。

图 7.53a　数据分析模块

（1）监测数据横向对比详细页面。本页面提供综合的监测数据查询及对比功能，可将不同点位的同一指标进行横向对比分析（图 7.53b）。

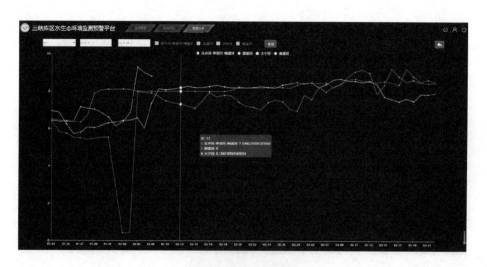

图 7.53b　数据分析模块

（2）遥感影像。遥感影像图是将遥感分析图像处理后的影像图叠加到底图上，使用者可以根据比色卡查看该区域的遥感分析结果。同时可结合地图专题图层、详细监测数据进行综合分析决策（图 7.53c）。

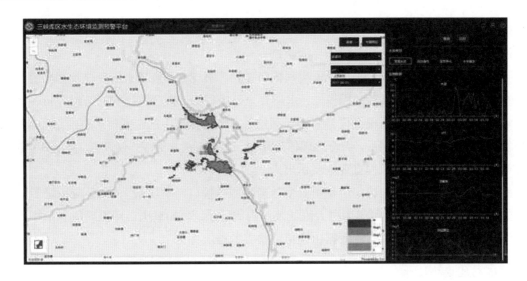

图 7.53c　数据分析模块

7.3.5　示范平台建设

1. 系统架构设计

三峡库区水生态环境感知系统及业务化运行平台通过将先进传感技术，将物联网、云计算、移动互联网、大数据、人工智能、知识管理、分布式存储、非结构数据库、信息可视化、GPS 定位等技术应用于水环境监测服务中，建设集数据获取、传输、存储、管理、处理、分析、应用、表征、发布全过程于一体的水环境监测信息管理服务平台；基于数据驱动方式构建水环境推演模型，结合水动力和遥感反演模型开发系统业务化应用场景模块；系统 5 个功能模块分别是实时在线监测、统计查询与分析、推演模型、水动力水质模型、遥感反演模型。应用系统应符合云平台要求，可移植部署于云平台上。

三峡库区水生态环境感知平台系统架构见前图 7.32 所示，相关介绍如下。

①物联网感知与传输层：物联网感知层是实现水环境智慧环保和智能感知的基础。首先，优化已建成并运行的浮漂平台，在线收集项目所需的传感器数据，包括多普勒流速流向仪、小型气象站、YSI 多参数水质监测仪、营养盐在线分析仪，研发 4 台核心传感器包括原位藻细胞、微囊藻毒素、综合毒性和 CO_2 变化速率在线分析仪；其次，利用已开发完成的遥感图像自动分发系统，自动定时收集研究区域遥感影像数据。最后，数据通过环保政务网、公共互联网、环保专网以及 PSTN 传输到云平台。

②支持层：包括水生态环境数据中心、云计算基础支撑平台、超级计算平台、地理信息系统、水环境大数据智能分析平台，该部分是实现水环境智慧环保的核心部分。首先，利用云计算、大数据等先进技术，为物联网终端(在线监测及遥感影像数据)接入和数据存储构建高效、安全的数据云平台；其次，在数据中心基础上，利用拟建设的水环境大数据

智能分析平台，集成先进的三维水动力水质数值模型、遥感反演模型、大数据驱动的挖掘算法，同时研发模型间数据融合与协同机制。

③应用层：实现智能化的 3 种预测预警和 3 种等级评价，包括水质变化预测预警、污染事故追踪预警、水华暴发过程模拟、水质安全等级评价、富营养化状态等级评价、流域生态健康等级评价。最后根据模型分析计算结果，分析数据中的空间信息在经过 ArcGIS 高级扩展功能可视化处理后，结合地理信息平台，通过可视化图表、仪表盘、动画等方式，将模型分析结果及变化过程直观地展示出来。

④用户访问层：用户访问层基于云平台提供服务接口，实现基于 Web 应用等多种终端的灵活访问；同时，也可作为更大流域范围内的子系统，如重庆市环保局应急指挥的子系统，为第三方接口提供监测数据、模拟结果等数据服务。

2. 功能模块设计

围绕三峡库区典型支流富营养化与水华暴发的生态学问题，以先进的大数据挖掘方法和天地一体化观测为支撑，立足 4 条示范支流，按照"模型分析+监测预警"的应用思路构建三峡库区水生态环境感知系统及业务化运行平台，集成 EFDC 和 ENVI 模型工具，采用 C/S 与 B/S 结构系统混合模式，研发 1 套水生态环境推演模型，实现示范区内水质变化预测预警、水污染事故追踪、富营养化状态评价、水华暴发和成灾安全风险评价和水生态健康评价等业务化功能，在三峡工程生态环境监测系统在线监测中心搭建示范平台，为库区水污染防治提供技术支撑。

模型分析系统不仅集成高级水动力水质模型——环境流体力学代码(EFDC)模型作为计算内核，同时集成遥感反演模型，利用先进大数据挖掘方法，如粒计算求解、模糊时序列预测、粗糙集知识提取、密度峰值聚类和半监督分类等算法，融合并改进传统水质、富营养化评价模型方法，实现水质指标精确预测、富营养化缺失指标评价、水华暴发风险判断等。

监测预警平台充分吸收现有 C/S 结构系统的成果，综合考虑未来更多模型在平台上灵活扩展，借鉴数据可视化的科学方式，研发与模型分析系统形成有利互补的平台。成果充分展示，对现有的在线监测数据、历史统计数据、模型分析成果进行展示。平台可扩展性，系统设计要着眼于未来更多模型的展示，系统设计要具有良好的可扩展性和科学性。数据展示要直观、突出重点，借鉴数据可视化的科学方式，对数据进行准确的业务定义，基于业务定义在展示形式、色彩构成等方面进行合理设计，提高数据产生的辅助决策效果。

3. 超算中心建设

为了满足水生态环境感知与可视化推演平台计算能力需求，投入建设生态环境超级计算机中心(图 7.54)。设有 $400m^2$ 标准机房，拥有浪潮服务器 NX5440M4 刀片数 360 个，总 CPU 核心数 8640 个，总内存 45 TB，总存储资源约 2.2 PB，理论计算峰值约 300 万亿次。

图 7.54　超级计算机中心

计算系统采用双路刀片计算节点 360 台，配置 Intel Xeon Haswell 处理器，配置 1 台环境监测源解析的胖节点，整套系统提供计算能力不低于 300 万亿次；系统所有节点采用高速 InfiniBand 网络，实现全线速无阻塞网络互联，满足业务软件对网络高带宽、低延迟的需求；存储系统采用商业版分布式并行存储系统，支持单一存储命名空间、容量海量扩展、性能线性扩展，能够满足业务软件对文件并发读写需求；存储系统配置 1 套，裸容量 2PB，主要用于精细化气象预报和生态环境在线监测，系统另有一套备份存储系统，可用于重要数据的备份；配置登录管理节点 4 台，主要用于软件编译安装调试以及登录任务提交等；配置 1 套千兆交换、万兆汇聚的以太网络作为系统管理监控网络；配置 1 套集群监控管理和调度软件，配置足够的 license 数量。

4. 云计算平台建设

研发具有自主知识产权的云计算平台及适用于云计算平台的核心应用系统，可提供包括弹性计算、分布式存储和大数据离线/实时分析等一系列的云计算、大数据服务（图 7.55）。该平台采用 VMware 虚拟化解决方法来对硬件物理资源进行虚拟资源池化，在此基础上，结合大数据体系结构（如 Hadoop、Spark、Strom）与实际的运算需求，采用分布式存储和分布式计算模型，以虚拟集群的方式实现大数据运算，为不同的行业和应用提供所需的计算、存储能力。平台存储能力达到 1.036PB，浮点计算能力峰值为 10 万亿次/秒，由 SaaS 层、PaaS 层和 IaaS 层组成。

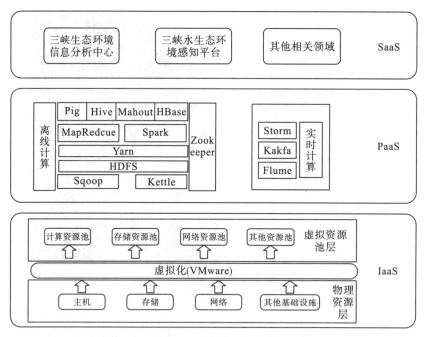

图 7.55   云计算平台搭建

5. 监控会商室建设

生态环境在线监测信息系统作为在线监测中心的基础能力部分,采用大数据技术与传统信息系统架构相结合的方式,对传感器数据、视频数据以及部分遥感数据进行传输、存储、分析,提供数据层、IT 基础设施、基础环境的支撑,其中监控会商室是基础环境建设中的重要内容(图 7.56)。显示系统由 6 块 70 寸 DLP 显示屏组成,配套显示拼接设备和拼接软件。软件会商系统由视频会议软件、扩音、麦克和摄像头组成。

图 7.56   监控会商室搭建

7.4　感知与可视化平台业务化运行

7.4.1　在线监测数据动态变化

2018 年 1～9 月,在香溪河、大宁河、草堂河和澎溪河获取的原位监测数据如图 7.57～7.67 所示。2 月由于气温开始回升,4 条支流的水温也随之上升,由 10℃左右逐渐上升到 7 月份的 30℃左右。pH 在整个区间内基本呈现平稳状态,其值在 7～10 波动。溶解氧在 1～3 月处于比较平稳的状态,其值为 6～10 mg/L,在 3 月底至 4 月初,开始出现波动,其中澎溪河监测的溶解氧在 6 月初出现了陡增,其值超过 10 mg/L。叶绿素 a 浓度在 4 条支流的分布具有较强的季节性,其中澎溪河监测的叶绿素 a 浓度要显著高于其他 3 条支流。在营养盐浓度方面,4 条支流的 TP 浓度基本为 50～100 μg/L,其中草堂河测得的 TP 浓度在 4～5 月略有升高,峰值达到 150 μg/L;相比之下,4 条支流的 TN 浓度为 1000～1500 μg/L,其中澎溪河所测的氨氮浓度最高,其值为 140～150 μg/L,而香溪河、大宁河和草堂河的氨氮浓度在 1～3 月,在 50 mg/L 左右波动,在 4～9 月,略有升高,其值在 50～100 μg/L 波动。微囊藻毒素的数值在 1～5 月非常小,而从 5 月开始,其值随着叶绿素 a 浓度的升高而出现升高迹象,到 7 月均达到较高水平。香溪河和草堂河的藻细胞密度在整个周期内比较平稳,而澎溪河和大宁河的藻细胞密度值则有较大波动,在 5～9 月分别呈现出 2 个波峰和 2 个波谷。二氧化碳浓度在整个周期内,比较平稳,浓度值在 400～500 mg/L 波动。4 条支流的水质综合毒性虽然在 1～9 月呈无规律波动,但它们的最大值均小于 30%。

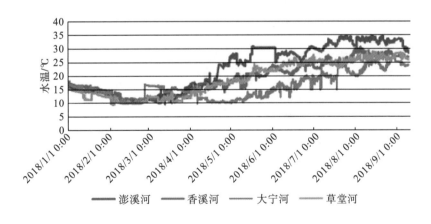

图 7.57　水温监测值季节变化

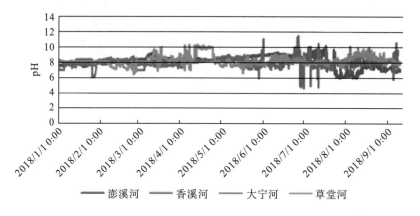

图 7.58　pH 监测值季节变化

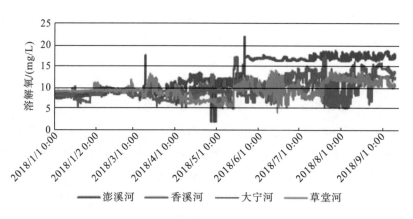

图 7.59　溶解氧监测值季节变化

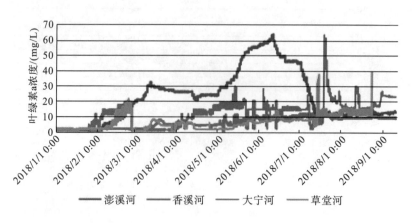

图 7.60　叶绿素 a 浓度监测值季节变化

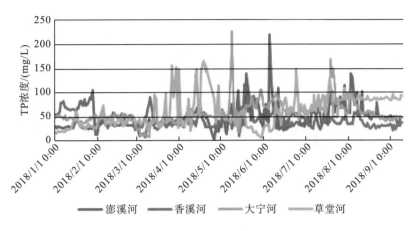

图 7.61　TP 监测值季节变化

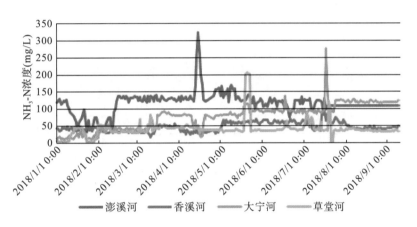

图 7.62　NH₃-N 监测值季节变化

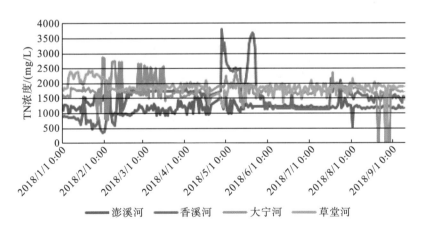

图 7.63　TN 监测值季节变化

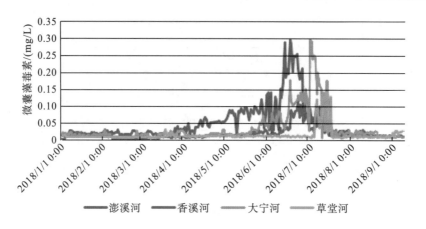

图 7.64　微囊藻毒素监测值季节变化

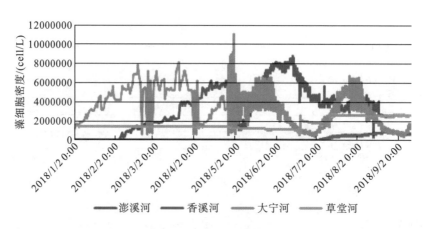

图 7.65　藻细胞密度监测值季节变化

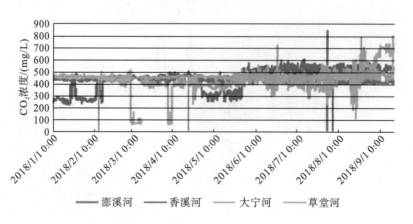

图 7.66　CO_2 浓度监测值季节变化

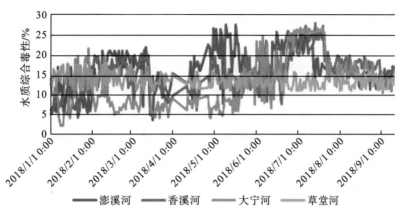

图 7.67　水质综合毒性监测值季节变化

7.4.2　在线监测指标相关性分析

1. 香溪河

对 2018 年 1~8 月香溪河在线监测指标进行相关性分析，结果如图 7.68 所示。香溪河叶绿素 a(Chla) 变化与水温(WT)、平均气温(AT)、溶解氧(DO) 呈显著正相关关系($P <$ 0.001)，而与大气压(AP)、水深(Depth) 呈显著负相关关系($P <$ 0.001)；藻细胞数与叶绿素 a(Chla) 有较好的相关性，表明香溪河藻类生物量变化可以用叶绿素 a 间接表征；同样微囊藻毒素和综合毒性均与叶绿素 a 具有较强的正相关关系，而两者变化均与水深呈现显著的负相关关系。

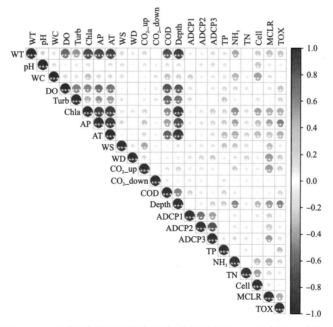

图 7.68　香溪河在线监测指标间相关性分析(兴山站皮尔逊系数)

2. 澎溪河

对 2018 年 1～8 月澎溪河在线监测指标进行相关性分析，结果如图 7.69 所示。澎溪河叶绿素 a 变化与 pH、COD 呈显著正相关关系（$P < 0.001$），而与气压、水深呈现显著负相关关系（$P < 0.01$）；藻细胞数与叶绿素 a 有较强的相关性，表明澎溪河藻类生物量变化可以用叶绿素 a 间接表征，而藻细胞变化与水温、气温、溶解氧、CO_2 浓度呈现较强正相关关系；同样微囊藻毒素和综合毒性均与叶绿素 a 具有较强的正相关关系，而两者变化均与水深呈现显著的负相关关系。

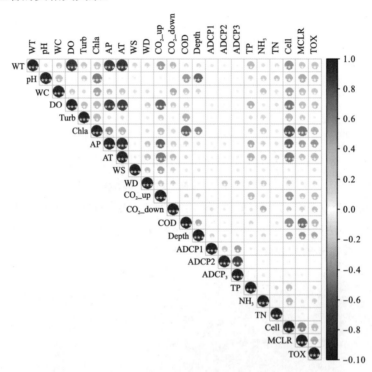

图 7.69　澎溪河在线监测指标间相关性分析（云阳站皮尔逊系数）

3. 大宁河

对 2018 年 1～8 月大宁河在线监测指标进行相关性分析，结果如图 7.70 所示。大宁河叶绿素 a 变化与水温、气温及氨氮浓度呈显著正相关关系（$P < 0.001$），而与气压、水深呈显著负相关关系（$P < 0.01$）；藻细胞数与叶绿素 a 没有表现出较强的相关性，表明大宁河藻类生物量无法用叶绿素 a 来间接表征；微囊藻毒素和综合毒性均与叶绿素 a 具有正相关关系，而两者变化均与水深呈显著负相关关系（$P < 0.001$）。

4. 草堂河

对 2018 年 1～8 月草堂河在线监测指标进行相关性分析，结果如图 7.71 所示。草堂河叶绿素 a 变化与水温、气温、溶解氧和浊度呈显著正相关关系（$P < 0.001$），而与气压呈显著负相关关系（$P < 0.001$）；藻细胞数、微囊藻毒素和综合毒性均与叶绿素 a 没有正相关关系，而藻细胞与微囊藻毒素和综合毒性间具有一定的正相关关系，表明草堂河可以通过藻细胞计数表征水体毒性强弱。

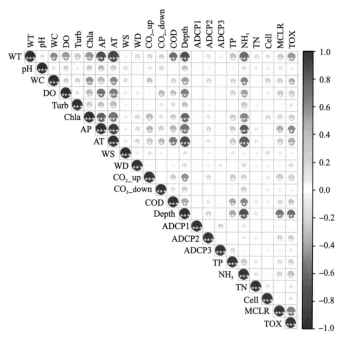

图 7.70　大宁河在线监测指标间相关性分析（巫山站皮尔逊系数）

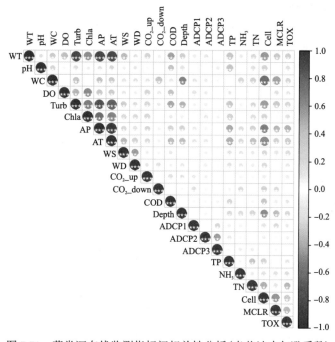

图 7.71　草堂河在线监测指标间相关性分析（奉节站皮尔逊系数）

5. 叶绿素与其他指标相关性

4个站点叶绿素a与其他水质指标的相关性分析结果见表7.9。可以看到水温、气温、溶解氧、浊度、大气压、CO_2变化速率、水深、总磷和综合毒性与叶绿素a在4条支流均有强的相关性。值得注意，氮、磷与叶绿素a的相关性在4条支流上存在差异，反映出营养限制类型上的差异，如香溪河中叶绿素a与总磷呈负相关，与总氮呈正相关，说明香溪河属于氮限制型；草堂河中叶绿素a与总氮呈负相关，与总磷呈正相关，说明草堂河属于磷限制型水体；依此可推断出澎溪河与大宁河均为磷限制型水体。

表7.9 监测叶绿素a与其他指标相关性分析

水质指标	含义	叶绿素a值			
		澎溪河	草堂河	香溪河	大宁河
WT	水温	0.35**	0.60**	0.86**	0.57**
Ph	pH	0.65**	−0.06	0.16*	0.29**
Cond.	电导率	0.50**	−0.01	0.36**	−0.47**
DO	溶解氧	0.43**	0.61**	0.60**	0.43**
Turb	浊度	0.41**	0.66**	0.43**	0.29**
AP	大气压	−0.41**	−0.59**	−0.83**	−0.64**
AT	平均气温	0.41**	0.63**	0.92**	0.73**
WS	风速	−0.01	−0.23**	−0.15*	−0.12
WD	风向	0.12	0.21**	0.14*	0.25**
CO_2_up	表层CO_2浓度	0.34**	0.27**	0.24**	0.45**
CO_2_down	底层CO_2浓度	−0.14*	0.02	−0.06	−0.2**
COD	化学需氧量	0.77**	−0.12	−0.48**	−0.28**
Depth	水深	−0.45**	−0.13*	−0.94**	−0.66**
ADCP1	X方向流速	−0.02	−0.07	−0.03	0.01
ADCP2	Y方向流速	0.01	−0.12	0.08	−0.18**
ADCP3	Z方向流速	0.00	0.06	−0.28**	−0.02
TP	总磷	0.18**	0.32**	−0.24**	0.34**
NH_3-N	氨氮	0.32**	0.03	0.6**	0.65**
TN	总氮	−0.06	−0.21**	0.19**	−0.02
Cell	细胞数	0.83**	0.28**	0.52**	−0.24**
MCLR	藻毒素浓度	0.67**	0.04	0.5**	0.27**
TOX	综合毒性	0.43**	0.20**	0.49**	0.32**

注：*代表$P<0.05$，**代表$P<0.01$。

7.4.3 水生态环境现状评价

1. 水污染指数

选用水污染指数(water pollution index，WPI)法评价三峡库区水环境质量状况。评价因

子选择 pH、浊度、电导率、溶解氧、高锰酸盐指数、总氮、氨氮、总磷等指标。评价结果
如图 7.72～图 7.75 所示。从图中可以看出，4 条支流水质总体评价为轻度污染状态，其中草
堂河在 5 月和 6 月水质总体评价为良好状态，其余时间为轻度污染；大宁河只有 1 月底和 2
月上旬个别时间点，评价结果为中度污染，其余时间均为轻度污染；香溪河在 1 月和 2 月上
旬水质评价为良好，4 月下旬到 5 月中旬个别时间点评价结果为中度污染，其余时间评价结
果为轻度污染；澎溪河水质评价结果除在个别时间点为良好外，其余时间均为轻度污染。

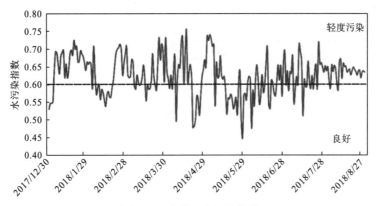

图 7.72　草堂河水污染指数

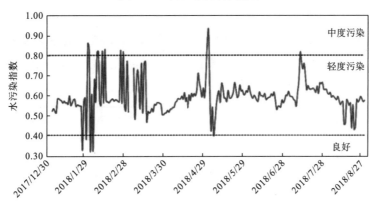

图 7.73　大宁河水污染指数

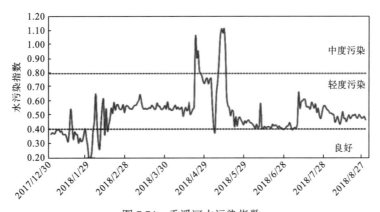

图 7.74　香溪河水污染指数

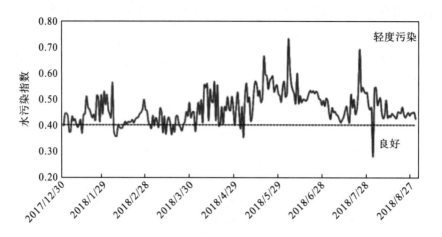

图 7.75　澎溪河水污染指数

2. 富营养状态指数

选用富营养状态指数(trophic level index，TLI)法评价 4 条示范支流富营养状态变化。从结果可知(图 7.76～图 7.79)，草堂河除在 2 月出现短暂轻度富营养化状态外，其余时间均为中营养状态；大宁河在 5 月和 7 月观测到轻度富营养化，其余时间均为中营养状态；香溪河在 2 月底出现贫营养，其余时间均为中营养状态；澎溪河在 3 月底和 4 月底出现过贫营养状态，5 月下旬至 6 月上旬为轻度富营养状态，其余时间均为中营养状态。

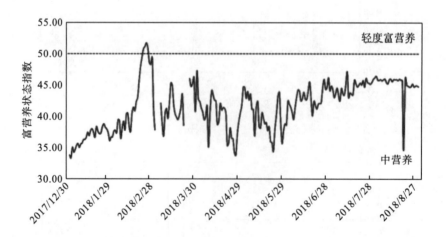

图 7.76　草堂河水质富营养状态指数

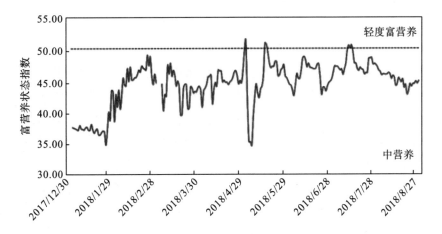

图 7.77　大宁河水质富营养状态指数

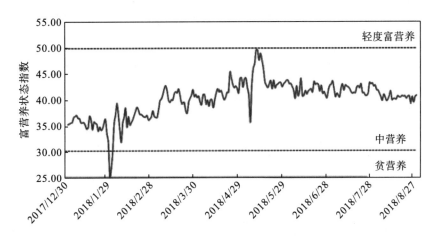

图 7.78　香溪河水质富营养状态指数

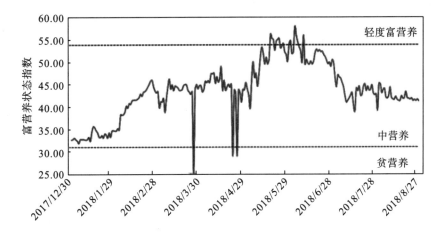

图 7.79　澎溪河水质富营养状态指数

3. 综合健康指数法

选用综合健康指数法评价4条示范支流的生态健康状况。从结果可知(图7.80~图7.83)，草堂河在1月下旬到3月中旬生态系统为健康状态，但随后健康指数开始下降并维持在亚健康状态；大宁河在5月之前生态系统处于健康和亚健康交替，随后维持在亚健康状态；香溪河2月和3月生态系统为健康状态，随后便一直处于亚健康状态；澎溪河除2月外，其余时间生态系统均为亚健康状态。

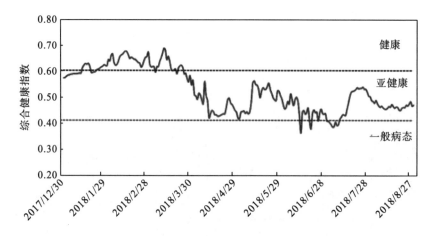

图 7.80   草堂河综合健康指数

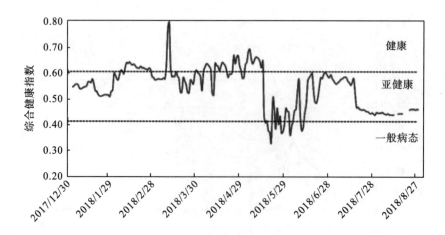

图 7.81   大宁河综合健康指数

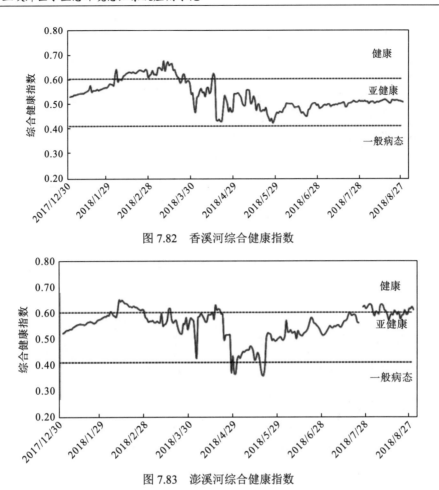

图 7.82　香溪河综合健康指数

图 7.83　澎溪河综合健康指数

4. 发光抑制率

选用发光抑制率来表征水体综合毒性强弱。结果证实，4 条支流水体在研究期均处于低毒性状态（图 7.84～图 7.87）。

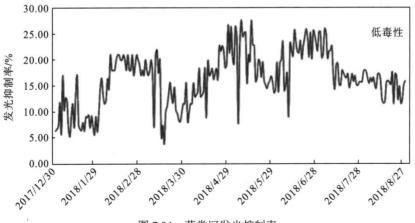

图 7.84　草堂河发光抑制率

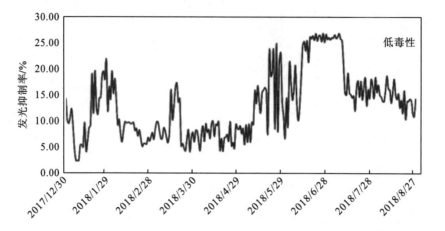

图 7.85　大宁河发光抑制率

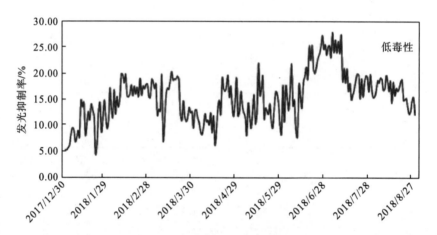

图 7.86　香溪河发光抑制率

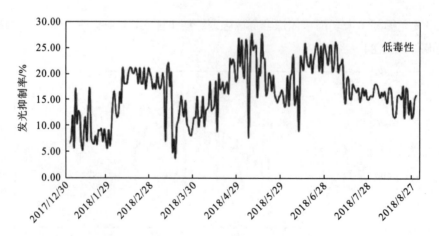

图 7.87　澎溪河发光抑制率

7.5　小结与展望

开发三峡库区水生态环境感知模拟与可视化推演平台,实现重点示范区域监测数据管理、可视化和水环境安全预警。其中"模型分析平台"集成水动力学模型 EFDC、遥感反演模型 ENVI 和数据驱动的推演模型,通过对多源时空动态数据趋势的预测分析,实现三峡库区水污染与防治的动态可视化模拟与仿真;同时,采用 C/S 与 B/S 结构系统混合模式,借鉴数据可视化的科学方式,研发与模型分析系统形成有利互补的"监测预警平台",对现有的三峡库区在线监测数据、历史统计数据、模型分析成果进行展示,提高数据可利用的辅助决策效果,为三峡库区水生态环境预警提供重要技术支持。

本书尽管是针对三峡库区在线监测研究成果的总结,但其中的思路和技术成果可以在长江经济带推广应用。在此,提出构建长江经济带生态环境智能决策系统的建议如下。

1. 科学规划,做好顶层设计

满足综合管理、实时管理和应急管理的需求,对长江经济带生态环境智能决策系统建设提出更高的要求。

(1)汇集多源数据,完善综合监测指标。

(2)优化站点布局,实现信息覆盖完整。

(3)制定使用标准,促进信息规范管理。

(4)促进利用效率,提升感知认知能力。

(5)建立连接分享,促进信息共享共通。

建立数据共享指标体系,整合相关监测和业务管理数据。建立信息共享数据库,完成建设期监测数据的迁移处理,形成共享数据资源,建设所有数据共享交换节点的基础设施、支撑服务及数据共享交换平台;制定信息分享权限、机制和接口标准,为信息共建共享奠定基础。

2. 优化布局,完善监测网络

(1)整合生态环境监测资源,建设涵盖大气、水、土壤、噪声、辐射、生态等要素,布局合理、资源共享、科学高效的长江流域生态环境监测网络。按照统一的标准和规范,全面开展长江流域生态环境监测和评价,根据不同区域生态要素特征,构建兼顾区域特色的环境质量监测网络。

(2)构建以自然资源、生态环境为主体,兼顾社会经济等方面,统筹自然保护区、重点区域典型自然生态系统以及城市、农村生态系统在内的生态监测体系。通过遥感和地面生态监测等手段,对行政区、重点生态功能区、生态敏感与脆弱区、自然保护区、城市及城市群等对象的生态环境状况及变化趋势进行监测、调查和评估。

(3)流域水生态监测技术尚不完善，监测工作起步较晚，监测指标仅包括浮游植物、浮游动物、底栖生物、典型鱼类等几个代表性项目，目前已建成的各类监测站点明显不足以覆盖长江流域，需要加密水生态监测站网，增加水生态监测项目。

(4)参考《生态环境监测网络建设方案》(国办发〔2015〕56号)，在重点监管区域以及重要生态功能区、生态保护红线区和其他需要特别保护的生态环境区域规划布设监测点位，建立健全涵盖大气、水、土壤、噪声、辐射、生态等要素，布局合理、功能完善的长江经济带生态环境监测网络。

3. 互联互通，建设信息系统

在互联互通的要求提出前，涉及长江经济带生态环境管理的自然资源部、农业农村部、水利部、生态环境部和长江水利委员会等部门的信息化工作取得了优异成绩，提升了生态环境监测的数据容量，为生态环境决策水平的整体提高奠定了坚实基础。

目前，围绕长江经济带生态环境监测，各相关部门都至少开发了一套信息系统，这些系统是针对不同行业部门的工作重点而专门设计的，考虑到长江经济带还面临内部发展差异悬殊、各地区之间联系不畅，以及条块分割、各自为政等因素，各个系统之间的数据共享往往难以实现，最终沦为"信息孤岛"。因此，建议打破不同行业之间的信息壁垒，连通不同领域之间的信息孤岛，避免重复建设，实现长江经济带生态环境信息共享。

长江经济带生态环境的发展还需要国家层面进行顶层设计。缺少顶层设计和统一标准将会给不同信息系统之间的集成带来很大困难，由于各部门权责不同，对同一生态环境问题的处理方式也不尽相同，在一定程度上制约了长江经济带信息分析工作的高效运转。因此，建议以国家顶层设计为基础，建设长江经济带信息系统及信息分析中心。信息分析中心通过建设大数据管理平台进行监测系统内部及外部数据的存储和高速处理。同时，信息分析系统的建设及成功应用，将为长江经济带生物生态多样性结构与功能、重要水域环境现状及其动态变化规律提供数据分析和决策辅助支持。

4. 智能模拟，打造决策平台

生态与环境数据分析预测：主要针对生态系统、气候气象、水文水沙、地质灾害、水环境、土壤环境、大气环境、农业生产和社会经济等方面的数据，采用先进的大数据分析挖掘技术，对大规模数据进行深入关联分析，分析不同系统之间的内在逻辑关系，建立各指标数据库之间的耦合关系。动态预测和分析区域气象灾害、水环境状况、水土流失、经济水平等多元数据，发现普遍规律，更精确地预测未来发展趋势。

在此基础上，通过模型模拟长江经济带的生态、环境和经济过程，构建长江经济带生态环境模拟器，打造长江经济带生态环境智能决策系统。决策系统是综合信息服务与管理决策支持系统的信息汇集、处理、存储和共享交换核心。系统向下为综合监测系统和管理业务信息提供数据汇集、存储；对内提供各种监测信息、管理信息的交换、传输；向上为综合应用与会商决策支持系统提供数据服务、研究应用支撑服务等；对外为相关单位(防洪、发电、航运、供水、生态)、长江经济带管理有关共建单位和有关科研机构提供信息共享、交换服务，为社会公众提供信息发布服务，为长江经济带档案建设提供电子档案数据的存储、查询服务。同时，建设具有智能化的自适应能力和动态调整能力的长江经济带生态环境模拟器，为长江经济带生态环境管理提供智能决策。